全国高等院校应用型创新规划教材·计算机系列

CSS + DIV 网页布局技术教程

封　超　赵　爽　编著

清华大学出版社
北　京

内 容 简 介

本书系统、全面地讲解了 CSS 基础理论和实际运用技术,通过大量实例,对 CSS 应用进行了深入浅出的分析。全书主要内容包括 CSS 的基本语法和概念,设置文字、图片、背景、表格、表单和菜单等网页元素的方法,以及 CSS 滤镜的使用和 CSS 如何控制 XML 文档样式,着重讲解如何利用 CSS + DIV 进行网页布局,注重实际操作,使读者在学习 CSS 应用技术的同时能够掌握 CSS + DIV 的精髓。同时,本书还详细讲解了其他书中较少涉及的技术细节,包括扩展 CSS 与 JavaScript 和 XML 等综合应用的内容,以帮助读者设计符合 Web 标准的网页,提升技术竞争力。

本书内容翔实、结构清晰、循序渐进,基础知识与案例实战紧密结合,既可作为 CSS 初学者的入门教材,也适合中高级用户进一步学习和参考。

图书在版编目(CIP)数据

CSS + DIV 网页布局技术教程/封超,赵爽编著. ––北京:清华大学出版社,2015(2021.1重印)
(全国高等院校应用型创新规划教材·计算机系列)
ISBN 978-7-302-40176-6

Ⅰ. ①C… Ⅱ. ①封… ②赵… Ⅲ. ①网页制作工具—高等学校—教材 Ⅳ. ①TP393.092

中国版本图书馆 CIP 数据核字(2015)第 101564 号

责任编辑:汤涌涛
封面设计:杨玉兰
责任校对:宋延清
责任印制:吴佳雯

出版发行:清华大学出版社
　　　　网　　　址:http://www.tup.com.cn, http://www.wqbook.com
　　　　地　　　址:北京清华大学学研大厦 A 座　　　邮　　编:100084
　　　　社 总 机:010-62770175　　　　　　　　　　邮　　购:010-62786544
　　　　投稿与读者服务:010-62776969, c-service@tup.tsinghua.edu.cn
　　　　质量反馈:010-62772015, zhiliang@tup.tsinghua.edu.cn
　　　　课件下载:http://www.tup.com.cn, 010-62791865
印 装 者:三河市铭诚印务有限公司
经　　销:全国新华书店
开　　本:185mm×260mm　　　印　张:20.75　　　字　数:503 千字
版　　次:2015 年 6 月第 1 版　　　　　　　印　次:2021年1月第6次印刷
定　　价:59.00 元

产品编号:062708–03

前　　言

随着 Web 技术的发展，网页标准化 CSS + DIV 的设计方式正逐渐取代传统的表格布局模式，学习 CSS 也成为设计人员的必修课。Web 标准提出将网页的内容与表现分离，同时要求 HTML 文档具有良好的结构，因此需要抛弃传统的表格布局方式，采用 DIV 布局，并且使用 CSS 实现网页的外观设计。

本书系统地讲解了 CSS 层叠样式表的基础理论和实际应用技术，通过大量实例对 CSS 进行深入浅出的分析，着重讲解如何用 CSS + DIV 进行网页布局，注重实际操作，使读者在学习 CSS 应用技术的同时能够掌握 CSS + DIV 的精髓。本书的主要特征如下。

1. 讲述系统性的基础知识

本书系统地讲解了 CSS 层叠样式表在网页设计中各个方面的应用知识，从为什么要用 CSS 开始讲解，循序渐进，配合大量实例，帮助读者奠定坚实的理论基础。

2. 结合大量的应用案例

书中设置了任务实施，重点强调具体技术的灵活应用，并且全书结合了作者的网页设计制作经验，使读者能真正体会到"学以致用"。

3. 深入剖析 CSS + DIV 布局

本书用相当多的篇幅重点介绍了用 CSS + DIV 进行网页布局的方法和技巧，配合经典的布局案例，帮助读者掌握 CSS 最核心的应用技术。

4. 介绍高级的混合应用技术

真正的网页除了外观表现之外，还需要结构标准语言和行为标准语言的结合，因此书中还特别讲解了 CSS 与 JavaScript、Ajax 和 XML 的混合应用(这些都是 Web 2.0 网站中的主要技术)，使读者能够掌握高级的网页制作技术。

本书在讲述理论知识的基础上注重培养学生的实际操作能力，通过一系列实例分析、实践等环节的训练，提高学生的实际应用能力。本书在编排上注重理论与实践的结合，采用案例教学模式，突出了实践环节。

本书由河北联合大学的封超、赵爽老师编著，其中项目一至项目五由封超老师编写，项目六至项目九由赵爽老师编写。参与本书整理及校对工作的还有吴涛、阚连合、张航、李伟、刘博、王秀华、薛贵军、周振江等，在此一并表示感谢。

由于作者水平有限，书中不妥之处在所难免，敬请读者批评指正。

目录

项目一

利用 CSS 设计页面排版

1. 项目要点

(1) 使用继承制作网页。

(2) 设计百度 Logo。

(3) 排版新闻文稿。

2. 引言

HTML 语言是所有网页制作的基础。CSS 可以让页面变得更简洁、更容易维护。

在本项目中，将通过一个项目导入、三个工作任务实践、一个上机实训，向读者讲述设置网页中字体样式、颜色、段落格式的重要性，展示如何利用 CSS 的字体和文字属性设计出精美的网页正文版式。

3. 项目导入

范琳是某娱乐网站的网页设计师，最近接到新任务，要制作近期上映电视剧的剧情简介，如图 1-1 所示。要求呈现出简洁、大方的网页设计，并且突出主题，吸引浏览者。

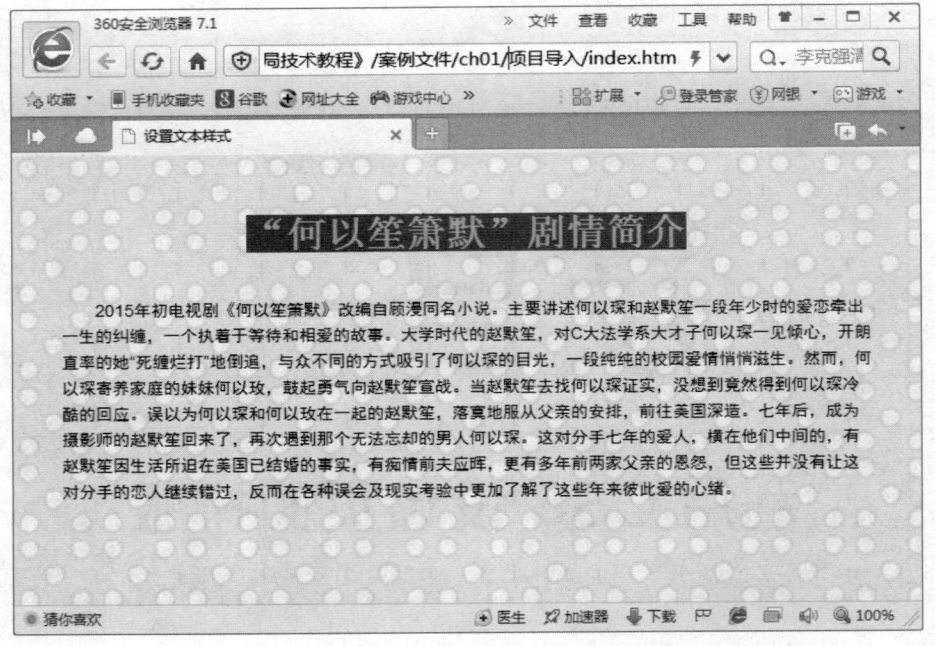

图 1-1　网页文本格式的设置

范琳使用 CSS 文字排版方式制作娱乐网页的步骤如下。

(1) 构建网页结构，考虑到页面中只有标题和正文两部分，所以只需有 \<h1\>标签和 \<p\>标签即可：

```
<h1>"何以笙箫默"剧情简介</h1>
<p>2015 年初电视剧《何以笙箫默》改编自顾漫同名小说。主要讲述何以琛和赵默笙一段年少时的
爱恋牵出一生的纠缠，一个执着于等待和相爱的故事。大学时代的赵默笙，对 C 大法学系大才子何
以琛一见倾心，开朗直率的她"死缠烂打"地倒追，与众不同的方式吸引了何以琛的目光，一段纯
纯的校园爱情悄悄滋生。然而，何以琛寄养家庭的妹妹何以玫，鼓起勇气向赵默笙宣战。当赵默笙
```

去找何以琛证实，没想到竟然得到何以琛冷酷的回应。误以为何以琛和何以玫在一起的赵默笙，落寞地服从父亲的安排，前往美国深造。七年后，成为摄影师的赵默笙回来了，再次遇到那个无法忘却的男人何以琛。这对分手七年的爱人，横在他们中间的，有赵默笙因生活所迫在美国已结婚的事实，有痴情前夫应晖，更有多年前两家父亲的恩怨，但这些并没有让这对分手的恋人继续错过，反而在各种误会及现实考验中更加了解了这些年来彼此爱的心绪。</p>

此时显示效果极简单，仅是简单的文字和标题，并没有精美的界面，如图 1-2 所示。

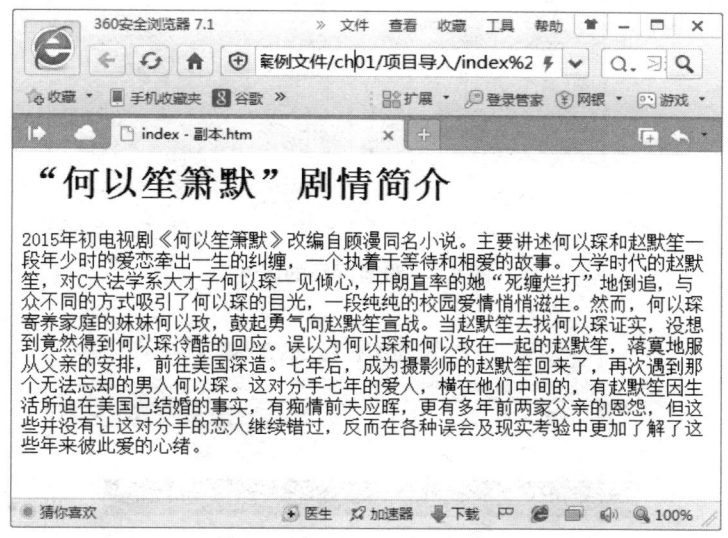

图 1-2　网页的基本结构

(2) 定义网页的基本属性，其中包括网页四周的补白、背景颜色、字体颜色，以及对齐方式：

```
body {
    margin: 50px 40px;                /* 四周边界 */
    background: url(images/bg.jpg);        /* 背景图片 */
    text-align: center;                /* 水平居中 */
    color: #c5c4c4;                /* 字体颜色 */
}
```

margin 表示元素的边界，也就是元素与元素之间的距离。在本例中，body 标签定义了 margin: 50px 40px，表示网页四周的补白分别为：上边界 50px，左边界 40px，下边界 50px，右边界 40px。text-align 属性设置为居中，即 body 中所有元素将继承这一属性。显示效果如图 1-3 所示。

(3) 设置标题样式，即<h1>标签中的内容，分别设置了标题的前景和背景色：

```
h1 {
    color: #c5c4c4;
    background: #009933;
}
```

显示效果如图 1-4 所示。

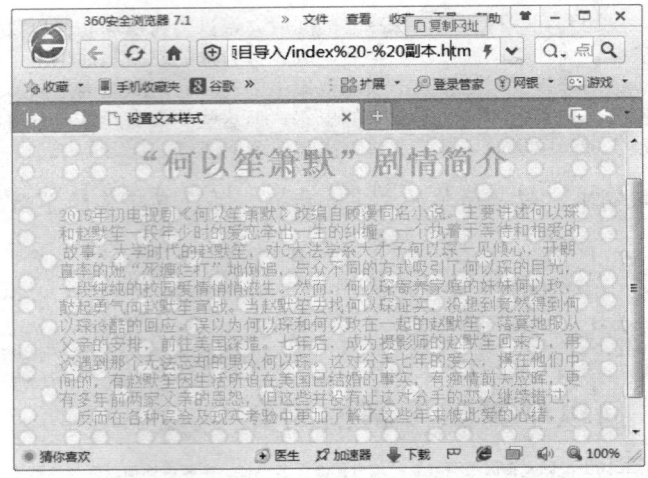

图 1-3　设置网页的属性

图 1-4　设置标题的样式(一)

从图 1-4 中以看出，由于<h1>是一个块级元素，所以它的背景色仅仅作用到文字，而且延伸到与网页的水平宽度一致。

如果想要使<h1>背景色的宽度只是其文字的宽度，则要在<h1>的 CSS 设置中加入 display:inline，如下所示：

```
h1 {
    color:#c5c4c4;
    background:#009933;
    display:inline;                    /*设置为行内元素*/
}
```

显示效果如图 1-5 所示。

图 1-5 设置标题的样式(二)

知识链接: display:inline 语句的作用,就是把元素设置为行内元素。inline 的特点描述如下:

- 与其他元素在同一行上。
- 行间距及顶和底边距不可改变。
- 宽度就是其文字或图片的宽度,不可改变。
- 常用元素中,<span>、<a>、<label>、<input>、<img>、<strong>、<em>等都是 inline 元素。

与 display:inline 相对应的是 display:block,把元素设置为块级元素。

(4) 设置段落文本<p>:

```
p {
    font-family:Arial,黑体,宋体,sans-serif;
    font-size:14px;
    font-weight:500;              /*字体粗细*/
    color:#000;
    line-height:1.6em;            /*行间距*/
    text-align:left;              /*左对齐*/
    padding-top:20px;             /*设置文本段与上边距之间的距离*/
    text-indent:2em;              /*首行缩进*/
}
```

在<body>中,为了使段落居中,设置 text-align:center 属性,但是,由于属性的继承,会导致<p>标签中的文字也会居中对齐,产生错误,所以这里进行左对齐设置,使文字进行左对齐。

padding 用于控制内容与边界之间的距离,加入 padding-top:20px 语句使文字的上边距与<p>标签的边界产生 20px 的距离。

此时,<p>标签加入 CSS 设置,最终的显示效果如图 1-6 所示。

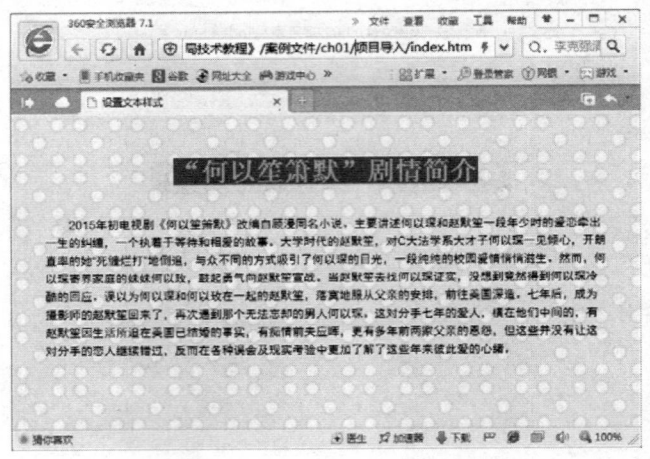

图 1-6　最终的显示效果

4. 项目分析

一篇文本、段落精美的网络文章能够使读者有条不紊地阅读，CSS 提供了文本样式设置功能，方便用户利用语句编排版式，因此，可以使用 CSS 排版功能来完成任务。

5. 能力目标

(1) 了解以 CSS 定义网页的基本属性。
(2) 熟悉使用 CSS 编排文字。

6. 知识目标

(1) 了解 CSS 的基本语法。
(2) 熟悉 CSS 选择器、继承的概念。
(3) 掌握如何使用 CSS 定义类型、字体大小、下划线等。
(4) 掌握如何使用 CSS 定义文本、行间距、字间距等。

任务一：使用继承制作网页

知识储备

1. CSS 的概念

CSS(Cascading Style Sheet)，中文译为层叠样式表，是用于控制网页样式并允许将样式信息与网页内容分离的一种标记性语言。CSS 是 1996 年由 W3C 审核通过并且推荐使用的。简单地说，CSS 的引入就是为了使得 HTML 语言能够更好地适应页面的美工设计。它以 HTML 语言为基础，提供了丰富的格式化功能，如字体、颜色、背景和整体排版等，并且网页设计者可以针对各种可视化浏览器设置不同的样式风格，包括显示器、打印机、打字机、投影仪和 PDA 等。CSS 的引入随即引发了网页设计一个又一个新高潮，使用 CSS 设计的优秀页面层出不穷。

知识链接： 一个网站如果有很多结构或者样式相同的文件需要修改，所涉及的工作量是不可小视的。但是，如果通过 CSS 来实现样式及布局的变化，则只需要修改某个样式即可，在效率上将有很大幅度的提升。CSS 样式表一般存在于独立的文件中，或者是包含在<style>和</style>标签中，这样，仅需要修改 CSS，就可以调整页面的样式及布局，整个网站的样式会瞬间发生变化。

2. CSS 的基本语法

CSS 代码可以放在 HTML 文件的<style>标签内，也可以放在网页标签的 style 属性中，但推荐用法是放在单独的样式表文件中，然后通过<link>标签或者@import 命令导入网页文档。CSS 样式表文件是一个文本文件，扩展名为.css，可以使用任何文本编辑器打开，并进行编辑。

CSS 代码被分割为一个个样式，它也是 CSS 代码的最小单元。每一个 CSS 样式都必须由两部分组成：选择器(Selector)和声明(Declaration)。

声明又包括属性(Property)和属性值(Value)。在每个声明之后要用分号表示一个声明的结束。其中，在样式的最后一条声明中可以省略分号。但建议使用分号结束声明。

基本语法如下：

```
Selector {Propery:value;}
```

例如：

```
body {padding:0px;}
```

其中，**body** 是选择器，表示元素本身，即<body>标签；padding 是属性，表示补白(也称内边距)，0px 表示属性值。这条样式所呈现的效果是清除页面与浏览器边框之间的距离，实现页面与浏览器边框无缝显示。一个样式不是仅可以包含一个声明，而且可以包含无限多个声明。声明之间使用分号隔开，例如：

```
body {
    font:14px;
    color:#000;
}
```

上面的样式定义了 **body** 元素的两个属性，即设置页面字体大小和颜色，如图 1-7 所示。

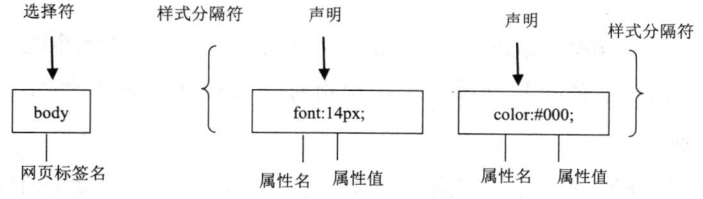

图 1-7　CSS 样式的构成

一个或多个样式就构成了一个样式表，如一个样式表文件所包含的所有样式就可以称为一个样式表，即上部样式表，一个<style>标签包含的所有样式也可以称为一个样式表，即内部样式表。

一个网页文档中可以定义或者绑定多个样式表，上部样式表和内部样式表可以同时存在于一个网页文档中，它们之间通过一定的优先级作用于匹配对象。

拓展提高： 大多数样式表包含不止一条规则，而大多数规则包含不止一个声明。多重声明和空格的使用使得样式表更容易被编辑。例如：

```
body {
    color: #000;
    background: #fff;
    margin: 0;
    padding: 0;
    font-family: Georgia, Palatino, serif;
}
```

3. CSS 选择器

每一条 CSS 样式定义由两部分组成，形式如下：

```
选择器 {样式}
```

在{}之前的部分就是"选择器"。"选择器"指明了{}中的"样式"的作用对象，也就是"样式"作用于网页中的哪些元素。

CSS 包括的选择器分别有标签选择器、ID 选择器、类选择器、伪类选择器、后类选择器、子选择器、通用选择器、相邻选择器及属性选择器。

(1) 标签选择器

一个完整的 HTML 页面是由很多不同的标签组成的，而标签选择器，则是决定针对哪些标签采用相应的 CSS 样式。例如，在 style.css 文件中，对<p>标签样式的声明如下：

```
p {
    font-size:12px;
    background:#900;
    color:090;
}
```

代码运行后，则页面中的所有<p>标签的背景都是#900(红色)，文字大小均是 12px，颜色为#090(绿色)，这在后期维护中，如果想改变整个网站中<p>标签背景的颜色，只需要修改 background 属性就可以了。

拓展提高： 对于 div、span 等通用结构元素，不建议使用标签选择器，因为通用结构元素的应用范围广泛，使用标签选择器会相互干扰。

(2) ID 选择器

ID 选择器使用"#"前缀标识符进行标识，后面紧跟着指定元素的 ID 名称。语法如下所示：

```
#intro {font-weight:bold;}
```

ID 选择器要引用 id 属性中的值。

以下是一个针对 ID 选择器的<p>标签中 id 属性设置的实际例子:

```
<p id="intro">This is a paragraph of introduction.</p>
```

(3) 类选择器

类选择器允许以一种独立于文档元素的方式来指定样式。使用以下语法向这些归类的元素应用样式,即类名前有一个点号(.):

```
.important {color:red;}
```

该选择器可以单独使用,也可以与其他元素结合使用。要应用样式而不考虑具体设计的元素,最常用的方法就是使用类选择器。

在使用类选择器之前,需要修改具体的文档标记,以便类选择器能够正常工作。

为了将类选择器的样式与元素关联,必须将 class 指定为一个适当的值。看下面的 HTML 代码:

```
<h1 class="important">This heading is very important.</h1>
<p class="important">This paragraph is very important.</p>
```

在上面的代码中,两个元素的 class 属性都指定为"important":第一个元素是标题(h1 元素),第二个元素是段落(p 元素)。

知识链接: 只有适当地标记文档后,才能使用这些选择器,所以使用这两种选择器通常需要先做一些构想和计划。

(4) 伪类选择器

伪类选择器包括伪类选择器和伪类对象选择器,以冒号(:)作为前缀,冒号后紧跟伪类或伪对象名称,冒号前后没有空格,否则将解析为包含选择器。伪类的语法如下:

```
selector:pseudo-class {property: value}
```

CSS 类也可与伪类搭配使用:

```
selector.class:pseudo-class {property: value}
```

① 锚伪类

在支持 CSS 的浏览器中,链接的不同状态都可以不同的方式显示,这些状态包括活动状态、已被访问状态、未被访问状态和鼠标悬停状态。

例如:

```
a:link {color: #FF0000}      /* 未访问的链接 */
a:visited {color: #00FF00}   /* 已访问的链接 */
a:hover {color: #FF00FF}     /* 鼠标移动到链接上 */
a:active {color: #0000FF}    /* 选定的链接 */
```

拓展提高: 在 CSS 定义中,a:hover 必须被置于 a:link 和 a:visited 之后才是有效的。

在 CSS 定义中,a:active 必须被置于 a:hover 之后才是有效的。

伪类名称对大小写不敏感。

② 伪类与 CSS 类

伪类可以与 CSS 类配合使用。例如：

```
a.red:visited {color: #FF0000}
<a class="red" href="css_syntax.asp">CSS Syntax</a>
```

假如上面的例子中的链接被访问过，那么它将显示为红色。

③ CSS2 - :first-child 伪类

用户可以使用:first-child 伪类来选择元素的第一个子元素。这个特定伪类很容易遭到误解，所以有必要举例来说明。考虑以下标记：

```
<div>
   <p>These are the necessary steps:</p>
   <ul>
      <li>Insert Key</li>
      <li>Turn key <strong>clockwise</strong></li>
      <li>Push accelerator</li>
   </ul>
   <p>
      Do <em>not</em> push the brake at the same time as the accelerator.
   </p>
</div>
```

上面的例子中，作为第一个元素的元素包括第一个 p、第一个 li、strong 和 em 元素。指定以下规则：

```
p:first-child {font-weight: bold;}
li:first-child {text-transform: uppercase;}
```

第一个规则将作为某元素第一个子元素的所有 p 元素设置为粗体。第二个规则将作为某个元素(在 HTML 中，这肯定是 ol 或 ul 元素)第一个子元素的所有 li 元素变成大写。

试访问该链接，来查看这个:first-child 实例的效果。

知识链接： 最常见的错误是认为 p:first-child 之类的选择器会选择 p 元素的第一个子元素。

注意： 必须声明<!DOCTYPE>，这样:first-child 才能在 IE 中生效。

为了使读者更透彻地理解:first-child 伪类，我们另外提供了 3 个例子。

【例 1-1】 匹配第一个<p>元素。

在下面的代码中，选择器匹配作为任何元素的第一个子元素的 p 元素：

```
<html>
<head>
<style type="text/css">
p:first-child {
   color: red;
}
</style>
</head>
```

```
<body>
    <p>some text</p>
    <p>some text</p>
</body>
</html>
```

【例 1-2】匹配所有<p>元素中的第一个<i>元素。

在下面的代码中，选择器匹配所有<p>元素中的第一个<i>元素：

```
<html>
<head>
<style type="text/css">
p > i:first-child {
    font-weight:bold;
}
</style>
</head>


<body>
<p>some <i>text</i>. some <i>text</i>.</p>
<p>some <i>text</i>. some <i>text</i>.</p>
</body>
</html>
```

【例 1-3】匹配所有作为第一个子元素的<p>元素中的所有<i>元素。

在下面的代码中，选择器匹配所有作为第一个子元素的<p>元素中的所有<i>元素：

```
<html>
<head>
<style type="text/css">
p:first-child i {
    color:blue;
}
</style>
</head>


<body>
<p>some <i>text</i>. some <i>text</i>.</p>
<p>some <i>text</i>. some <i>text</i>.</p>
</body>
</html>
```

④ CSS2 - :lang 伪类

:lang 伪类使我们有能力为不同的语言定义特殊的规则。在下面的例子中，:lang 类为属性值为 no 的 q 元素定义引号的类型：

```
<html>
<head>
<style type="text/css">
q:lang(no) {
```

```
    quotes: "~" "~"
}
</style>
</head>
<body>
<p>文字<q lang="no">段落中的引用的文字</q>文字</p>
</body>
</html>
```

（5）后代选择器

后代选择器也称为包含选择器，用来选择特定元素或元素组的后代，后代选择器用两个常用的选择器，中间加一个空格来表示。其中前面的常用选择器选择父元素，后面的常用选择器选择子元素，样式最终会应用于子元素中。

例如：

```
<style>
.father.child {
    color:#0000CC;
}
</style>
<p class="father">
黑色
<label class="child">蓝色
<b>也是蓝色</b>
</label>
</p>
```

这里定义了所有 class 属性为 father 的元素下面的 class 属性为 child 的颜色为蓝色。后代选择器是一种很有用的选择器，使用后代选择器可以更加精确地定位元素。

（6）子选择器

请注意这个选择器与后代选择器的区别，子选择器(Child Selector)仅是指它的直接后代，或者你可以理解为作用于子元素的第一个后代。而后代选择器是作用于所有子后代元素。后代选择器通过空格来进行选择，而子选择器是通过">"进行选择。

我们看下面的代码：

```
CSS:
#links a {color:red;}
#links > a {color:blue;}

HTML:
<p id="links">
<a href="#">Div+CSS 教程</a>>
<span><a href="#">CSS 布局实例</a></span>
<span><a href="#">CSS 2.0 教程</a></span>
</p>
```

将会看到第一个链接元素"Div+CSS 教程"会显示成蓝色，而其他两个元素会显示成红色。当然，或许浏览器并不支持这样的 CSS 选择符。

（7）通用选择器

通用选择器用 * 来表示。例如：

```
* {
    font-size: 12px;
}
```

表示所有的元素的字体大小都是 12px。

同时，通用选择器还可以与后代选择器组合。例如：

```
p * {
    ...
}
```

表示所有 p 元素后代的所有元素都应用这个样式。但是，与后代选择器的搭配容易出现浏览器不能解析的情况，比如像这样的：

```
<p>
    所有的文本都被定义成红色
    <b>所有这个段落里面的子标签都会被定义成蓝色</b>
    <p>所有这个段落里面的子标签都会被定义成蓝色</p>
    <b>所有这个段落里面的子标签都会被定义成蓝色</b>
    <em>所有这个段落里面的子标签都会被定义成蓝色</em>
</p>
```

这个例子中，p 标签里面嵌套了一个 p 标签，这个时候，样式可能会出现与预期不相同的结果。

（8）群组选择器

当几个元素样式属性一样时，可以共同调用一个声明，元素之间用逗号分隔。

例如：

```
p, td, li {
    line-height:20px;
    color:#c00;
}
#main p, #sider span {
    color:#000;
    line-height:26px;
}
.www_52css_com, #main p span {
    color:#f60;
}
.text1 h1, #sider h3, .art_title h2 {
    font-weight:100;
}
```

拓展提高： 使用群组选择器，将会大大地简化 CSS 代码，将具有多个相同属性的元素合并群组进行选择，定义同样的 CSS 属性，这大大地提高了编码效率，同时也减少了 CSS 文件的体积。

(9) 相邻同胞选择器

除了上面的子选择器与后代选择器，用户可能还希望找到兄弟两个当中的一个，如一个标题 h1 元素后面紧跟了两个段落 p 元素，我们想定位第一个段落 p 元素，对它应用样式，就可以使用相邻同胞选择器。例如下面的代码：

```
CSS:
h1 + p {color:blue}


HTML:
<h1>一个非常专业的 CSS 站点</h1>
<p>Div+CSS 教程中，介绍了很多关于 CSS 网页布局的知识。</p>
<p>CSS 布局实例中，有很多与 CSS 布局有关的案例。</p>
```

用户会看到，第一个段落"Div+CSS 教程中，介绍了很多关于 CSS 网页布局的知识。"的文字颜色将会是蓝色，而第二段则不受此 CSS 样式的影响。

(10) 属性选择器

可以用判断 HTML 标签的某个属性是否存在的方法来定义 CSS。

属性选择器是根据元素的属性来匹配的，其属性可以是标准属性，也可以是自定义属性；当然，也可以同时匹配多个属性。例如：

```
[attr]
[title] {margin-left: 10px}
//选择具有 title 属性的所有元素


[attr=val]
[title = 'this'] {margin-right: 10px}
//选择属性 title 的值等于 this 的所有元素


[attr^=val]
 [title ^= 'this'] {margin-left: 15px}
//选择属性 title 的值以 this 开头的所有元素


[attr$=val]
[title $= 'this'] {margin-right: 15px}
//选择属性 title 的值以 this 结尾的所有元素


[attr*=val]
[title *= 'this'] {margin: 10px}
//选择属性 title 的值包含 this 的所有元素


[attr~=val]
[title ~= 'this'] {margin-top: 10px}
//选择属性 title 的值包含一个以空格分隔的词为 this 的所有元素，即 title 的值里必须有
this 这个单词并且 this 要与其他单词之间有空格分隔


[attr|=val]
[title |= 'this'] {margin-bottom: 10px}
//选择属性 title 的值等于 this，或值以 this-开头的所有元素
```

4. 继承

在 CSS 语言中的继续并没有像 C++和 Java 等语言中的那么复杂，简单地说，就是将各个 HTML 标记看作一个个容器，其中被包含的小容器会继承包含它的大容器的样式。

(1) 父子关系

所有的 CSS 语句都是基于各个标记之间的父子关系的。为了更好地理解父子关系，首先从 HTML 文件的组织结构入手，如例 1-4 所示。

【例 1-4】HTML 文件的组织结构：

```html
<html>
<head>
    <title>父子关系</title>
    <base target="blank">
</head>

<body>
    <h1>祖国的首都<em>北京</em></h1>
    <p>欢迎来到祖国的首都<em>北京</em>，这里是全国<strong>政治、
        <a href="economic.html"><em>经济</em></a>、文化</strong>的中心</p>
    <ul>
        <li>在这里，你可以：
            <ul>
                <li>感受大自然的美丽</li>
                <li>体验生活的节奏</li>
                <li>领略首都的激情与活力</li>
            </ul>
        </li>
        <li>你还可以：
            <ol>
                <li>去八达岭爬长城</li>
                <li>去香山看红叶</li>
                <li>去王府井逛夜市</li>
            </ol>
        </li>
    </ul>
    <p>如果您有任何问题，欢迎<a href="contactus">联系我们</a></p>
</body>
</html>
```

例 1-4 是一个很简单的 HTML 文档，这里重在考虑各个标记之间的"树"型父子关系，如图 1-8 所示。

在这个树型关系中，处于最上端的<html>标记称为"根(root)"，它是所有标记的源头，往下层层包含。

在每一个分支中，称上层标记为其下层标记的"父"标记，相应的下层标记称为上层标记的"子"标记。

例如，<h1>标记是<body>标记的子标记，同时，它也是<em>的父标记。这种层层嵌套的关系，也正是 CSS 名称的含义。

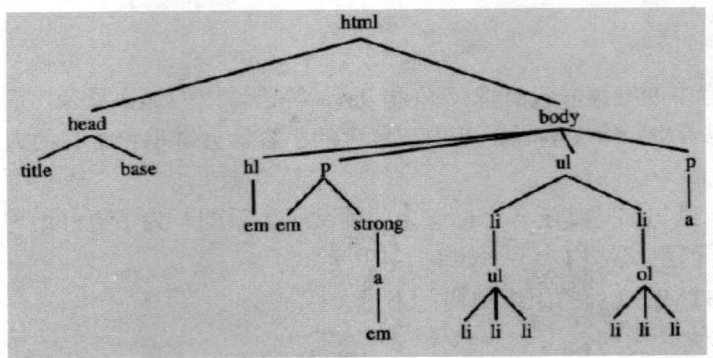

图 1-8　各个标记之间的"树"型父子关系

(2)　CSS 继承的运用

通过上面的讲解，已经对各个标记之间的父子关系有所了解。下面进一步了解 CSS 继承的运用。CSS 继承指的是子标记会继承父标记的所有样式风格，并可以在父标记样式风格的基础上再加以修改，产生新的样式，而子标记的样式风格完全不会影响父标记。

例如，在例 1-4 中加入如下代码，即给<h1>标记加下划线和颜色：

```
<style>
<!--
h1 {
    color:red;                    /* 颜色 */
    text-decoration:underline;  /* 下划线 */
}
-->
</style>
```

显示效果如图 1-9 所示，可以看到，其标记<em>也显示出下划线以及红色。

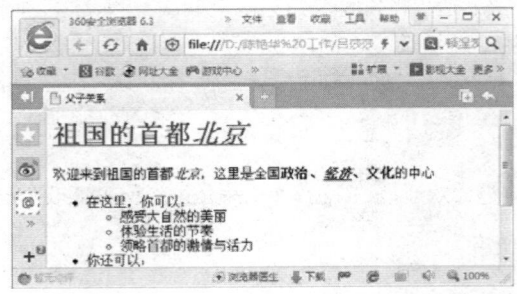

图 1-9　父子关系示例(一)

这时，可以再给<em>标记加入 CSS 选择器，并进行风格样式的调整，如下所示：

```
<style>
<!--
h1 {
    color:red;                    /* 颜色 */
    text-decoration:underline;  /* 下划线 */
}
```

```
h1 em {                              /* 嵌套选择器 */
    color:#004400;                   /* 颜色 */
    font-size:40px;                  /* 字体大小 */
}
-->
</style>
```

利用 CSS 代码修改了<em>标记的字体和颜色，其显示效果如图 1-10 所示。<em>的父子标记<h1>没有受到其影响，<em>标记依然继承了<h1>标记中设置的下划线，而颜色和字体大小则采用了自己设置的样式风格。

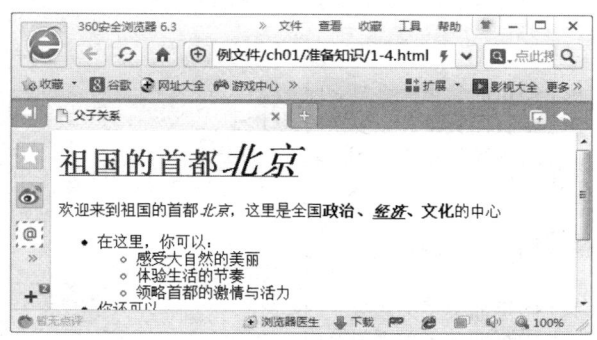

图 1-10　父子关系示例(二)

🐟 **拓展提高：** 并不是所有的 CSS 属性都可以继承，CSS 强制规定"边框属性"、"边界属性"、"补白属性"、"背景属性"、"定位属性"、"布局属性"和"元素宽高属性"不具有继承性。

任务实践

范琳启动 Dreamweaver，在主页中新建一个网页，使用 CSS 的继承，加入嵌套选择器，在不修改源代码的情况下，对深层的<li>进行控制：

```
<html>
<head>
    <title>父子关系</title>

<style>
<!--
.li1 {
    color:red;
}
.li2 {
    color:blue;
}
.li1 ol li {                         /* 利用 CSS 继承关系 */
    font-weight:bold;                /* 粗体 */
    text-decoration:underline;       /* 下划线 */
}
```

```
-->
</style>
</head>

<body>
    <ul>
        <li class="li1">关系 1
            <ul>
                <li>页面父子关系复杂时</li>
                <li>页面父子关系复杂时</li>
                <li>这里省略 20 个嵌套...</li>
            </ul>
            <ol>
                <li>页面父子关系复杂时</li>
                <li>页面父子关系复杂时</li>
                <li>这里省略 20 个嵌套...</li>
            </ol>
        </li>
        <li class="li2">关系 2
            <ul>
                <li>页面父子关系复杂时</li>
                <li>页面父子关系复杂时</li>
                <li>这里省略 20 个嵌套...</li>
            </ul>
            <ol>
                <li>页面父子关系复杂时</li>
                <li>页面父子关系复杂时</li>
                <li>这里省略 20 个嵌套...</li>
            </ol>
        </li>
    </ul>
</body>
</html>
```

显示效果如图 1-11 所示。

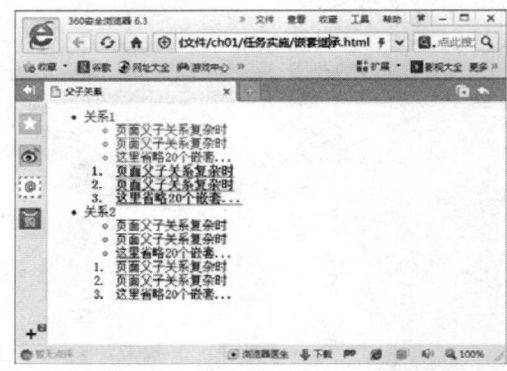

图 1-11　合理利用 CSS 的继承

任务二：设计百度 Logo

知识储备

使用过 Word 编辑文档的用户一定会注意到，Word 可以对文字的字体、大小和颜色等各种属性进行设置。CSS 同样可以对 HTML 页面的文字进行全方位的设置。

1. 字体

在 HTML 语言中，文字的字体通过<font face="字体名称">来设置，而在 CSS 中，字体则是通过 font-family 属性来控制的，下面是该属性的语句：

```
p {
    Font-family: 黑体,Arial,宋体,sans-serif;
}
```

以上语句声明了 HTML 页面中<p>标记的字体名称，并且同时声明了 3 个字体名称，分别是黑体、Arial 和宋体。整段代码告诉浏览器首先在用户的计算机中寻找"黑体"，如果该用户计算机中没有黑体，则接着寻找"Arial"字体，如果黑体与 Arial 都没有，再寻找"宋体"。如果 font-family 中所声明的所有字体都没有，则使用浏览器的默认字体显示。

font-family 属性可以同时声明任意种字体，字体之间用逗号隔开。另外，一些字体的名称中间会出现空格，例如 Times New Roman，这时，要用双引号将其引起来，如"Times New Roman"。

🌐 **知识链接：** 通常见到的 sans-serif 和 serif 不是单个字体的名称，而是一类字体的统称。按照 W3C 的规则，在 font(或 font-family)的最后都要求指定一个这样的字体集，当客户端没有指定字体时，可以使用本机上的默认字体。
在西方国家的罗马字母阵营中，字体分为 sans-serif 和 serif 两大类，打字机虽然也属于 sans-serif，但由于是等字宽字体，因此，另外独立出 monospace 这一种类，例如，在 Web 中，表示代码时，常常要使用等宽字体。这也是为什么在 Dreamweaver 的语法提示中，前 3 项的结尾分别是 sans-serif、serif 与 monospace 的原因，如图 1-12 所示。
serif 的意思是，在字体的笔画开始及结束的地方有额外的装饰，而且笔画的粗细会因为横竖的不同而不同。然而，sans-serif 则没有这些额外的装饰，笔画粗细大致差不多，如图 1-13 所示。

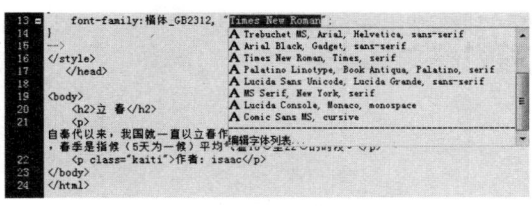

图 1-12　Dreamweaver 的字体提示

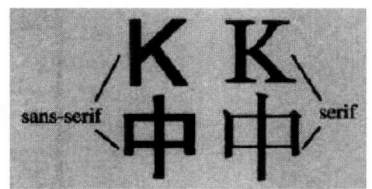

图 1-13　sans-serif 与 serif

通常，在正文中使用的是易读性较强的 serif 字体，用户长时间阅读也不容易疲劳。而标题和表格则采用较醒目的 sans-serif 字体，它们需要显著和醒目，但不必长时间盯着这些文字来阅读。Web 设计及浏览器设置中也推荐遵循这些原则。

【例 1-5】文字字体的效果：

```
<html>
<head>
    <title>文字字体</title>
<style>
<!--
h2 {
    font-family:黑体, 幼圆;
}
p {
    font-family:Arial, Helvetica, sans-serif;
}
p.kaiti {
    font-family:楷体_GB2312, "Times New Roman";
}
-->
</style>
</head>

<body>
    <h2>立 夏</h2>
    <p>立夏是二十四节气中的第 7 个节气，更是干支历辰月的结束以及巳月的起始；时间点在公
历 5 月 5-6 日之间，太阳到达黄经 45 度时。立夏在农历上的日期并不固定，为每年四月初一前
后，此因农历是阴阳历。"斗指东南，维为立夏，万物至此皆长大，故名立夏也。"
在天文学上，立夏表示即将告别春天，是夏日天的开始。人们习惯上都把立夏当作是温度明显升
高，炎暑将临，雷雨增多，农作物进入旺季生长的一个重要节气。</p>
    <p class="kaiti">作者: isaac</p>
</body>
</html>
```

其显示效果如图 1-14 所示，可以看到标题<h2>显示为黑体，正文<p>显示为 Arial 字体，而落款显示为楷体。

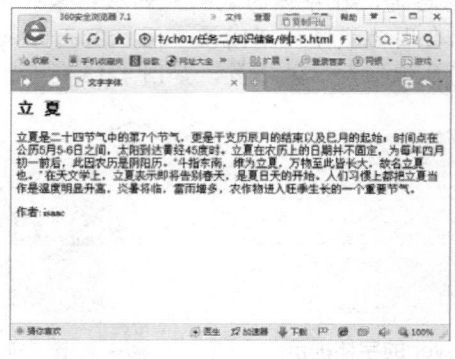

图 1-14　文字字体

操作技巧： 很多设计者喜欢使用各种各样的字体来给页面添彩，但这些字体在大多数用户机器上都没有安装，因此一定要设置多个备选字体，避免浏览器直接替换成默认的字体。最直接的方式就是针对使用了生僻字体的部分，用图形软件制成小的图片，再加载到页面中。

2. 定义字体的大小

CSS 使用 font-size 属性来定义字体的大小，该属性的用法如下：

```
font-size: xx-small|x-small|small|medium|large|x-large
  |xx-large|larger|smaller|length
```

其中 xx-small(最小)、x-small(较小)、small(小)、medium(正常)、large(大)、x-large(较大)、xx-large(最大)表示绝对字体尺寸，这些特殊值将根据对象字体进行调整。

larger(增大)和 smaller(减少)这对特殊值能够根据父对象中的字体尺寸进行相对增大或者缩小的处理，使用成比例的 em 单位进行计算。

length 可以是百分数或者浮点数字和单位标识符组成的长度值，但不可为负值。其百分数的取值是基于父对象中字体的尺寸来计算的，与 em 单位计算的方法相同。

【例 1-6】 启动 Dreamweaver，新建一个网页，在\<body>标签中输入以下内容：

```
<body>
    <p class="inch">文字大小, 0.5in</p>
    <p class="cm">文字大小, 0.5cm</p>
    <p class="mm">文字大小, 4mm</p>
    <p class="pt">文字大小, 12pt</p>
    <p class="pc">文字大小, 2pc</p>
</body>
```

在\<head>标签内添加\<style type="text/css">标签，定义一个内部样式表，然后输入下面的样式，分别设置各个段落中的字体大小：

```
p.inch { font-size: 0.5in; }        /*以英寸为单位设置字体大小*/
p.cm { font-size: 0.5cm; }          /*以厘米为单位设置字体大小*/
p.mm { font-size: 4mm; }            /*以毫米为单位设置字体大小*/
p.pt { font-size: 12pt; }           /*以点为单位设置字体大小*/
p.pc { font-size: 2pc; }            /*以皮卡为单位设置字体大小*/
```

显示效果如图 1-15 所示。

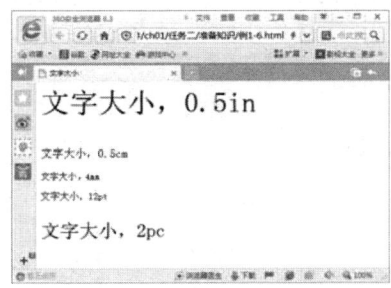

图 1-15　设置字体的大小

🔩 **拓展提高：** 定义字体大小很容易，但是选择字体大小的单位比较复杂。在网页设计中，常用像素(px)和百分比(%或 em)作为字体大小的单位。

CSS 提供了很多单位，它们都可被归为两大类：绝对单位和相对单位。

相对单位所定义的字体是固定的，大小显示效果不会受外界因素的影响，例如 in (inch，英寸)、cm(centimeter，厘米)、mm(millimeter，毫米)、pt(point，印刷的点数)、pc (pica，1pc=12pt)。此外，xx-small、x-small、small、medium、large、x-large、xx-large 这些关键字也是绝对单位。

【例 1-7】 设置文字大小的代码如下：

```html
<html>
<head>
    <title>文字大小</title>
<style>
<!--
p.one { font-size:xx-small; }
p.two { font-size:x-small; }
p.three { font-size:small; }
p.four { font-size:medium; }
p.five { font-size:large; }
p.six { font-size:x-large; }
p.seven { font-size:xx-large; }
-->
</style>
</head>
<body>
    <p class="one">文字大小, xx-small</p>
    <p class="two">文字大小, x-small</p>
    <p class="three">文字大小, small</p>
    <p class="four">文字大小, medium</p>
    <p class="five">文字大小, large</p>
    <p class="six">文字大小, x-large</p>
    <p class="seven">文字大小, xx-large</p>
</body>
</html>
```

浏览器中的显示效果如图 1-16 所示，可以看到 7 级的设置层层变化，比较容易记忆。但这种方法在两种不同的浏览中的显示效果却不一样，因此并不推荐使用。

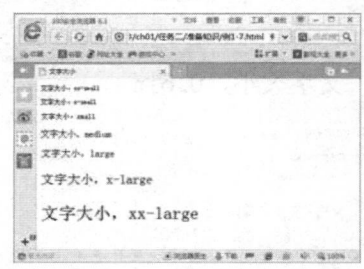

图 1-16　关键字作为 font-size 的值

相对文字大小不像前面提到的绝对大小那样固定，绝对大小不随显示器和父标记的改变而改变。而相对大小的设置比较灵活，因此一直受到用户的青睐。

【例 1-8】设置文字大小的代码如下：

```
<html>
<head>
    <title>文字大小_相对值</title>
<style>
<!--
p.one {
    font-size:15px;        /* 像素，因此实际显示大小与分辨率有关，很常用的方式 */
}
p.one span {
    font-size:200%;        /* 在父标记的基础上×200% */
}
p.two {
    font-size:30px;
}
p.two span {
    font-size: 0.5em;      /* 在父标记的基础上×0.5 */
}
-->
</style>
</head>

<body>
    <p class="one">文字大小<span>相对值</span>，15px。</p>
    <p class="two">文字大小<span>相对值</span>，30px。</p>
</body>
</html>
```

该例中的单位 px 表示具体的像素，因此其显示大小与显示器的大小及其分辨率有关。采用"%"或者"em"都是相对于父标记而言的比例，如果没有设定父标记的字体，则相对于浏览器的默认值。显示效果如图 1-17 所示。

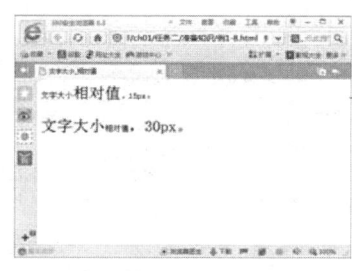

图 1-17 相对大小

拓展提高：采用相对方法设置，在不同浏览器中显示的效果完全一样。

3. 定义字体的颜色

文字的各种颜色配合其他页面元素组成了整个五彩缤纷的页面，在 CSS 中，文字颜色是通过 color 属性来定义的，该属性的用法如下：

```
color: color
```

在设置某一段落文字的颜色时，通常可以用<span>标记，将需要的部分进行单独标注，然后再设置<span>标记的颜色属性。

【例 1-9】定义字体颜色的代码如下：

```
<html>
<head>
    <title>文字颜色</title>
<style>
<!--
h2 { color:rgb(0%,0%,80%); }
p {
    color:#333333;                    /*使用十六进制*/
    font-size:13px;
}
p span { color:blue; }
-->
</style>
</head>
<body>
    <h2>元宵节的由来</h2>
    <p><span>元宵节</span>的由来有两种 1是在汉文帝时，已下令将正月十五定为<span>
元宵节</span>。汉武帝时，"太一神"的祭祀活动定在正月十五。(太一：主宰宇宙一切之神)。
司马迁创建"太初历"时，就已将<span>元宵节</span>确定为重大节日。  还有一种说法是汉文
帝登基以后文帝深感太平盛世来之不易，便把平息"诸吕之乱"的正月十五，定为与民同乐日，京
城里家家张灯结彩，以示庆祝。从此，正月十五便成了一个普天同庆的民间节日——"闹元宵"。
</p>
</body>
</html>
```

上例中，首先设定了标题颜色为深蓝色，<p>标记的颜色为灰黑色，然后设置了<p>标记中包含的<span>标记为蓝色，从而将正文中所有的"冬至"全部进行突出显示，其效果如图 1-18 所示。

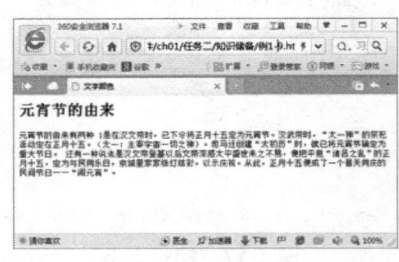

图 1-18　文字的颜色

知识链接：在 CSS 中，颜色的设置统一采用 RGB 格式，即按"红黄蓝"三原色的不同比例组成各种颜色。比如，RGB(100%, 0%, 0%)，或者是用十六进制表示为#ff0000，即为红色。

4. 定义字体的粗细

CSS 使用 font-weight 属性来定义字体的粗细，该属性的用法如下：

```
font-weight:normal|bold|bolder|lighter|100|200|300|400|500|600|700|800|900
```

font-weight 属性取值比较特殊，其中 normal 关键字表示默认值，即正常字体，相当于取值为 400。bold 关键字表示粗体，相当于取值 700，或者使用<b>标签定义的字体效果。bolder(较粗)和 lighter(较细)是相对于 normal 字体粗细而言的。

另外，也可以设置值为 100、200、300、400、500、600、700、800、900，它们分别表示字体的粗细，是对字体粗细的一种量化方式。值越大，表示越粗，越小表示越细。

【例 1-10】定义字体粗细的代码如下：

```
<html>
<head>
    <title>文字粗体</title>
<style>
<!--
h1 span { font-weight:lighter; }
span { font-size:28px; }
span.one { font-weight:100; }
span.two { font-weight:200; }
span.three { font-weight:300; }
span.four { font-weight:400; }
span.five { font-weight:500; }
span.six { font-weight:600; }
span.seven { font-weight:700; }
span.eight { font-weight:800; }
span.nine { font-weight:900; }
span.ten { font-weight:bold; }
span.eleven { font-weight:normal; }
-->
</style>
</head>

<body>
    <h1>文字<span>粗</span>体</h1>
    <span class="one">文字粗细:100</span>
    <span class="two">文字粗细:200</span>
    <span class="three">文字粗细:300</span>
    <span class="four">文字粗细:400</span>
    <span class="five">文字粗细:500</span>
    <span class="six">文字粗细:600</span>
    <span class="seven">文字粗细:700</span>
    <span class="eight">文字粗细:800</span>
    <span class="nine">文字粗细:900</span>
    <span class="ten">文字粗细:bold</span>
    <span class="eleven">文字粗细:normal</span>
</body>
</html>
```

文字的粗细在 CSS 中是通过属性 font-weight 来设置的，上例中几乎涵盖了所有的文字粗细值，并且在标题处通过设置<span>标记的样式，使得本身是粗体的"粗"字变成正常粗细，其效果如图 1-19 所示。

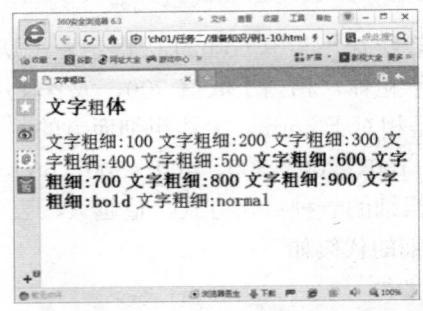

图 1-19　文字粗细

拓展提高： 设置字体粗细也可以称为定义字体的重量。对于中文网页设计来说，一般仅用到 bold(加粗)、normal(普通)两个属性值即可。

5. 定义斜体字体

CSS 使用 font-style 属性来定义字体倾斜效果，该属性的用法如下：

```
font-style: normal|italic|oblique
```

其中，normal 表示默认值，即正常的字体，italic 表示斜体，oblique 表示倾斜的字体。italic 和 oblique 两个取值只能在英文等西方文字中有效。

【例 1-11】定义斜体字体的代码如下：

```
<html>
<head>
    <title>文字斜体</title>
<style>
<!--
h1 { font-style:italic; }            /* 设置斜体 */
h1 span { font-style:normal; }       /* 设置为标准风格 */
p { font-size:18px; }
p.one { font-style:italic; }
p.two { font-style:oblique; }
-->
</style>
</head>

<body>
    <h1>文字<span>斜</span>体</h1>
    <p class="one">文字斜体</p>
    <p class="two">文字斜体</p>
</body>
</html>
```

该例中，设置了文字的样式为斜体，并在<h1>标记中通过加入<span>标记，将本身已经变成斜体的文字又设置成了标准风格，效果如图 1-20 所示。

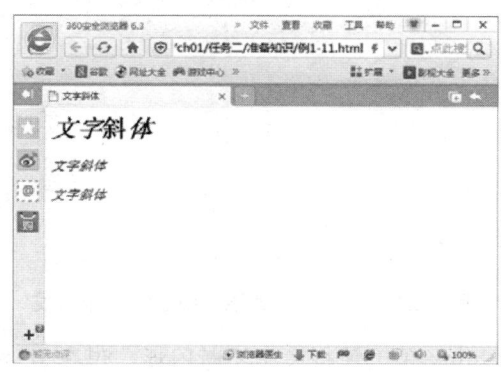

图 1-20　文字斜体

6. 定义下划线、删除线和顶划线

CSS 使用 text-decoration 属性来定义字体下划线、删除线和顶划线的效果，该属性的用法如下：

```
text-decoration: none||underline||overline||line-through||blink
```

其中，none 表示默认值，即无装饰字体，underline 表示下划线效果，line-through 表示删除线效果，overline 表示顶划线效果，blink 表示闪烁效果。

【例 1-12】设置文字下划线、删除线和顶划线的代码如下：

```
<html>
<head>
    <title>文字下划线、顶划线、删除线</title>
<style>
<!--
p.one { text-decoration:underline; }          /* 下划线 */
p.two { text-decoration:overline; }            /* 顶划线 */
p.three { text-decoration:line-through; }      /* 删除线 */
p.four { text-decoration:blink; }              /* 闪烁 */
-->
</style>
</head>

<body>
    <p class="one">下划线文字，下划线文字</p>
    <p class="two">顶划线文字，顶划线文字</p>
    <p class="three">删除线文字，删除线文字</p>
    <p class="four">文字闪烁</p>
    <p>正常文字对比</p>
</body>
</html>
```

该例的显示效果如图 1-21 所示。

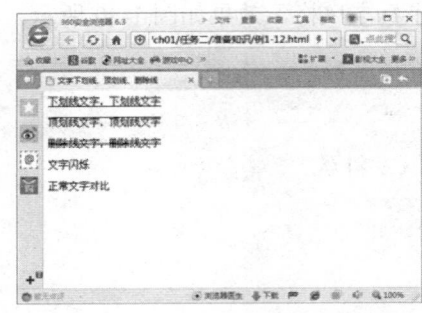

图 1-21　文字的下划线、顶划线、删除线

拓展提高： 特殊的 blink 值，使得文字不断闪烁，但在 IE 浏览器或 360 浏览器中，并不支持这种效果。

7. 定义英文大小写

CSS 使用 font-variant 属性来定义字体大小效果，该属性的用法如下：

```
font-variant: normal|small-caps
```

其中，normal 表示默认值，即正常字体，small-caps 表示小型的大写字母字体。

拓展提高： font-variant 仅支持以英文为代表的西文字体，中文字体没有大小写的效果区分。如果设置了小型大写字体，但是该字体没有找到原始小型大写字体，那么浏览器会模拟一个。例如，可通过使用一个常规字体，将其小写字母替换为缩小过的大写字母。

CSS 还定义了一个 text-transform 属性，该属性也能够定义字体大小写效果，不过，该属性主要定义单词大小写样式，用法格式如下：

```
text-transform: none|capitalize|uppercase|lowercase
```

其中，none 表示默认值，无转换发生。capitalize 表示将每个单词的第一个字母转换成大写，其余无转换发生，uppercase 表示把所有字母都转换成大写，lowercase 表示把所有字母都转换成小写。

【例 1-13】英文字母大小写转换代码如下：

```
<html>
<head>
    <title>英文字母大小写</title>
<style>
<!--
p { font-size:17px; }
p.one { text-transform:capitalize; }        /* 单词首字大写 */
p.two { text-transform:uppercase; }         /* 全部大写 */
p.three { text-transform:lowercase; }       /* 全部小写 */
-->
</style>
</head>
```

```
<body>
    <p class="one">quick brown fox jumps over the lazy dog.</p>
    <p class="two">quick brown fox jumps over the lazy dog.</p>
    <p class="three">QUICK Brown Fox JUMPS OVER THE LAZY DOG.</p>
</body>
</html>
```

该例的显示效果如图 1-22 所示。

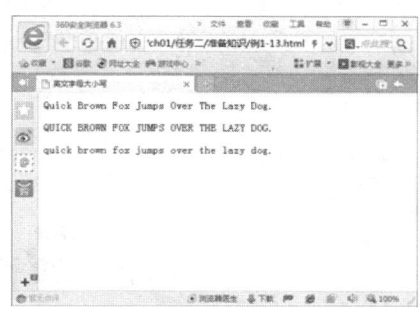

图 1-22 英文字母的大小写

任务实践

傅云青使用 CSS 设置字体设计百度 Logo，具体操作步骤如下。

(1) 构建简单的网页结构，其中\<p\>标签中包含了两个\<span\>标签和一个\<img\>标签，如图 1-23 所示。代码如下：

```
<body>
<p>
    <span class="g1">Bai</span>
    <img src="images/baidu,jpg" border="0">
    <span class="g2">百度</span>
</p>
</body>
```

(2) 规划整个页面的基本显示属性，如字体颜色、字体基本类型、网页字体大小等。由于本页面的字体颜色一致，所以在\<p\>标签中定义了网页的字体颜色：

```
<style type="text/css">
    p { color:#eb0005; }
</style>
```

(3) 分别设置两个\<span\>标签的样式。由于在本任务中，既有中文又有英文，而中文和英文在显示上差别很大，所以分别进行设置。对第一个\<span\>，也就是英文"Bai"的样式设置如下：

```
.g1 {
    font-size:60px;                              /* 字体大小*/
    font-family:MS Ui Gothic, Arial, sans-serif;
    letter-spacing:-5px;                         /* 字间距 */
```

```
    font-weight:bold;
}
```

（4）设置第二个<span>，也就是中文"百度"：

```
.g2 {
    font-size:50px;
    font-family:MS Ui Gothic, Arial, sans-serif;
    letter-spacing:-12px;
    font-weight:900;                              /* 字体粗细 */
}
```

此时的显示效果如图 1-24 所示。

图 1-23 构建百度 Logo 页面的结构   图 1-24 百度 Logo 的效果

任务三：排版新闻文稿

知识储备

1. 定义文本对齐方式

在传统布局中，一般使用 HTML 的 align 属性来定义对象水平对齐，这种用法在过渡型文档类型中依然可以使用。CSS 使用 text-align 属性来定义文本的水平对齐方式，该属性的用法如下：

```
text-align: left|right|center|justify
```

该属性取值有 4 个，其中 left 表示默认值，左对齐，right 表示右对齐，center 表示居中对齐，justify 表示两端对齐。

【例 1-14】设置段落对齐方式的代码如下：

```
<html>
<head>
    <title>水平对齐</title>
<style>
<!--
p { font-size:12px; }
p.left { text-align:left; }          /* 左对齐 */
p.right { text-align:right; }        /* 右对齐 */
p.center { text-align:center; }      /* 居中对齐 */
```

```
p.justify { text-align:justify; }        /* 两端对齐 */
-->
</style>
</head>

<body>
    <p class="left">
    这个段落采用左对齐的方式，text-align:left，因此文字都采用左对齐。<br>
    但我不能放歌，悄悄是别离的笙箫。<br>夏虫也为我沉默，沉默是今晚的康桥。<br>徐志摩
    </p>
    <p class="right">
    这个段落采用右对齐的方式，text-align:right，因此文字都采用右对齐。<br>
    但我不能放歌，悄悄是别离的笙箫。<br>夏虫也为我沉默，沉默是今晚的康桥。<br>徐志摩
    </p>
    <p class="center">
    这个段落采用居中对齐的方式，text-align:center，因此文字都采用居中对齐。<br>
    但我不能放歌，悄悄是别离的笙箫。<br>夏虫也为我沉默，沉默是今晚的康桥。<br>徐志摩
    </p>
    <p class="justify">
    这个段落采用左对齐的方式，text-align:justify，因此文字都采用左对齐。但我不能放
歌，悄悄是别离的笙箫。夏虫也为我沉默，沉默是今晚的康桥。<br>徐志摩
    </p>
</body>
</html>
```

该例的显示效果如图 1-25 所示。

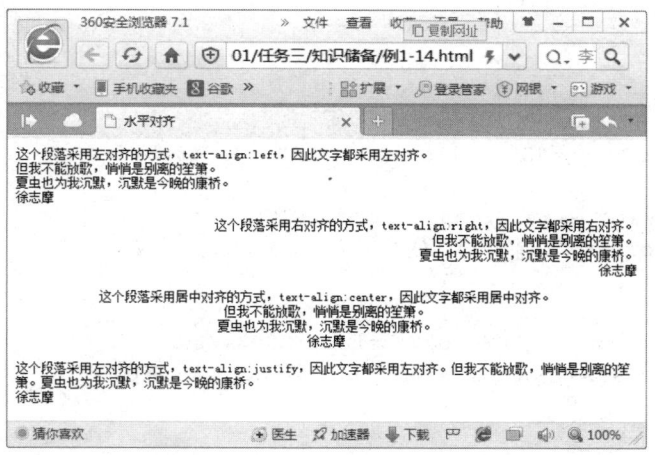

图 1-25　文本的对齐方式

🌐 **知识链接：** text-align 是块级属性，只能用于<div>、<p>、<ul>、<h1>～<h6>等标识符中，文本水平对齐不仅可以控制文本的水平对齐，而且可以控制其他块级元素的水平对齐。

2. 定义文本垂直对齐方式

在传统的布局中，一般元素不支持垂直对齐效果，不过在表格中可以实现。CSS 使用

vertical-align 属性来定义文本垂直对齐问题，该属性垂直居中显示：

```
vertical-align: auto|baseline|sub|super|top|text-top|middle|bottom
  |text-bottom|length
```

其中，auto 属性值将根据 layout-flow 属性的值对齐对象内容；baseline 表示默认值，表示将支持 valign 特性的对象内容与基线对齐；sub 表示垂直对齐文本的下标；supper 表示垂直对齐文本的上标；top 表示将支持 valign 特性的对象的内容与对象顶端对齐；text-top 表示将支持 valign 特性的对象的文本与对象顶端对齐；middle 表示将支持 valign 特性的对象内容与对象中部对齐；bottom 表示将支持 valign 特性的对象的内容与对象底端对齐；text-bottom 表示将支持 valign 特性的对象的文本与对象顶端对齐；length 表示由浮点数字和单位标识符组成的长度值或者百分数，可为负数，定义由基线算起的偏移量，基线对于数值来说为 0，对于百分数来说就是 0%。

【例 1-15】定义文本垂直对齐方式，代码如下：

```
<html>

<head>
    <title>垂直对齐</title>
<style>
<!--
td.top { vertical-align:top; }              /* 顶端对齐 */
td.bottom { vertical-align:bottom; }        /* 底端对齐 */
td.middle { vertical-align:middle; }        /* 中间对齐 */
-->
</style>
</head>

<body>
<table cellpadding="2" cellspacing="0" border="1">
    <tr>
        <td><img src="02.jpg" border="0"></td>
        <td class="top">垂直对齐方式, top</td>
    </tr>
    <tr>
        <td><img src="02.jpg" border="0"></td>
        <td class="bottom">垂直对齐方式, bottom</td>
    </tr>
    <tr>
        <td><img src="02.jpg" border="0"></td>
        <td class="middle">垂直对齐方式, middle</td>
    </tr>
</table>
</body>

</html>
```

在浏览器中预览，显示效果如图 1-26 所示。

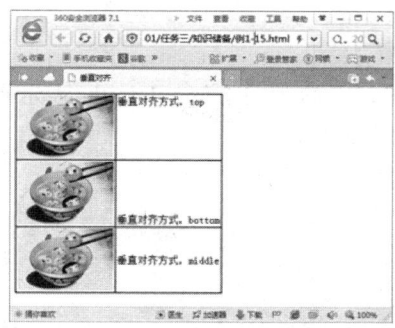

图 1-26　垂直对齐方式

如果对 vertical-align 属性设置具体的数值，则文字本身可以在垂直方向上发生位移。

【例 1-16】文字位移的代码如下：

```html
<html>
<head>
    <title>垂直对齐</title>
<style>
<!--
span.zs { vertical-align:10px; }
span.fs { vertical-align:-10px; }
-->
</style>
</head>

<body>
    <p>给对齐属性设置具体<span class="zs">数值</span>，正数</p>
    <p>给对齐属性设置<span class="fs">具体</span>数值，负数</p>
</body>
</html>
```

该例的显示效果如图 1-27 所示。当值设置为正数时，文字将向上移动相应的数值，设置为负数时则向下移动。

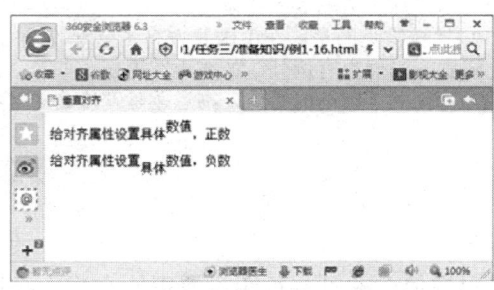

图 1-27　设置具体的数值

3. 定义行间距

行间距是段落文本行之间的距离。CSS 使用 line-height 属性来定义行高，该属性的用法如下：

```
line-height: normal|length
```

其中，normal 表示默认值，一般为 1.2em，length 表示百分比数字，或者由浮点数和单位标识符组成的长度值，允许为负值。

【例 1-17】设置行间距的代码如下：

```
<html>
<head>
<title>行间距</title>
<style>
<!--
p.one {
    font-size:10pt;
    line-height:8pt; /* 行间距，绝对数值，行间距小于字体大小 */
}
p.second { font-size:18px; }
p.third { font-size:10px; }
p.second, p.third {
    line-height: 1.5em; /* 行间距，相对数值 */
}
-->
</style>
</head>

<body>
    <p class="one">冬至(Winter Solstice)，是中国农历中一个重要的节气，也是中华民族的一个传统节日，冬至俗称"冬节"、"长至节"、"亚岁"等。早在二千五百多年前的春秋时代，中国就已经用土圭观测太阳，测定出了冬至，它是二十四节气中最早制订出的一个，时间在每年的公历 12 月 21 日至 23 日之间。</p>
    <p class="second">冬至这天，太阳直射地面的位置到达一年的最南端，几乎直射南回归线(南纬 23°26')。这一天北半球得到的阳光最少，比南半球少了 50%。北半球的白昼达到最短，且越往北白昼越短。如中国最南端——曾母暗沙(北纬 2°33')这天的白昼达 11 小时 59 分，海口市约为 10 小时 55 分，杭州市为 10 小时 12 分，北京约 9 小时 20 分，而号称"中国最北端"的黑龙江省漠河县(北纬 52°58')也仅有 7 小时 34 分。冬至过后，夜空星象完全换成冬季星空，而且从当天开始"进九"。而此时南半球正值酷热的盛夏。</p>
    <p class="third">比较常见的是，在中国北方有冬至吃饺子的风俗。俗话说："冬至到，吃水饺。"而南方则是吃汤圆，当然也有例外，如在山东枣庄、曲阜、邹城、临沂周边地区，冬至习惯叫作数九，流行过数九当天喝羊肉汤的习俗，寓意驱除寒冷之意。各地食俗不同，但吃水饺最为常见。</p>
</body>
</html>
```

显示效果如图 1-28 所示。

第 1 段文字采用了绝对数值，并且将行距设置得比文字大小还要小，因此可以看到文字发生了部分重叠现象。

第 2 段和第 3 段分别设置了不同的文字大小，但由于使用了相对数值，因此能够自动调节行间距。

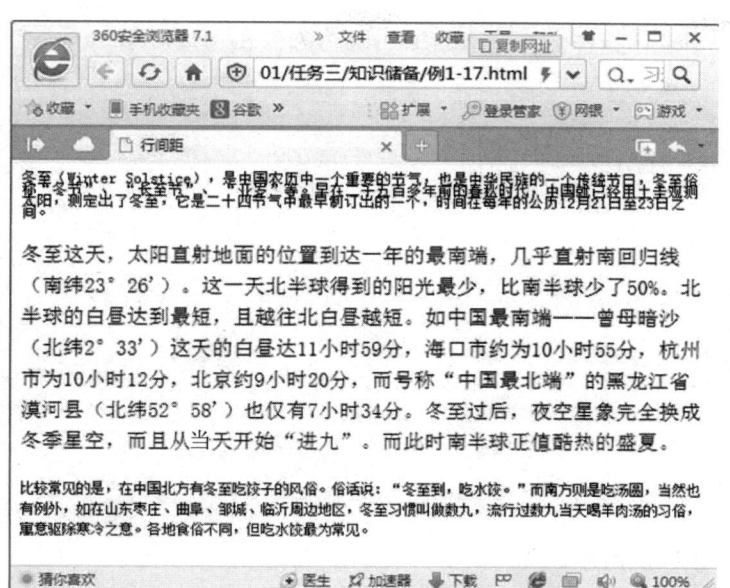

图 1-28　设置行间距

知识链接： 一般行间距的最佳设置范围为 1.2 ~ 1.8em，当然，对于特别大的字体或者特别小的字体，可以特殊处理。因此，读者可以遵循字体越大、行间距越小的原则来定义段落的具体行高。

操作技巧： 读者也可以给 line-height 属性设置一个数值，但是不设置单位。例如：

body {line-height: 1.6;}

这时，浏览器会把它作为 1.6em 或 160%，由于默认字体大小为 12px，也就是说，页面行间距实际为 19px。利用这种特殊现象，读者可以解决多层嵌套结构中行间距继承出现的问题。

4. 定义字间距

CSS 使用 letter-spacing 属性定义字间距，使用 word-spacing 属性定义词间距。这两个属性的取值都是长度值，由浮点数和单位标识符组成，既可以是绝对数值，又可以是相对数值，默认值为 normal，表示默认间隔。

定义词间距时，以空格为基准进行调节，如果多个单词被连在一起，则被 word-spacing 视为一个单词；如果汉字被空格分隔，则分隔的多个汉字就被视为不同的单词，word-spacing 属性此时有效。

【例 1-18】设置字间距的代码如下：

```
<html>
<head>
<title>字间距</title>
<style>
<!--
p.one {
    font-size:10pt;
```

```
        letter-spacing:-2pt;          /* 字间距，绝对数值，负数 */
}
p.second { font-size:18px; }
p.third { font-size:11px; }
p.second, p.third {
        letter-spacing: .5em;         /* 字间距，相对数值 */
}
-->
</style>
</head>
<body>
    <p class="one">文字间距 1，负数</p>
    <p class="second">文字间距 2，相对数值</p>
    <p class="third">文字间距 3，相对数值</p>
</body>
</html>
```

显示效果如图 1-29 所示。

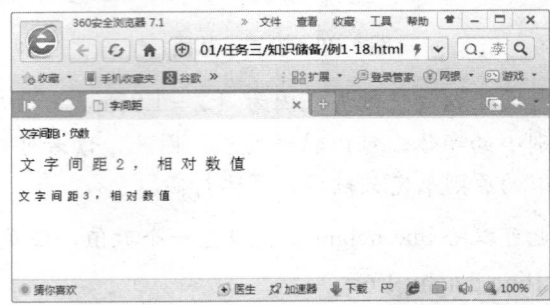

图 1-29   设置字间距

拓展提高： 字间距和词间距一般很少使用，使用时，应慎重考虑用户的阅读习惯和感受。对于中文用户来说，letter-spacing 属性有效，而 word-spacing 属性无效。

5. 定义缩进

CSS 使用 text-indent 属性定义首行缩进，该属性的用法如下：

```
text-indent: length
```

length 表示百分比数字，或者由浮点数和单位标识符组成的长度值，允许为负值。建议在设置缩进单位时，以 em 为设置单位，它表示一个字距，这样能比较精确地确定首行缩进效果。

【例 1-19】 首行缩进两个字符的代码如下：

```
<!DOCTYPE html PUBLIC "-//W3C//DTD XHTML 1.0 Transitional//EN"
  "http://www.w3.org/TR/xhtml1/DTD/xhtml1-transitional.dtd">
<html xmlns="http://www.w3.org/1999/xhtml">
<head>
<meta http-equiv="Content-Type" content="text/html; charset=gb2312" />
```

```
<title>设置正文样式</title>
<style>
body {
    font-family:宋体;
    font-size:14px;
    margin:30px;
    background:url(images/bg.jpg);
}
h1 {
    font-family:黑体;
    font-size:36px;
    padding-bottom:24px;
    text-align:center;
    border-bottom:2px solid #cecaca;
}
img {
    position:relative;
    bottom:-24px;
}
p {
    line-height:1.6em;
    font-size:13px;
    color:#000;
    text-indent:2em;      /*首行缩进入 2 个字符*/
    margin:0;
}
</style>
</head>

<body>
<h1><img src="images/logo.gif">匆匆</h1>
<p>燕子去了，有再来的时候；杨柳枯了，有再青的时候；桃花谢了，有再开的时候。但是，聪明
的，你告诉我，我们的日子为什么一去不复返呢？——是有人偷了他们罢：那是谁？又藏在何处呢？
是他们自己逃走了吧：现在又到了哪里呢？</p>
<p>我不知道他们给了我多少日子；但我的手确乎是渐渐空虚了。在默默里算着，八千多日子已经
从我手中溜去；像针尖上一滴水滴在大海里，我的日子滴在时间的流里，没有声音，也没有影子。
我不禁头涔涔而泪潸潸了。</p>
<p>去的尽管去了，来的尽管来着；去来的中间，又怎样地匆匆呢？早上我起来的时候，小屋里射
进两三方斜斜的太阳。太阳他有脚啊，轻轻悄悄地挪移了；我也茫茫然跟着旋转。于是——洗手的时
候，日子从水盆里过去；吃饭的时候，日子从饭碗里过去；默默时，便从凝然的双眼前过去。我觉
察他去的匆匆了，伸出手遮挽时，他又从遮挽着的手边过去，天黑时，我躺在床上，他便伶伶俐俐
地从我身上跨过，从我脚边飞去了。等我睁开眼和太阳再见，这算又溜走了一日。我掩着面叹息。
但是新来的日子的影儿又开始在叹息里闪过了。</p>
<p>在逃去如飞的日子里，在千门万户的世界里的我能做些什么呢？只有徘徊罢了，只有匆匆罢
了；在八千多日的匆匆里，除徘徊外，又剩些什么呢？过去的日子如轻烟，被微风吹散了，如薄
雾，被初阳蒸融了；我留着些什么痕迹呢？我何曾留着像游丝样的痕迹呢？我赤裸裸来到这世界，
转眼间也将赤裸裸的回去罢？但不能平的，为什么偏要白白走这一遭啊？</p>
<p>你聪明的，告诉我，我们的日子为什么一去不复返呢？</p>
</body>
</html>
```

显示效果如图 1-30 所示。

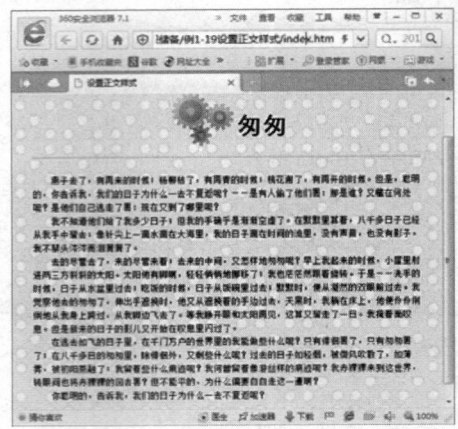

图 1-30　首行缩进两个字符

6. 首字母放大

在许多报刊或杂志文章中，开篇第 1 个字都很大，这种首字放大的效果往往能在第一时间就吸引读者的眼球。在 CSS 中，首字放大的效果是通过第 1 个字进行单独设置样式来实现的，具体如下例所示。

【例 1-20】首字母放大的代码如下：

```
<html>
<head>
<title>首字放大</title>
<style>
<!--
body {
    background-color:black;        /* 背景色 */
}
p {
    font-size:15px;                /* 文字大小 */
    color:white;                   /* 文字颜色 */
}
p span {
    font-size:60px;                /* 首字大小 */
    float:left;                    /* 首字下沉 */
    padding-right:5px;             /* 与右边的间隔 */
    font-weight:bold;              /* 粗体字 */
    font-family:黑体;              /* 黑体字 */
    color:yellow;                  /* 字体颜色 */
}
/*
p:first-letter {
    font-size:60px;
    float:left;
    padding-right:5px;
    font-weight:bold;
```

```
    font-family:黑体;
    color:yellow;
}
p:first-line {
    text-decoration:underline;
}*/
-->
</style>
</head>
<body>
    <p><span>春</span>节是中国最重要、最隆重同时也是最富特色的传统节日，中国人过春节
已有 4000 多年的历史。</p>
    <p>在春节期间，中国的汉族和一些少数民族都要举行各种庆祝活动。这些活动均以祭祀祖
神、祭奠祖先、除旧布新、迎禧接福、祈求丰年为主要内容。春节的活动丰富多彩，带有浓郁的各
民族特色。受到中华文化的影响，属于汉字文化圈的一些国家和民族也有庆祝春节的习俗。</p>
<p>春节是中华民族阖家团圆的节日，人们在春节这一天都尽可能地回到家里和亲人团聚，表达对
未来一年的热切期盼和对新一年生活的美好祝福。春节不仅仅是一个节日，　同时也是中国人情感得
以释放、心理诉求得以满足的重要载体，是中华民族一年一度的狂欢节和永远的精神支柱。</p>
</body>
</html>
```

显示效果如图 1-31 所示。

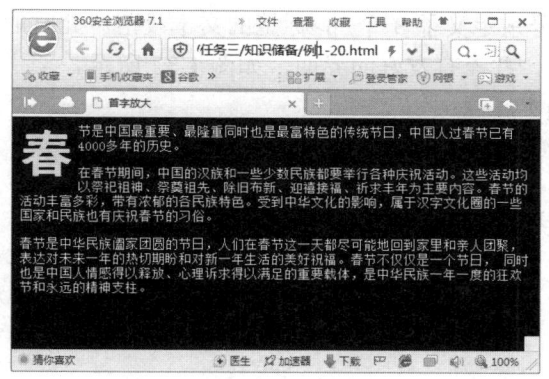

图 1-31　首字母放大的效果

🌐 **知识链接：**　该例主要是通过 float 语句对首字下沉进行控制的，并且用<span>标记对
首字设置单独的样式，以达到突出显示的目的。

任务实践

李露使用 CSS 文本来设置样式、段落排版功能，编辑网页新闻稿件，具体的操作步骤
如下。

(1) 构建网页结构，考虑到网页中有标题和正文两部分，所以页面在结构上分为以下
两部分，分别是 header 和 main，用<div>标签进行分块：

```
<body>
<div class="container">
```

```
<div class="header">
    <h1>中国史上最大航母组装 将成中国海军旗舰</h1>
    <p class="p1">2015 年 2 月 16 日 11:01    环球军事</p>
</div>
<div class="main">
    <p> 辽宁号航空母舰，简称"辽宁舰"，舷号 16，是中国人民解放军海军第一艘可以搭载固
定翼飞机的航空母舰。前身是苏联海军的库兹涅佐夫元帅级航空母舰次舰瓦良格号，改装后中国将
其称为 001 型航空母舰。</p>
    <p>20 世纪 80 年代中后期，瓦良格号于乌克兰建造时遭逢苏联解体，建造工程中断，完成度
68%。1999 年，中国购买了瓦良格号，于 2002 年 3 月 4 日抵达大连港。2005 年 4 月 26 日，开
始由中国海军继续建造改进。解放军的目标是对此艘未完成建造的航空母舰进行更改制造，及将其
用于科研、实验及训练用途。2012 年 9 月 25 日，正式更名辽宁号，交付中国人民解放军海军。
</P>
    <P>2013 年 11 月，辽宁舰从青岛赴中国南海展开为期 47 天的海上综合演练，期间中国海军
以辽宁号航空母舰为主编组了大型远洋航空母舰战斗群，战斗群编列近 20 艘各类舰艇。这亦标志
着辽宁号航空母舰开始具备海上编队战斗群能力。</p>
    </div>
</div>
</body>
```

在整体的 container 框架下，页面分为 header 和 main 两部分。

在 header 部分中，分别定义了<h1>标签和<p>标签。

在 main 部分中，分别定义了 3 个<p>标签的文本段落。此时的显示效果极为简单，仅仅是简单的文字和标题，并没有友好的界面，如图 1-32 所示。

(2) 定义网页的基本属性：

```
body {
    background-color:#f1e2d9;
    font-family:宋体;
    text-align:center;
}

.container {
    width:800px;
    border:2px solid #c1bebc;
    margin:0px auto;
    background-color:#c0f5ef;
}
```

在以上代码中，<body>标签定义了背景色、字体类型和对齐方式等属性。在 container 中定义了 container 容器的宽度为 800px。

另外，使用 border:2px solid #clbebc 语句为 container 容器的四周添加边框，这种添加边框的方法是一个由 3 个部分组成的语句，这 3 个部分分别是宽度、式样和颜色。

需要特别指出的是，在<body>标签中定义了 text-align:center，在 container 中定义了 margin:0px auto，两条语句配合使用，目的是使用 container 容器水平居中，而且只有两条语句配合使用才使网页有更强的兼容性。显示效果如图 1-33 所示。

图 1-32　网页的基本结构

图 1-33　设置网页的基本属性

操作技巧： 只在 <body> 标签中定义 text-align:center，而不在 container 中定义 margin:0px auto，将只能在 FF 浏览器中居中显示，不能兼容 IE。只在 container 中定义 margin:0px auto，不在 <body> 中定义 text-align:center，会使有些低版本的 IE 无法兼容。

(3)　设置 header 部分的样式：

```
.header {
    width:800px;                              /*header 宽度*/
    border-bottom:1px solid #c1bebc;          /*下边框 */
}
h1 {
    font-family:黑体;
    margin-top:50px;                          /*标题文字上方补白为 50px*/
}
headline {
    color:#000099;
    text-align:center;
}
```

在上面的代码中，首先定义了 header 容器的样式，并在容器的下方添加一条宽为 1px 的边框，在 <h1> 标签中定义了标题的字体类型，以及用 margin-top:50px 语句定义标题文字上方补白为 50px，用 headline 定义了副标题样式。显示效果如图 1-34 所示。

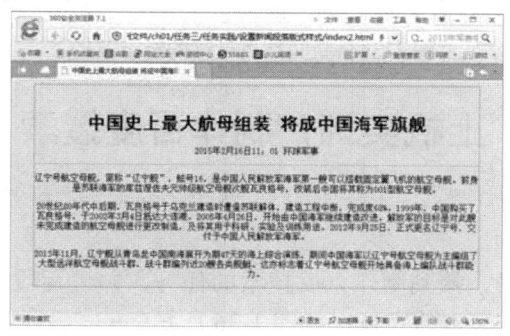

图 1-34　设置 header 部分的样式

从图 1-34 中可以看到，网页的基本样式已经初显效果，但段落文本还没有进行设置，接下来，对 main 部分的段落添加 CSS 样式控制：

```
.main {                          /*main 的宽度*/
    width:740px;                 /*main 容器四周的补白*/
    text-align:left;
    margin:20px 30px 30px 30px;
}

.main p {
    font-size:15px;
    text-indent:2em;
    line-height:1.6em;
}
```

以上代码中，main 定义其宽度为 740px。因为在 main 中定义了 margin:20px 30px 30px，也就是上方补白为 20px，右方补白为 30px，下方补白为 30px，左右的补白分别是 30px，相加(740px+60px)就是 800px。在 main 下的<p>标签中，定义了文本的水平对齐为左对齐。

最终显示效果如图 1-35 所示。

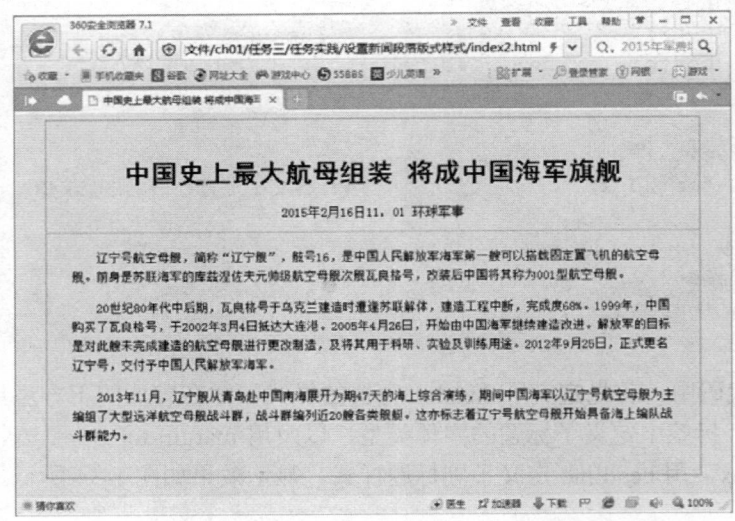

图 1-35　新闻网页最终的显示效果

上机实训：制作百度搜索

实训背景

李露是某网站的编辑，接到制作百度搜索的任务，并进行段落排版。主要是调整段落格式以及设置标题、正文文本的字体，如图 1-36 所示。

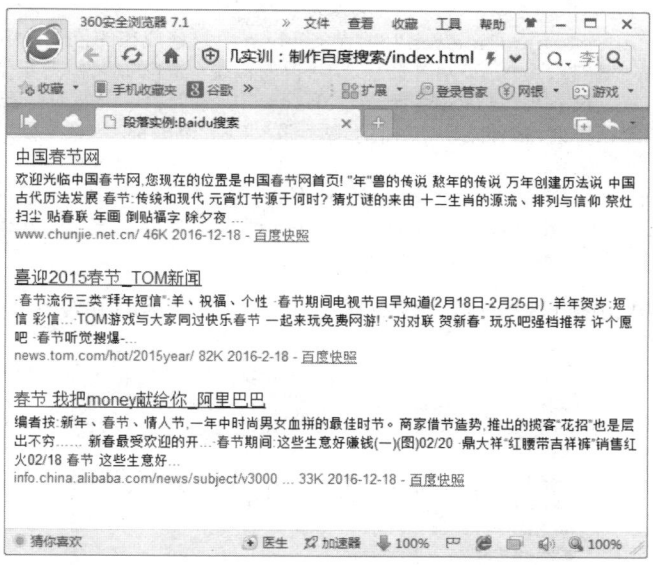

图 1-36　百度搜索界面

实训内容和要求

搜索引擎一直是网上冲浪必不可少的工具，而搜索引擎在显示搜索结果时，如何能让用户一目了然地找到关键字，是每一个搜索网站在排版时必须考虑的，而各种搜索结果恰恰都是以文字段落为主。作为国内搜索引擎之一的百度，一直保持着友好的用户界面。

由于 CSS 提供了段落排版功能，如文本对齐、行间距、字间距、缩进等，利用这些功能，用户就可以对网页中的新闻文档进行排版，十分方便、快捷。因此，李露决定使用 CSS 的排版功能来模拟百度搜索显示界面。

实训步骤

(1) 首先建立段落的 HTML 结构，考虑到标题、正文和百度快照分别在不同的行，因此，每个显示结果分为 3 段，并分别加上 CSS 标记，代码如下所示：

```
<p class="title">中国春节网</p>
<p class="content">欢迎光临中国春节网,您现在的位置是中国春节网首页！"年"兽的传说
熬年的传说 万年创建历法说 中国古代历法发展春节传统和现代 元宵灯节源于何时？猜灯谜的来由
十二生肖的源流、排列与信仰 祭灶 扫尘 贴春联 年画 倒贴福字 除夕夜 ...</p>
<p class="link">www.chunjie.net.cn/ 46K 2016-12-18 - 百度快照</p>
```

另外，考虑到标题部分有链接，因此需要 HTML 语言的<a>标记，并且显示关键字的样式必须区别于其他文字，因此，"春节"单独用<span>标记分离，"百度快照"也同样进行分离，并标上各自的标记类型，代码如下所示：

```
<p class="title">
    <a href="#">中国<span class="search">春节</span>网</a>
</p>
```

```
<p class="content">
欢迎光临中国<span class="search">春节</span>网,您现在的位置是中国<span
class="search">春节</span>网首页！"年"兽的传说 熬年的传说 万年创建历法说 中国古代
历法发展 <span class="search">春节</span>:传统和现代 元宵灯节源于何时？猜灯谜的来
由 十二生肖的源流、排列与信仰 祭灶 扫尘 贴春联 年画 倒贴福字 除夕夜 ...
</p>
<p class="link">
  www.chunjie.net.cn/46K 2016-12-18 - <span class="quick">百度快照</span>
</p>
```

此时的显示效果如图 1-37 所示，仅仅区分出了各个段落，并没有美观的界面。

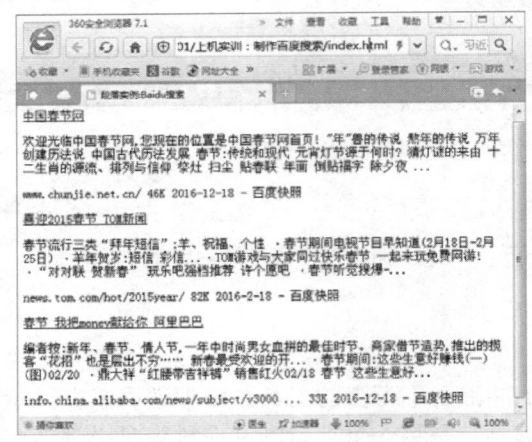

图 1-37　段落的基本结构

(2) 定义各个段落的字体和文字大小、段落与段落间的距离和标题与内容之间的距离
等，代码如下所示：

```
p {
    margin:0px;
    font-family:Arial;          /* 定义所有的字体 */
}
p.title {
    padding-bottom:0px;
    font-size:16px;
}
p.content {
    padding-top:3px;            /* 标题与内容的距离 */
    font-size:13px;             /* 内容的字体大小 */
    line-height:18px;
}
p.link {
    font-size:13px;
    padding-bottom:25px;
}
```

以上代码中，第 1 个 p 标记定义了所有段落的字体以及各个段落之间的距离(margin)
为 0 像素，接着，用不同的类别分别定义标题、内容和百度快照的字体大小、间距等样式

风格，显示效果如图 1-38 所示。

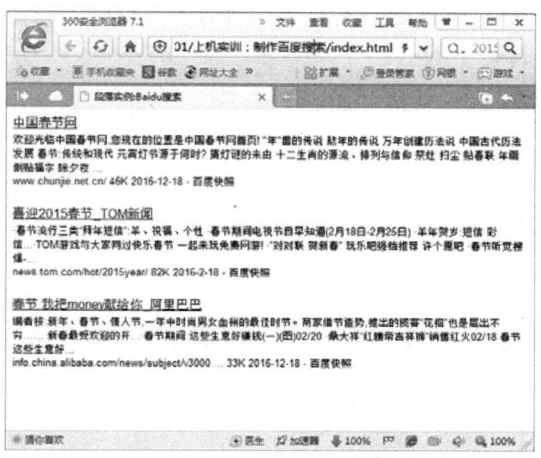

图 1-38　各段落的调整

(3)　在调整好段落内部的结构及段落与段落之间的距离后，下面设置文字的颜色，主要是关键字的颜色和网址链接的颜色，另外还要给"百度快照"单独设置颜色和下划线，代码如下所示：

```
p.link {
    font-size:13px;
    color:#008000;              /* 网址颜色 */
    padding-bottom:25px;
}
span.search {
    color:#c60a00;              /* 关键字颜色 */
}
span.quick {
    color:#666666;              /* 快照颜色 */
    text-decoration:underline;  /* 快照的下划线 */
}
```

显示效果如图 1-39 所示，基本已跟百度搜索网页效果接近。

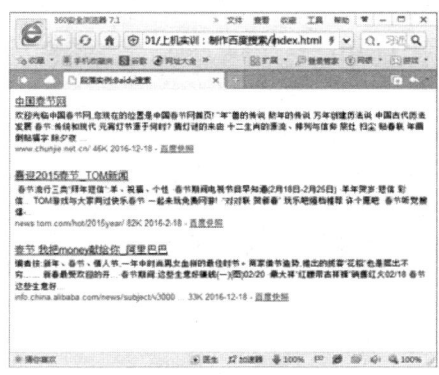

图 1-39　文字的颜色

(4) 此时，标题处关键字的下划线颜色还是蓝色，而不是红色，这主要是由于超链接 <a>标记导致的，因此需要为标题处的关键字单独设置下划线。

采用 CSS 嵌套，代码如下所示：

```
p.title span.search {
    text-decoration:underline;    /* 标题处关键字的下划线 */
}
```

显示效果如图 1-40 所示。

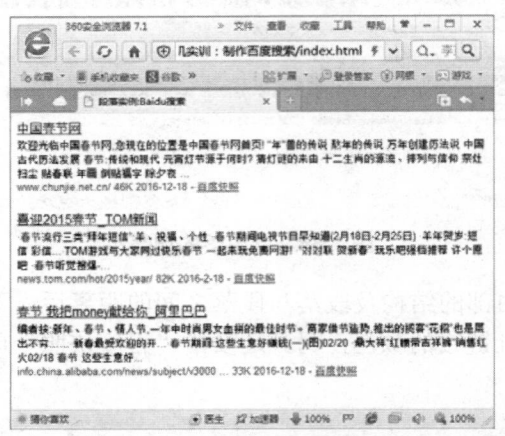

图 1-40　百度搜索页面的效果

实训素材

实例文件存储于"案例文件\项目一\上机实训：制作百度搜索"中。

习　　题

一、填空题

1. CSS 中文译为_____，它是用于控制网页样式并允许将样式信息与网页内容分离的一种_____语言。

2. CSS 代码可以放在 HTML 文件的_____标签内，也可以放在网页标签的_____属性中。

3. 每一个 CSS 样式都必须由_____和_____两部分组成。

4. 一个完整的 HTML 页面是由很多不同的_____组成的，而标签选择器则用来决定针对哪些标签。

5. CSS 使用_____属性来定义文本的水平对齐，使用_____属性来定义文本的垂直对齐。

二、选择题

1. CSS 是(　　)年由 W3C 审核通过，并且推荐使用的。

A. 1996　　　　　B. 1997　　　　　C. 1998　　　　　D. 1999

2. 在每个声明之后，要用(　　　　)表示一个声明的结束。

A. 逗号　　　　　B. 分号　　　　　C. 句号　　　　　D. 顿号

3. CSS 使用(　　　　)属性定义行高。

A. face　　　　　B. height　　　　C. align-height　　　D. line-height

4. CSS 使用(　　　　)属性来定义字体倾斜效果。

A. height　　　　B. align-height　　C. line-height　　　D. font-style

5. CSS 使用(　　　　)属性来定义字体下划线、删除线和顶划线效果。

A. text-decoration　　　　　　　B. align-height

C. font-style　　　　　　　　　D. line-height

三、问答题

1. 简述 CSS 的基本概念。
2. 简述 CSS 有哪些基本语法。
3. 简述什么是继承。
4. 简述设置字体有哪些属性。

项目二

使用 CSS 设置图片和控制背景图像

1. 项目要点

(1) 设计淘宝网页的图片布局。

(2) 设计个人网站的主页。

2. 引言

在五彩缤纷的网络世界中，各种各样的图片组成了丰富多彩的页面，能够让人更直观地感受到网页所要传达给用户的信息。在本项目中，将通过一个项目导入、两个工作任务实践、一个上机实训，向读者展示网页图片排版以及页面背景设置带来的美化效果。

3. 项目导入

栏目圆角是网上常见的一种美化网页的方法，网页设计师童雪运用图片圆角化方法，设置了一个名为"精品文摘"的网页，如图 2-1 所示，以简洁、精简的图文混排方式展示网页。

图 2-1　"精品文摘"网页

该"精品文摘"网页的设计步骤如下。

(1) 构建网页结构，先用<div>标记设置 container 容器，然后分别用<div>标记将页面分为 header 和 main 两部分，代码如下所示：

```
<body>
<div class="container">
<div class="header">
    <img src="images/bg.jpg">
</div>
<div class="main">
    <div class="lanmu">
        <div class="headline"><img class="c" src="images/bg1.gif"></div>
        <div class="content1">
            <h3>散文随笔</h3>
            <ul class="topic">
                <li>[生活感悟] 晴, ----简单生活, 感受美好, 期待明天</li>
                <li>[生活感悟] 多年后, 我们或许会嫁给这样的他 </li>
```

```
            <li>[生活感悟]    从今以后，试着做个这样的人</li>
            <li>[生活感悟]    人最大的不幸，就是不知道自己是幸福的</li>
            <li>[生活感悟]    人生至境是不争 恬静出尘心自宁 </li>
            <li>[生活感悟]    没有如意的生活，只有看开的人生</li>
        </ul>
        <p class="more"><a href="#">更多内容</a></p>
    </div>
</div>
<div class="lanmu">
    <div class="headline"><img class="c" src="images/bg1.gif"></div>
    <div class="content2">
        <h3>散文随笔</h3>
        <ul class="topic">
            <li>[生活感悟]    晴，----简单生活，感受美好，期待明天</li>
            <li>[生活感悟]    多年后，我们或许会嫁给这样的他 </li>
            <li>[生活感悟]    从今以后，试着做个这样的人</li>
            <li>[生活感悟]    人最大的不幸，就是不知道自己是幸福的</li>
            <li>[生活感悟]    人生至境是不争 恬静出尘心自宁 </li>
            <li>[生活感悟]    没有如意的生活，只有看开的人生</li>
        </ul>
        <p class="more"><a href="#">更多内容</a></p>
    </div>
</div>
</div>
</body>
```

在整体的 container 框架下，页面分为 header 和 main 两部分。在 header 下，定义了 <img>标记，用于设置 banner 图片。在 main 下，又分为 4 部分，分别定义了 4 个栏目。在 lanmu 中定义了每个栏目的具体内容，如图 2-2 所示。

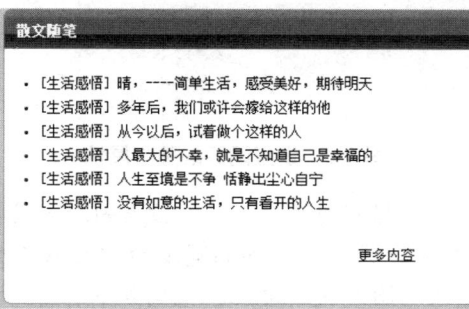

图 2-2　栏目效果

知识链接：　图 2-2 中，每一个栏目是一个<div>块，在此块下又分为两部分，分别是 headline 和 content，也就是圆角图片和栏目的文字信息。

(2) 定义网页的基本属性。其中，"*{}"表示将页面中所有的标签都设置为此样式。<body>标签定义了背景色，在 container 中定义容器的宽度为 844px。另外，在 container 中定义了 margin:0px auto，目的是使该容器水平居中。bgimg {border:2px #fff solid}设置了 header 部分图片的边框。具体代码如下：

```
*  {  /*定义页面中所有标签的统一样式*/
   margin:0;
   padding:0;
   font-size:12px;
   text-align:center;
}
body {
   background:#d3d3d3;              /*页面背景色*/
}
.container {
   width:844px;
   margin:0 auto;                  /*居中显示*/
}
.bgimg {
   width:840px;
   border:2px #fff solid;          /*给 header 部分的图片定义 2px 宽的边框*/
}
```

此时的显示效果如图 2-3 所示。

图 2-3　设置网页的基本属性

（3）设置栏目的样式。网页搭建好后，可逐步设置每个部分的样式，在 CSS 代码中，首先定义了 lanmu 容器的样式，设置了容器的宽度为 422px，也就是 container 宽度的一半。在 yuanjiao 类样式中定义了图片的圆角化。代码如下：

```
.lanmu {
   width:422px;
   float:left;
}
.yuanjiao {
   border:1px solid gray;
   border-top-left-radius:10px;
   border-top-right-radius:10px;       /*Firefox 支持，IE 不支持，实现圆角效果*/
}
```

显示效果如图 2-4 所示。

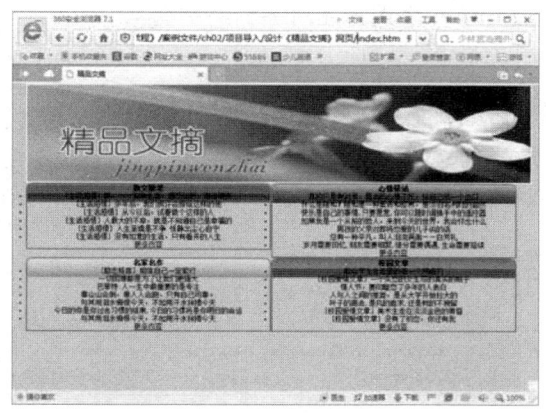

图 2-4 设置栏目的样式

知识链接：从图 2-4 中可以看出，由于在 lanmu 样式中设置了 float:left，使得各个栏目可以水平显示，又由于 container 宽度为 844px，而 lanmu 宽度为 422px，所以宽度决定了每行只可以显示两个栏目。

（4）设置 content1 和 content2 容器样式，此容器中包含了<h3>标签和<ul>标签，分别是标题和栏目内容，代码如下：

```
.content1 {
    height:250px;
    background:#fff;
    margin-right:2px;
}
.content2 {
    height:250px;
    background:#fff;
}
```

显示效果如图 2-5 所示。

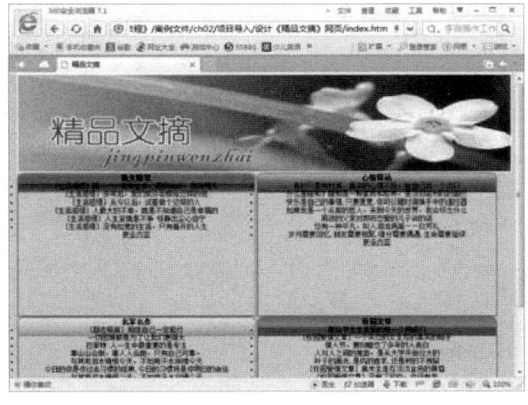

图 2-5 设置 content1 和 content2 容器

(5) 定义栏目中的标题样式。代码如下，padding:20px 30px 定义了上下内边距为
20px，左右内边距为 30px，对齐方式为左对齐：

```
h3 {
    padding: 20px 30px;
    font-size: 16px;
    color: #000066;
    text-align: left;
}
```

显示效果如图 2-6 所示。

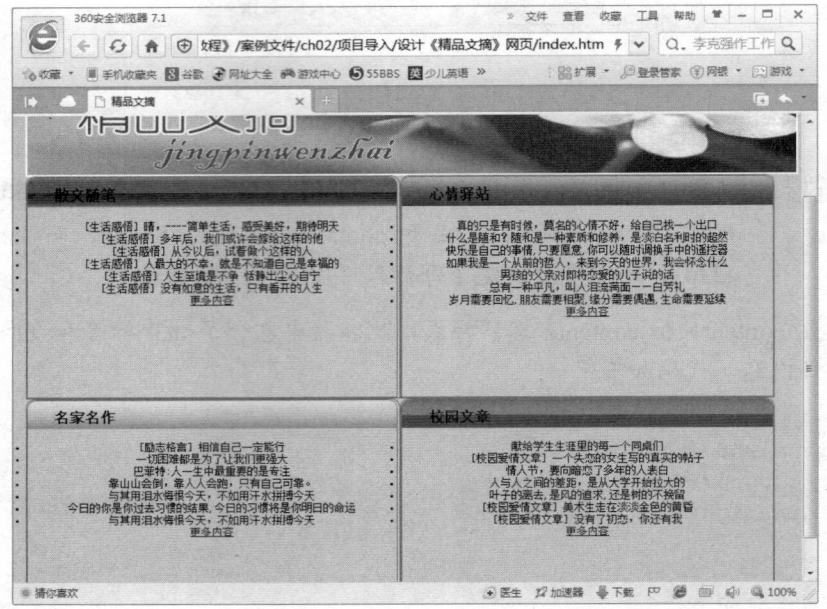

图 2-6　设置栏目中的标题样式

(6) 设置栏目中的文本样式，其中包括一个<ul>标记样式、一个<li>标记的样式和一
个<p>标记的样式，代码如下：

```
ul {
    padding-left:40px;
}
li {
    text-align:left;
    list-style:disc;
    line-height:1.8em;
}
.more {
    text-align:right:
    padding-right:20px;
}
```

显示效果如图 2-7 所示。

图 2-7　最终的显示效果

4. 项目分析

由于图片的效果在很大程度上影响到文学网页的效果，要使网页图文并茂且布局合理，就要注意图片的设置。通过 CSS 统一管理，不但可以更加精确地调整网页的各种属性，还可以实现很多特殊效果。因此，可以使用 CSS 的图片设置功能来完成任务。

5. 能力目标

(1) 掌握网页图片布局。
(2) 掌握网页背景图片的设置。

6. 知识目标

(1) 学习网页设计，定义图片边框、大小、纵横对齐、文字环绕效果。
(2) 学习网页背景颜色、图片背景的设定。

任务一：设计淘宝网页图片的布局

知识储备

1. 定义图片边框

在 HTML 语言中，可以直接通过<img>标记的 border 属性来为图片添加边框，语法如下所示：

```
<img src="图片路径" border="数值">
```

例如：

```
<img src="caomei.jpg" border="0">
<img src="caomei.jpg" border="1">
<img src="caomei.jpg" border="2">
<img src="caomei.jpg" border="3">
```

显示效果如图 2-8 所示。

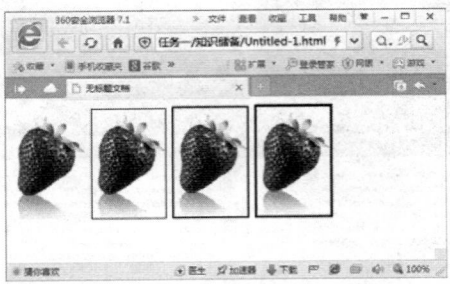

图 2-8　HTML 控制边框

通过图 2-8 可以看到，仅用 HTML 控制图片边框无法设计出丰富多彩的图片效果。

这就需要使用 CSS 中的 border-style、border-color 和 border-width 属性来定义边框，其语法如下：

```
border-style: 参数;
border-color: 参数;
border-width: 参数;
```

border-style 属性用于设置边框的样式，用得最多的两个参数是：dotted 表示下划线，dashed 表示虚线，其他的一些值会在后续项目中说明。border-color 属性用于设置边框的颜色。border-width 属性用于设置边框的宽度。

【例 2-1】设置图片边框的代码如下：

```
<html>
<head>
<title>边框</title>
<style>
<!--
img.test1 {
    border-style:dotted;      /* 点线 */
    border-color:#FF9900;     /* 边框颜色 */
    border-width:5px;         /* 边框粗细 */
}
img.test2 {
    border-style:dashed;      /* 虚线 */
    border-color:blue;        /* 边框颜色 */
    border-width:2px;         /* 边框粗细 */
}
-->
</style>
</head>
<body>
    <img src="chengzi.jpg" class="test1">
    <img src="chengzi.jpg" class="test2">
</body>
</html>
```

显示效果如图 2-9 所示，第 1 幅图片设置的是金黄色、5 像素宽的点线边框，第 2 幅图片设置的是蓝色、2 像素宽的虚线边框。

图 2-9 设置图片的边框

在 CSS 中还可以分别设置 4 个边框的不同样式，即分别设置 border-left、border-right、border-top 和 border-bottom 样式。

【例 2-2】设置 4 个边框的不同样式的代码如下：

```
<html>

<head>
<title>分别设置 4 边框</title>
<style>
<!--
img {
    border-left-style:dotted;    /* 左点画线 */
    border-left-color:#FF9900;   /* 左边框颜色 */
    border-left-width:5px;       /* 左边框粗细 */
    border-right-style:dashed;
    border-right-color:#33CC33;
    border-right-width:2px;
    border-top-style:solid;      /* 上实线 */
    border-top-color:#CC00FF;    /* 上边框颜色 */
    border-top-width:10px;       /* 上边框粗细 */
    border-bottom-style:groove;
    border-bottom-color:#666666;
    border-bottom-width:15px;
}
-->
</style>
</head>

<body>
    <img src="banana.jpg">
</body>

</html>
```

显示效果如图 2-10 所示，图片的 4 个边框被分别设置了不同的风格样式。这种方法在很多其他 HTML 元素中也常被使用。

图 2-10　分别设置 4 个边框

在使用熟练以后，border 属性还可以将各个值写到同一语句中，用空格分离，这样可以大大简化 CSS 代码的长度。

【例 2-3】代码如下：

```
<html>
<head>
<title>合并各CSS值</title>
<style>
<!--
img.test1 {
    border:5px double #FF00FF;          /* 将各个值合并 */
}
img.test2 {
    border-right:5px double #FF00FF;
    border-left:8px solid #0033FF;
}
-->
</style>
</head>
<body>
    <img src="peach.jpg" class="test1">
    <img src="peach.jpg" class="test2">
</body>
</html>
```

显示效果如图 2-11 所示，可以看到，CSS 代码长度明显减少了，这样不但加快了网页的下载速度，而且更加清晰易读。

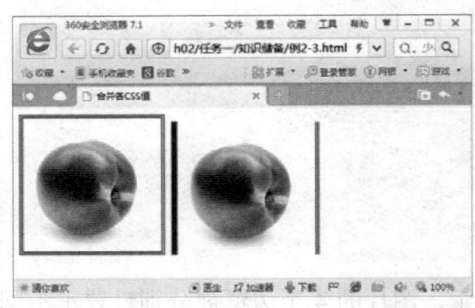

图 2-11　合并各 CSS 值

拓展提高：除了 border 属性可以将各个属性值写到一起，CSS 的很多其他属性也可以进行类似的操作，例如 font、margin 和 padding 等属性都可以统一，如下所示：

```
P {
    font: italic bold 30px Arial,Helvetica,sans-serif;
    padding: 0px 5px 0px 3px;
}
```

2. 定义图片的大小

用 CSS 设置图片大小时，只需设置图片的宽度属性 width 和高宽属性 height，设置方法如下：

```
img {
    width: 数值;
    height: 数值;
}
```

其中，宽度属性 width 和高宽属性 height 的值既可以是绝对数值，如 200px，也可以是相对数值，如 50%，当 width 设置为 50%时，图片的宽度将调整为父元素宽度的一半。

【例 2-4】图片宽度变化的代码如下：

```
<html><head>
<title>图片缩放</title>
<style>
<!--
img.test1 {
    width:50%;          /* 相对宽度 */
}
-->
</style>
</head>
<body>
    <img src="apple.jpg" class="test1">
</body></html>
```

显示效果如图 2-12 所示，因为设定的相对性(这里即相对于 body 的宽度)，因此，当拖动浏览器窗口改变其宽度时，图片大小也会相应地发生变化。

图 2-12 图片的宽度相对变化

这里需要指出的是，上面的实例仅仅设置了图片的 width 属性，而没有设置 height 属性，图片大小会根据横向比例缩放，如果只设置了 height 属性而没有设置 width 属性，效果也是一样的。

【例 2-5】代码如下：

```html
<html>
<head>
<title>不等比例缩放</title>
<style>
<!--
img.test1 {
    width:70%;        /* 相对宽度 */
    height:110px;     /* 绝对高度 */
}
-->
</style>
</head>
<body>
    <img src="yingtao.jpg" class="test1">
</body>
</html>
```

显示效果如图 2-13 所示，可以看到图片的高度固定了，当浏览器窗口变化时，高度并没有随着图片宽度的变化而改变。

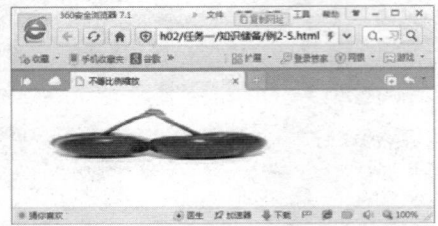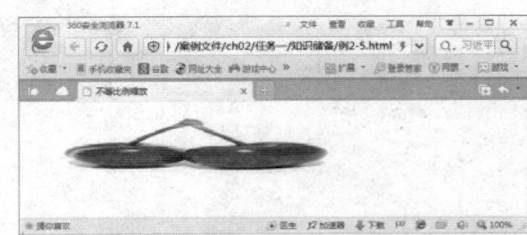

图 2-13　不等比例缩放

知识链接：　在图片缩放中，等比例地修改图片的宽度值和高度值，可以保证图片不变形。其实在 CSS 中，还有一个参数 max-width，通过设置这个参数，可以保证图片不变形。参数用法如下：

```css
img {
    max-width:最大宽度值;
}
```

3. 定义图片的横向对齐

图片的横向对齐与文字的横向对齐方法基本相同，分为左、中、右三种。不同的是图片的对齐不能直接通过设置图片的 text-align 属性来定义，而是需要通过设置其父元素的该属性，使其继承该属性来实现。

【例 2-6】横向对齐图片的代码如下：

```
<html>
<head>
<title>水平对齐</title>
</head>
<body>
<table width="100%" border="1">
    <tr><td style="text-align:left;"><img src="flower.jpg"></td></tr>
    <tr><td style="text-align:center;"><img src="flower.jpg"></td></tr>
    <tr><td style="text-align:right;"><img src="flower.jpg"></td></tr>
</table>
</body>
</html>
```

显示效果如图 2-14 所示。可以看到，图片在表格中分别以左、中、右的方式对齐。

图 2-14　水平对齐

4. 定义图片的纵向对齐

图片的纵向对齐主要体现在与文字的搭配使用中，当图片的高度和宽度与文字部分不一致时，可以通过 CSS 中的 vertical-align 属性来设置纵向对齐，如下所示：

```
{vertical-align: 参数}
```

【例 2-7】纵向对齐图片的代码如下：

```
<html>
<head>
<title>竖直对齐</title>
<style type="text/css">
<!--
p { font-size: 15px; }
img { border: 1px solid #000055; }
-->
</style>
</head>
<body>
    <p>竖直对齐<img src="donkey.jpg" style="vertical-align:baseline;">方
式:baseline<img src="miki.jpg" style="vertical-align:baseline;">方式</p>
    <p>竖直对齐<img src="donkey.jpg" style="vertical-align:bottom;">方
式:bottom<img src="miki.jpg" style="vertical-align:bottom;">方式</p>
```

```
    <p>竖直对齐<img src="donkey.jpg" style="vertical-align:middle;">方
式:middle<img src="miki.jpg" style="vertical-align:middle;">方式</p>
    <p>竖直对齐<img src="donkey.jpg" style="vertical-align:sub;">方
式:sub<img src="miki.jpg" style="vertical-align:sub;">方式</p>
    <p>竖直对齐<img src="donkey.jpg" style="vertical-align:super;">方
式:super<img src="miki.jpg" style="vertical-align:super;">方式</p>
    <p>竖直对齐<img src="donkey.jpg" style="vertical-align:text-bottom;">方
式:text-bottom<img src="miki.jpg" style="vertical-align:text-bottom;">方
式</p>
    <p>竖直对齐<img src="donkey.jpg" style="vertical-align:text-top;">方
式:text-top<img src="miki.jpg" style="vertical-align:text-top;">方式</p>
    <p>竖直对齐<img src="donkey.jpg" style="vertical-align:top">方
式:top<img src="miki.jpg" style="vertical-align:top">方式</p>
</body>
</html>
```

显示效果如图 2-15 所示。

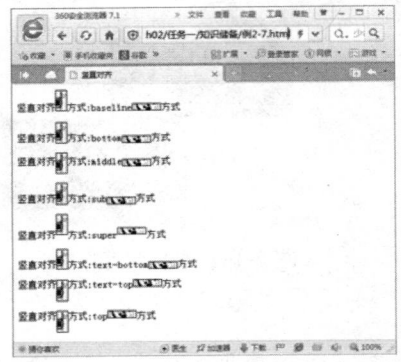

图 2-15　竖直对齐方式

与文字的竖直对齐方式类似，图片的竖直对齐也可以用具体的数值来调整，正数和负数都可以使用。

【例 2-8】图片竖直对齐代码如下：

```
<html>
<head>
<title>竖直对齐，具体数值</title>
<style type="text/css">
<!--
p { font-size: 15px; }
img { border: 1px solid #000055; }
-->
</style>
</head>
<body>
    <p>竖直对齐<img src="donkey.jpg" style="vertical-align:5px;">
        方式：5px</p>
    <p>竖直对齐<img src="miki.jpg" style="vertical-align:-10px;">
        方式：-10px</p>
```

```
</body>
</html>
```

显示效果如图 2-16 所示。

图 2-16 图片竖直对齐(具体数值)

拓展提高： 类似文字竖直对齐方式中具体数值的用法，图片的竖直对齐方式的效果是基本相同的，而且无论图片本身的高度是多少。

5. 设置文字的环绕效果

CSS 使用 float 属性来实现图片的文字环绕：

```
{float: left|right|none;}
```

float 属性共有 3 个值，其作用分别如下。

- none：默认值，对象不浮动。
- left：左浮动，对象向其父元素的左侧紧靠。
- right：右浮动，对象向其父元素的右侧紧靠。

另外，除了 float 属性以外，再配合使用 padding 属性和 margin 属性，可使图片和文字达到一种最佳的效果。

【例 2-9】图片环绕代码如下：

```
<html>
<head>
<title>图文混排</title>
<style type="text/css">
<!--
body {
    background-color:#000000;    /* 页面背景颜色 */
    margin:0px;
    padding:0px;
}
img {
    float:left;                  /* 文字环绕图片 */
    /*margin-right:50px;              /* 右侧距离 */
    /*margin-bottom:25px;             /* 下端距离 */
}
p {
    color:#FFFF00;               /* 文字颜色 */
    margin:0px;
    padding-top:10px;
```

```
        padding-left:5px;
        padding-right:5px;
}
span {
        float:left;
        font-size:85px;                    /* 首字放大 */
        font-family:黑体;
        margin:0px;
        padding-right:5px;
}
-->
</style>
</head>
<body>
        <img src="chunjie.jpg" border="0">
        <p><span>春</span>节古时叫"元旦"。"元"者始也，"旦"者晨也，"元旦"即一年的
第一个早晨。《尔雅》，对"年"的注解是："夏曰岁，商曰祀，周曰年。"自殷商起，把月圆缺
一次为一月，初一为朔，十五为望。每年的开始从正月朔日子夜算起，叫"元旦"或"元日"。到
了汉武帝时，由于"观象授时"的经验越来越丰富，司马迁创造了《太初历》，确定了正月为岁
首，正月初一为新年。此后，农历年的习俗就一直流传下来。</p>
        <p>据《诗经》记载，每到农历新年，农民喝"春酒"，祝"改岁"，尽情欢乐，庆祝一年的
丰收。到了晋朝，还增添了放爆竹的节目，即燃起堆堆烈火，将竹子放在火里烧，发出噼噼啪啪的
爆竹声，使节日气氛更浓。到了清朝，放爆竹，张灯结彩，送旧迎新的活动更加热闹了。清代潘荣
升《帝京岁时记胜》中记载："除夕之次，夜子初交，门外宝炬争辉，玉珂竞响。……闻爆竹声如
击浪轰雷，遍于朝野，彻夜无停。"</p>
        <p>在我国古代的不同历史时期，春节，有着不同的含义。在汉代，人们把二十四节气中的
"立春"这一天定为春节。南北朝时，人们则将整个春季称为春节。1911 年，辛亥革命推翻了清
朝统治，为了"行夏历，所以顺农时，从西历，所以便统计"，各省都督府代表在南京召开会议，
决定使用公历。这样就把农历正月初一定为春节。至今，人们仍沿用春节这一习惯称呼。</p>
</body>
</html>
```

显示效果如图 2-17 所示。

图 2-17 文字环绕

在这个的实例中，可以看到文字紧紧环绕在图片的周围，如果希望图片本身与文字有
一定的距离，只需要给<img>标记添加 padding 和 margin 属性即可，即把上例中的<img>
标记的样式做如下修改。

【例 2-10】设置图片与文字距离代码的如下：

```
img {
    border:2px #009966 solid;
    float:left;                        /* 文字环绕图片 */
    width:150px;
    padding:10px;
    margin:10px;
}
```

显示效果如图 2-18 所示。

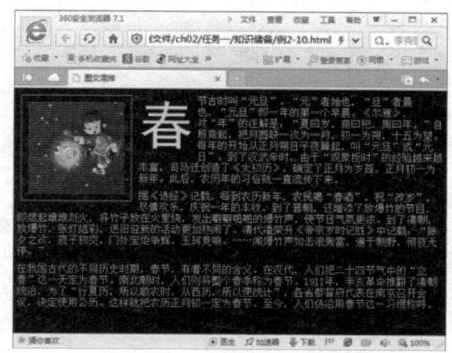

图 2-18　文字环绕与图片间距的效果

任务实践

赵默笙使用 CSS 的图片排版功能设计淘宝网页上的布局，具体操作步骤如下。

(1) 构建网页结构。首先用<div>标记设置 container 容器，在此页面中，所有内容分为 4 个部分，每个部分用 one 和 two 分为两块，one 中又分为 left 和 right 两部分，分别定义图片和下边框，two 中也分为 left 和 right 两部分，分别定义图片和文字列表，如图 2-19 所示。

图 2-19　网页内容部分截图

以下是部分代码，其余代码请查看源文件：

```
<!DOCTYPE html PUBLIC "-//W3C//DTD XHTML 1.0 Transitional//EN"
"http://www.w3.org/TR/xhtml1/DTD/xhtml1-transitional.dtd">
```

```html
<html xmlns="http://www.w3.org/1999/xhtml">
<head>
<meta http-equiv="Content-Type" content="text/html; charset=gb2312" />
<title>图片布局</title>
</head>
<body>
<div class="container">
    <div class="one">
        <div class="left"> <img src="images/001.jpg"/> </div>
        <div class="right"> </div>
    </div>
    <div class="two">
        <div class="left"> <img src="images/002.jpg"/> </div>
        <div class="right">
            <h3>性感透视衫席卷 8 月街头</h3>
            <ul>
                <li>明星来示范 早秋穿搭有新招</li>
                <li>时尚女生 2011 早秋的色调搭</li>
                <li>秋风起 最潮手袋购入必读美容</li>
            </ul>
        </div>
    </div>
    <div class="one">
        <div class="left"> <img src="images/003.jpg"/> </div>
        <div class="right"> </div>
    </div>
    <div class="two">
        <div class="left"> <img src="images/004.jpg"/> </div>
        <div class="right">
            <h3>海滩度假造型 成就假期摩登女郎</h3>
            <ul>
                <li>9 款网友口碑超赞的滋润面霜</li>
                <li>艺术家眼妆演绎迪士尼经典</li>
                <li>6 大恶习 让你白不回来！</li>
            </ul>
        </div>
    </div>
    <div class="one">
        <div class="left"> <img src="images/005.jpg"/> </div>
        <div class="right"> </div>
    </div>
    <div class="two">
        <div class="left"> <img src="images/006.jpg"/> </div>
        <div class="right">
            <h3>夏日随心搭</h3>
            <ul>
                <li>热销男士洁面排行榜 TOP10</li>
                <li>达人晒其家当 超范超给力</li>
                <li>左手团购 右手返利</li>
            </ul>
        </div>
    </div>
```

```
        </div>
    </div>
    <div class="one">
        <div class="left"> <img src="images/007.jpg"/> </div>
        <div class="right"> </div>
    </div>
    <div class="two">
        <div class="left"> <img src="images/008.jpg"/> </div>
        <div class="right">
            <h3>店主清新文艺风美搭</h3>
            <ul
                <li>年中大促 PK 22 款秒杀单品</li>
                <li>潮流掌控 今夏最宠粗跟鞋</li>
                <li>50 元以下潮包大集合 超美</li>
            </ul>
        </div>
    </div>
</div>
</body>
</html>
```

此时的显示效果如图 2-20 所示。可以看到，网页的基本结构已经搭建好，但是，由于没有进行 CSS 样式设置，界面并不美观。

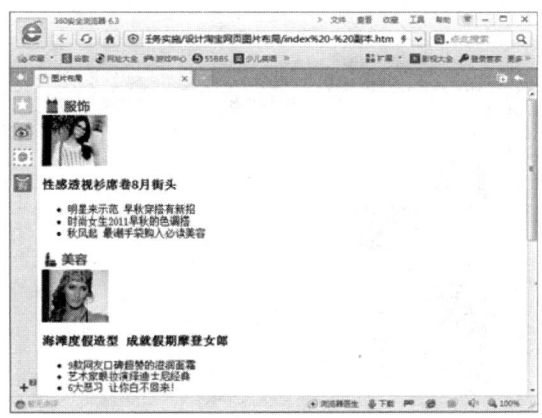

图 2-20　构建网页的基本结构

(2) 定义网页的基本属性及 container 容器的宽度和左侧内边距：

```
* {
    margin:0px;
    padding:0px;
}
.container {
    width:430px;
    padding-left:30px;
}
```

操作技巧： 在以上的上代码中，*{margin:0px;padding:0px}表示将网页中所有标签的 padding 和 margin 都设定为 0px，"*"可以理解为一个通配符，指的是所有标签。

(3) 定义第一部分内容中的 one 部分，即 one.left 和 one.right：

```
.one .left {
    float:left;              /*左浮动*/
    width:85px;              /*宽度*/
    height:30px;             /*高度*/
    margin-top:10px;         /*顶部补白*/
}
.one .right {
    float:right;
    width:345px;
    border-bottom:#CCCCCC 1px dashed;       /*底部边框*/
    height:35px;
    margin-bottom:15px;
}
```

.left 中的内容包含了一个<img>标签<img src="images.002.jpg" />，left 类样式定义了其浮动为左浮动。.right 中没有实际的内容，只是在 right 类样式中定义了底部边框，此时的显示效果如图 2-21 所示。

图 2-21　one 部分的 CSS 设置

(4) 上一步实现了 one 部分的设置，接下来进行 two.left 和 two.right 部分的设置：

```
.two .left {
    float:left;
    width:120px;
    height:85px;
}

.two .right {
    float:right;
    width:280px;
    height:85px;
```

```
    padding-left:30px;
}

.two .left img {
    border:#FF3300 1px solid;        /*图片边框*/
    margin-left:5px;
}
```

two.left 与 one.left 一样，都包含了一个<img>标签，同样将图片设置为浮动。two.right 标签中包含了一个<h3>和一个<ul>标签，分别定义了标题和文字列表。另外，在 two.img 中定义了图片样式。此时的显示效果如图 2-22 所示。

图 2-22　two 部分的 CSS 设置

从中可以看出，页面的基本样式已经建好，最后完成标题和文字部分的样式设置。

(5) 定义<h3>标签的标题样式和<ul>标签的列表样式：

```
h3 {
    color:#FF0000;
    padding-bottom:10px;
    font-size:16px;
}
ul {
    padding-left:10px;
    font-size:14px;
}
li {
    padding-bottom:5px;
}
```

操作技巧： 在<h3>标签中定义了标题的字体大小和颜色，并设置了底部补白。<ul> 标签定义了文字列表。

(6) 最终的显示效果如图 2-23 所示。

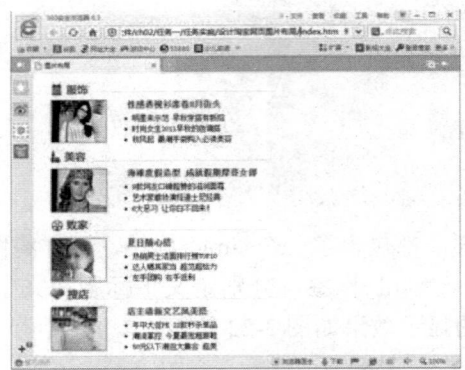

图 2-23　最终的效果

任务二：设计个人网站的主页

知识储备

1. 设置页面背景颜色

CSS 使用<body>标记 background-color 属性来定义背景颜色：

```
background-color: color;
```

具体颜色值的设置方法与文字颜色的设置方法相同，可用十六进制、RGB 分量和颜色的英文单词等。

【例 2-11】设置背景颜色的代码如下：

```
<html>
<head>
<title>背景颜色</title>
<style>
<!--
body {
    background-color:#5b8a00;          /* 设置页面背景颜色 */
    margin:0px;
    padding:0px;
    color:#c4f762;                     /* 设置页面文字颜色 */
}
p {
    font-size:15px;                    /* 正文文字大小 */
    padding-left:10px;
    padding-top:8px;
    line-height:120%;
}
span {
    font-size:80px;                    /* 首字放大 */
    font-family:黑体;
    float:left;
```

```
    padding-right:5px;
    padding-left:10px;
    padding-top:8px;
}
-->
</style>
</head>
<body>
    <img src="mainroad.jpg" style="float:right;">
    <span>春</span>
    <p>季，地球的北半球开始倾向太阳，受到越来越多的太阳光直射，因而气温开始升高。随着
冰雪消融，河流水位上涨。春季植物开始发芽生长，许多鲜花开放。冬眠的动物苏醒，许多以卵过
冬的动物孵化，鸟类开始迁徙，离开越冬地向繁殖地进发。许多动物在这段时间里发情，因此中国
也将春季称为"万物复苏"的季节。春季气温和生物界的变化对人的心理和生理也有影响。</p>
    <p>对农民来说，春季是播种许多农作物的季节。在春季，地球的北半球开始倾向太阳，受到
越来越多的太阳光直射，因而气温开始升高。随着冰雪消融，河流水位上涨。春季植物开始发芽生
长，许多鲜花开放。冬眠的动物苏醒，许多以卵过冬的动物孵化，鸟类开始迁徙，离开越冬地向繁
殖地进发。许多动物在这段时间里发情，因此中国也将春季称为"万物复苏"的季节。</p>
</body>
</html>
```

显示效果如图 2-24 所示，背景颜色为深绿色，而文字的颜色为亮绿色，再加上图片以及文字内容本身，将春天的万物复苏烘托出来。

图 2-24　设置背景颜色

🔖 **操作技巧：** 背景颜色取值#000000～#FFFFFF 都可以，但是为了避免出现喧宾夺主的效果，背景颜色不要使用特别鲜亮的颜色，当然，这也要取决于网站的个性化需求，不能一概而论。

2. 通过设置背景颜色给页面分块

通过 background-color 属性，不仅可以设置页面的背景颜色，还可以设置其他 HTML 元素的背景颜色。很多网页通过设置<div>块的背景颜色来实现给页面分块的目的。

【例 2-12】设置背景颜色给页面分块的代码如下：

```
<html>
<head>
<title>利用背景颜色分块</title>
```

```
<style>
<!--
body {
    padding:0px;
    margin:0px;
    background-color:#ffebe5;    /* 页面背景色 */
}
.topbanner {
    background-color:#fbc9ba;    /* 顶端 Banner 的背景色 */
}
.leftbanner {
    width:22%; height:330px;
    vertical-align:top;
    background-color:#6d1700;    /* 左侧导航条的背景色 */
    color:#FFFFFF;
    text-align:left;
    padding-left:40px;
    font-size:14px;
}
.mainpart {
    text-align:center;
}
-->
</style>
</head>
<body>
<table cellpadding="0" cellspacing="1" width="100%" border="0">
    <tr>
        <td colspan="2" class="topbanner">
            <img src="banner1.jpg" border="0"></td>
    </tr>
    <tr>
        <td class="leftbanner">
            <br><br>首页<br><br>分类讨论
            <br><br>谈天说地<br><br>精华区
            <br><br>我的信箱<br><br>休闲娱乐
            <br><br>立即注册<br><br>离开本站</td>
        <td class="mainpart">正文内容...</td>
    </tr>
</table>
</body>
</html>
```

上述代码中，将顶端的 Banner、左侧的导航条和中间的正文部分分别运用 3 种不同的背景颜色，实现了页面分块的目的，显示效果如图 2-25 所示。

📑 **操作技巧：** 在上面的实例中，顶端的 Banner 图片是一幅从左到右颜色渐变的图片，颜色由本身的图片过渡到页面的背景颜色，因此显得十分自然。这种效果在 Photoshop 中很容易实现，也是制作网页的常用方法。

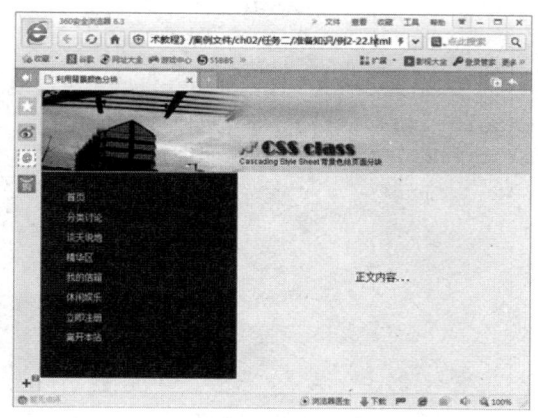

图 2-25　用背景色给页面分块

3. 定义背景图片

CSS 使用 background-image 属性来定义背景图片，该属性的用法如下：

```
background-image: url;
```

其作用是给页面添加背景图片，其中，url 是图片的路径，可以是绝对路径，也可以是相对路径。导入的图片其默认属性是在横向和纵向上重复，如果不希望重复，则需要设置 no-repeat 属性。

【例 2-13】定义背景的代码如下：

```
<html>
<head>
<title>背景图片</title>
<style>
<!--
body {
    background-image: url(03.jpg); /* 页面背景图片 */
}
-->
</style>
</head>
<body>
</body>
</html>
```

以上代码中，图片默认地会在横向和纵向上重复，图片原型如图 2-26 所示，在网页中平铺的效果如图 2-27 所示。

如果背景图片使用的是透明的 GIF 格式图片(04.gif)，这时候，如果同时设置背景颜色 background-color，则背景颜色会透过图片的透明部分，与图片同时生效。

【例 2-14】使用透明 GIF 图片的代码如下：

```
<html>
<head>
<title>背景图片、背景颜色同时</title>
```

```
<style>
<!--
body {
    background-image:url(04.gif);     /* 页面背景图片 */
    background-color:#FFFF00;         /* 页面背景颜色 */
}
-->
</style>
</head>
<body>
</body>
</html>
```

图 2-26　图的原型

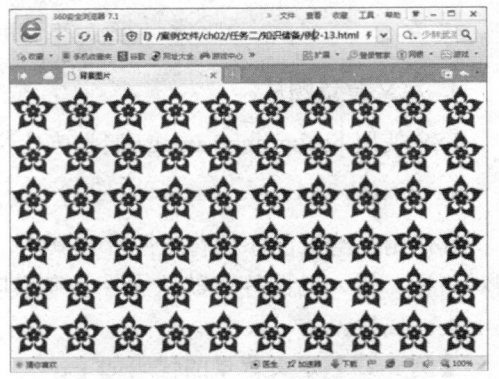

图 2-27　为网页添加背景图片

显示效果如图 2-28 所示。

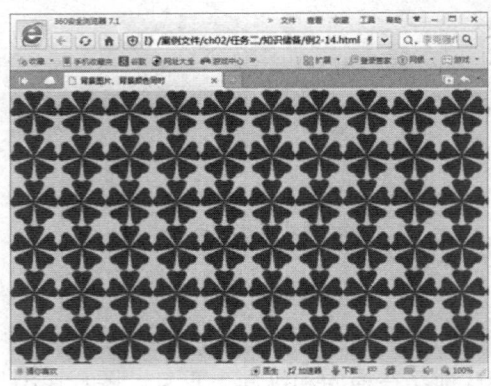

图 2-28　同时设置背景颜色和背景图片(使用 GIF 透明图片)

拓展提高： CSS 使用 background-repeat 属性来定义背景图片的重复，用法如下：

```
background-repeat: repeat-x|repeat-y|no-repeat
```

4. 定义背景图片的位置

默认情况下，背景图片都是从设置了 background 属性的标记的左上角开始出现的，但实际制作网页的过程中，可能希望图片出现在指定的位置。在 CSS 中使用 background-position 属性来调整图片的位置，该属性的用法如下：

```
background-position: position | 数值
```

【例 2-15】定义背景图片位置的代码如下：

```html
<html>
<head>
<title>背景的位置</title>
<style>
<!--
body {
    padding:0px;
    margin:0px;
    background-image:url(bg4.jpg);              /* 背景图片 */
    background-repeat:no-repeat;                /* 不重复 */
    background-position:bottom right;           /* 背景位置，右下 */
    background-color:#eeeee8;
}
span {                                  /* 首字放大 */
    font-size:70px;
    float:left;
    font-family:黑体;
    font-weight:bold;
}
p {
    margin:0px; font-size:14px;
    padding-top:10px;
    padding-left:6px; padding-right:8px;
}
-->
</style>
</head>
<body>
    <p><span>雪</span>是大气固态降水中的一种最广泛、最普遍、最主要的形式。大气固态降水是多种多样的，除了美丽的雪花以外，还包括能造成很大危害的冰雹，还有我们不经常见到的雪霰和冰粒。</p>
    <p>由于天空中气象条件和生长环境的差异，造成了形形色色的大气固态降水。这些大气固态降水的叫法因地而异，因人而异，名目繁多，极不统一。为了方便起见，国际水文协会所属的国际雪冰委员会，在征求各国专家意见的基础上，于 1949 年召开了一个专门性的国际会议，会上通过了关于大气固态降水简明分类的提案。这个简明分类，把大气固态降水分为十种：雪片、星形雪花、柱状雪晶、针状雪晶、多枝状雪晶、轴状雪晶、不规则雪晶、霰、冰粒和雹。前面的七种统称为雪。</p>
    <p>
    立冬  太阳位于黄经 225°，11 月 7～8 日交节<br>
    小雪  太阳位于黄经 240°，11 月 22～23 日交节<br>
    大雪  太阳位于黄经 255°，12 月 6～8 日交节<br>
    冬至  太阳位于黄经 270°，12 月 21～23 日交节<br>
    小寒  太阳位于黄经 285°，1 月 5～7 日交节<br>
    大寒  太阳位于黄经 300°，1 月 20～21 日交节</p>
```

```
</body>
</html>
```

显示效果如图 2-29 所示。通过 CSS 设置，使得背景图片位于页面的右下方，很好地切合了图片本身的特点。

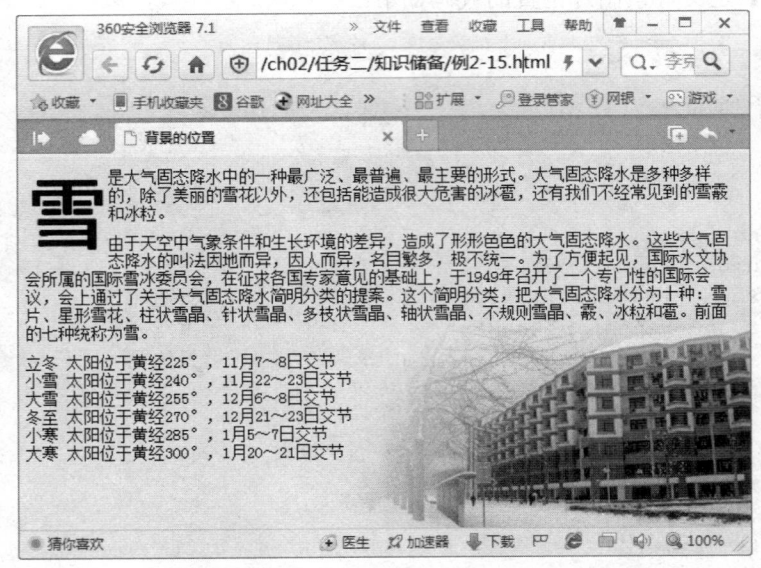

图 2-29   调整图片背景的位置

知识链接： background-position 的值还可以设置为 top left、top center、top right、center left、center center、center right、button left 和 button center 等。

背景图片的位置不仅可以设置为上中下、左中右的模式，CSS 还可以给背景图片的位置定义具体的百分比，实现精确定位。

5. 固定背景图片

对于大幅的背景图片，当浏览器出现滚动条时，通常不希望图片随着文字的移动而移动，而希望固定在一个位置上。在 CSS 中，可以通过设置 background-attachment 的值为 fixed，来轻松实现这个效果。该属性的用法如下：

```
background-attachment: scroll|fixed
```

其中，scroll 指背景图片随着对象内容滚动，fixed 则是将背景图片固定。

【例 2-16】 固定背景图片的代码如下：

```
<html>
<head>
<title>固定背景图片</title>
<style>
<!--
body {
    padding:0px; margin:0px;
    background-image:url(bg6.jpg);         /* 背景图片 */
```

```
        background-repeat:no-repeat;          /* 不重复 */
        background-attachment:fixed;          /* 固定背景图片 */
}
p {
        padding:10px; margin:5px;
        line-height:1.5em;
        color:#FFFFFF; font-size:22px;
}
-->
</style>
</head>
<body>
    <p>对于一个网页设计者来说，HTML 语言一定不会感到陌生，因为它是所有网页制作的基础。
但是如果希望网页能够美观、大方，并且升级方便，维护轻松，那么仅仅 HTML 是不够的，CSS 在
这中间扮演着重要的角色。本章从 CSS 的基本概念出发，介绍 CSS 语言的特点，以及如何在网页中
引入 CSS，并对 CSS 进行初步的体验。</p>
    <p>CSS(Cascading Style Sheet)，中文译为层叠样式表，是用于控制网页样式并允许将
样式信息与网页内容分离的一种标记性语言。CSS 是 1996 年由 W3C 审核通过，并且推荐使用的。
简单的说 CSS 的引入就是为了使得 HTML 能够更好的适应页面的美工设计。它以 HTML 为基础，提
供了丰富的格式化功能，如字体、颜色、背景、整体排版等等，并且网页设计者可以针对各种可视
化浏览器设置不同的样式风格，包括显示器、打印机、打字机、投影仪、PDA 等等。CSS 的引入随
即引发了网页设计的一个又一个新高潮，使用 CSS 设计的优秀页面层出不穷。</p>
</body>
</html>
```

显示效果如图 2-30 所示，可以看到，当拖动浏览器的滚动条时，仅仅是文字往上移动
了，而背景图片没有发生任何移动，依旧在原来的位置上。

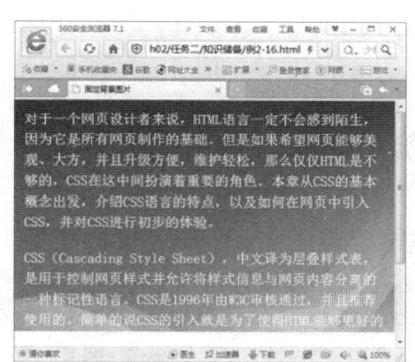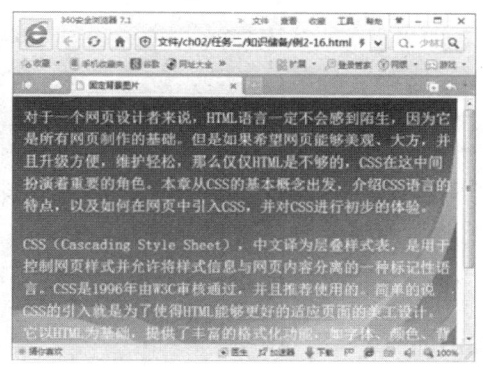

图 2-30　固定背景图片

🌐 **知识链接：** 与 border 和 font 属性一样，background 属性也可以将各种关于背景的设
置集成到一个语句上，这样不仅可以节省大量的代码，而且加快了网络
下载的速度。例如：

```
background-color: blue;
background-image: url(bg.jpg);
background-repeat: no-repeat;
background-attachment: fixed;
background-position: 5px 10px;
```

以上代码可以统一用一种 background 属性代替，如下所示：

```
background: blue url(bg.jpg) no-repeat fixed 5px 10px;
```

两种属性声明的方法在显示效果上是完全一样的，第一种方法虽然代码长一些，但可读性好于第二种方法，读者可以根据喜好选择使用。

任务实践

何以琛使用 CSS 的图片、背景图片、背景颜色等设置功能，制作"个人网站主页"，具体操作步骤如下。

(1) 首先选择自己喜欢的一幅图片作为 Banner，在 Photoshop 中将图片稍微修改，添加上"个人主页"等必要的文字信息，如图 2-31 所示。

图 2-31　Banner 图片

知识链接：Photoshop 是由 Adobe Systems 开发和发行的图像处理软件。使用其众多的编修与绘图工具，可以有效地进行图片编辑工作。因此，Photoshop 也常常被用在网页设计中，可以帮助用户设计漂亮的图片素材。

(2) 选取与 Banner 图片风格配套的星星背景，作为整个页面的背景图片，通过 CSS 添加到<body>标记中，代码如下：

```
body {
    background: url(bg9.gif);     /* 页面背景图片 */
    margin: 0px; padding:0px;
}
```

(3) 再将 Banner 图片用<table>标记居中排列，添加在页面的最上方，HTML 代码如下所示(此时页面显示效果如图 2-32 所示)：

```
<table align="center" cellpadding="1" cellspacing="0">
    <tr><td><img src="banner3.jpg" border="0"></td></tr>
</table>
```

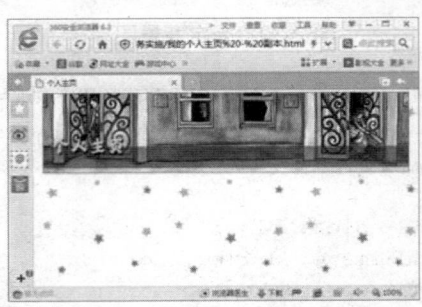

图 2-32　背景图片和 Banner

(4)　按照自己的喜好将个人主页分类，制作导航条。测量出 Banner 的长度为 600px，因此，导航条也为 600px，同样采用表格排版，单元格中的文本采用居中模式，并配上合适的背景颜色。

其中 CSS 部分和 HTML 部分的代码分别如下(此时的页面效果如图 2-33 所示)：

```
/*CSS 部分*/
.chara1 {
    font-size:12px;
    background-color:#90bcff;   /* 导航条的背景颜色 */
}
.chara1 td {
    text-align:center;
}
<!-HTML 部分-->
<table width="600px" cellpadding="2" cellspacing="2" class="chara1"
  align="center">
    <tr><td>首页</td><td>心情日记</td><td>Free</td><td>一起走到</td><td>从明
天起</td><td>纸飞机</td><td>下一站</td></tr>
</table>
```

(5)　页面主体用表格分成左右两块，左边用稍稍深一点的背景颜色进行分割，右边则采用颜色相对淡一些的背景图片置于右下方，如图 2-34 所示。

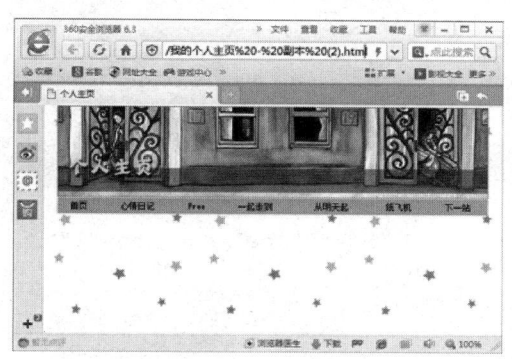

图 2-33　加入导航条

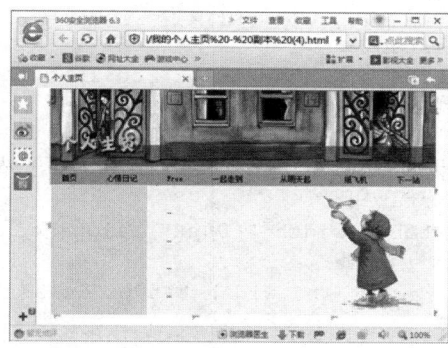

图 2-34　正文背景

(6)　主体部分采用背景图片后，必须将背景颜色设置为跟该图片的背景相同的颜色，在 Photoshop 中直接用吸管工具，可以获得该颜色的十六进制的值。其 CSS 和 HTML 框架的代码分别如下：

```
.chara2 {
    background-color:#d2e7ff;
    text-align:center;
    font-size:12px;
    vertical-align:top;
}
.chara3 {
    /* 主题部分的背景图片 */
    background: #e9fbff url(self.jpg) no-repeat bottom right;
```

```
        vertical-align: top;
        padding-top: 15px; padding-left:30px;
        font-size: 12px; padding-right:15px;
}
.pic1 {
        border: 1px solid #00406c;
}
p.leftcontent {
        padding-left: 15px;
        padding-right: 10px;
        text-align: left;
        color: #001671;
}
h4 {
        text-decoration: underline;
        color: #0078aa;
        padding-top: 15px;
}
-->
</style>
</head>
<body>
<table align="center" cellpadding="1" cellspacing="0">
    <tr><td><img src="banner3.jpg" border="0"></td></tr>
</table>
<table width="600px" cellpadding="2" cellspacing="2" class="chara1"
  align="center">
    <tr><td>首页</td><td>心情日记</td><td>Free</td><td>一起走到</td><td>从明
天起</td><td>纸飞机</td><td>下一站</td></tr>
</table>
<table width="600px" align="center" cellpadding="0" cellspacing="1">
    <tr>
      <td width="150px" class="chara2">
          <br>
          <p><img src="selfpic.jpg" class="pic1">
          <br>我的日记本</p>
          <p class="leftcontent">他们彼此深信，是瞬间迸发的热情让他们相遇。这
样的确定是美丽的，但变幻无常更为美丽。</p>
          <p><img src="selfpic2.jpg" class="pic1">
          <br>心情轨迹</p>
          <p class="leftcontent">董事长的一切都让人既羡慕又忌妒，但更让人受不
了的是，有一天，上苍忽然赐给他一个神奇的礼物………</p>
      </td>
      <td class="chara3">
          <h4>介绍</h4>
          <p>我努力的抓紧世界，最后却仍被世界淘汰，如果一开始就松手，我会不那么伤
心吗？你说，亲爱的孩子，世事难料，随它去吧！</p>
          <h4>照相本子</h4>
          <p>关于童年，你记住了什么？ <br>
两岁时，我拥有一只巨大的粉红猪，它总在我嚎啕大哭时逗我笑。<br>
```

```
            三岁时，我骑着小木马一路摇到外婆家，它不喝水也不吃草。<br>
            四岁时，我离家出走，在公车上睡着了，最后是太空超人送我回家。<br>
            我真的没骗你，我通通都记得，还有照片为证。
            </p>
            <h4>地下铁</h4>
            <p>天使在地下铁的入口，<br>
            和我说再见的那一年，<br>
            我渐渐看不见了。<br>
            十五岁生日的那年秋天早晨，<br>
            窗外下着毛毛雨，<br>
            我喂好我的猫。<br>
            六点零五分，<br>
            我走进地下铁。</p>
            <h4>向左走向右走</h4>
            <p>They're both convinced<br>
            that a sudden passion joined them.<br>
            Such certainth is beautiful,<br>
            but uncertainty is more beautiful still.</p>
            <br>
        </td>
    </tr>
</table>
```

（7）最后，选择合适的图片和内容，分别添加到页面的两个块中，并且设置相应的文字的图片的风格，这样就得到个人主页最终的页面效果，如图 2-35 所示。

图 2-35　个人网站首页的效果

上机实训：制作古词"念奴娇·赤壁怀古"网页

实训背景

李冰是一位网页设计师，因个人兴趣和爱好，她制作了古词"念奴娇·赤壁怀古"网页，通过网页展示出个人的特色，如图 2-36 所示。然后上传到网络上，与他人共同欣赏和交流。

图 2-36　古词"念奴娇·赤壁怀古"页面的效果

实训内容和要求

添加各种标记可以让古词网站拥有多个背景。CSS 可以设置背景样式，一个是背景颜色的样式，一个是背景图片的样式。任何一个页面，都由它的背景颜色或背景图片来突出其基调。因此，李冰决定使用 CSS 背景样式设置来完成此次上机实训。

实训步骤

(1)　首先为页面选择好背景图片，如图 2-37 所示。

图 2-37　页面背景

(2)　将文字加入到页面中，页面整体使用居中排版，其 CSS 代码如下：

```
body {
    background: url(bg9.jpg) no-repeat center top;        /* 页面背景 */
    margin: 0px; padding:0px;
    text-align: center;
}
```

此时的页面效果如图 2-38 所示，可以看到，文字居中排列在页面上，与背景混杂在一起，没有任何突出的效果。

图 2-38　添加背景

(3) 将文字用块元素<div>调整位置、块大小、行间距和边框等，并添加竖直排版的 CSS 属性，代码如下：

```
div.content {

    height: 260px;
    writing-mode: tb-rl;                         /* 竖排版文字 */
    width: 620px;
    text-align: left;
    border: 3px solid #666666;
    line-height: 30px;
    padding-top: 15px; padding-right: 8px;

}

<div class="content">
    大江东去<br>浪淘尽<br>千古风流人物<br>
    故垒西边人道是<br>三国周郎赤壁<br>
    乱石穿空<br>惊涛拍岸<br>卷起千堆雪<br>
    江山如画<br>一时多少豪杰<br>
    遥想公谨当年<br>小乔初嫁了<br>雄姿英发<br>
    羽扇纶巾谈笑间<br>强虏灰飞烟灭<br>
    故国神游<br>多情应笑我<br>早生华发<br>
    人生如梦<br>一尊还酹江月<br>
</div>
```

此时页面显示效果如图 2-39 所示，文字完全按照要求排到页面中央，并且从上到下、从右到左排列着。

图 2-39　调整文字

(4) 调整文字的背景颜色，使之变淡。在 content 容器中添加 background，代码如下：

```
div.content {
    height: 260px;
    writing-mode: tb-rl;                        /* 竖排版文字 */
    width: 620px;
    text-align: left;
    border: 3px solid #666666;
    line-height: 30px;
    padding-top: 15px; padding-right: 8px;
    background: url(bg10.jpg) no-repeat;        /* 文字部分背景 */
}
```

得到最终文字部分背景颜色变淡的效果，如图 2-40 所示。

图 2-40　最终的效果

实训素材

实例文件存储于"案例文件\项目二\上机实训：制作古词念奴娇·赤壁怀古网页"中。

习　　题

一、填空题

1. HTML 语言中，可以直接通过<img>标记的_____属性来为图片添加边框。

2. 用 CSS 设置图片的大小时，只需设置图片的_____和_____。

3. 通过_____属性，不仅可以设置页面的背景颜色，还可以设置其他 HTML 元素的背景颜色。

4. CSS 使用_____属性来定义背景图片的样式。

5. 在 CSS 中，使用_____属性来调整图片的位置。

二、选择题

1. 图片的横向对齐方法分为(　　　)种。

    A. 1　　　　　　　　B. 2　　　　　　　　C. 3　　　　　　　　D. 4

2. 网页通过设置(　　　)块的背景颜色来实现给页面分块的目的。

    A. <dvi>　　　　　　B. <div>　　　　　　C. <idv>　　　　　　D. <ivd>

3. 在 CSS 中，还有一个参数(　　　)，通过这个参数设置，可以保证图片不变形。

    A. width-max　　　　B. max-width　　　　C. max-light　　　　D. max-right

4. float 属性可实现图片的文字环绕，它有(　　　)属性。

    A. none　　　　　　B. left　　　　　　　C. right　　　　　　D. middle

5. 在 CSS 中，可以通过设置 background-attachment 的值为 fixed，来轻松地实现固定背景图片。

    A. none　　　　　B. left　　　　　　C. fixed　　　　　　D. right

三、问答题

1. 简述如何定义图片边框。

2. 简述如何设置图片的背景颜色。

3. 简述如何通过设置背景颜色给页面分块。

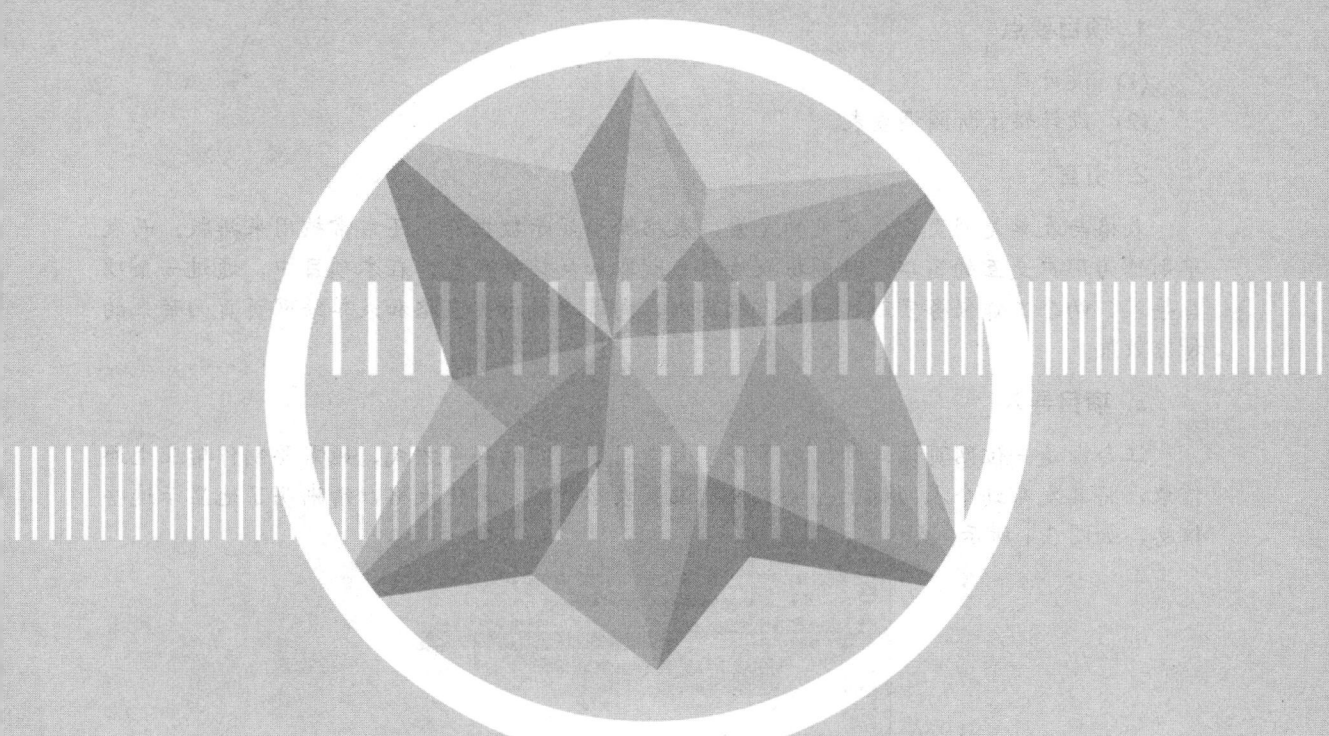

项目三

使用 CSS 设计表格和表单

1. 项目要点

(1) 设计日历。

(2) 设计娱乐新闻调查表。

2. 引言

表格与表单是网页上最常见的元素，表格除了显示数据外，还常常被用来排版。而表单则作为用户交互的窗口，时刻扮演着信息获取和反馈的角色。在本项目中，通过一个项目导入、两个工作任务实践、一个上机实训，向读者展示出表格和表单给网页页面带来的特殊效果。

3. 项目导入

江会源是一位网页设计师，为了分享大学同学之间的联系方式，她需要制作毕业生通信录，将其发布到个人网站上。要求分别设置表格背景，美化表格，清晰明了地显示这些信息，如图 3-1 所示。

图 3-1 毕业生通信录

江会源使用 CSS 和表格完成班级毕业生通信录的制作，具体操作步骤如下。

(1) 构建网页结构，在<body>标签中输入以下内容：

```
<body>
<table id="mytable" cellspacing="0" summary="国际法 2012 级毕业生通信录">
  <caption>
  国际法 2012 级毕业生通信录
  </caption>
  <tr>
    <th scope="col" abbr="Configurations" >姓名</th>
    <th scope="col" abbr="Dual 1.8">出生日期</th>
    <th scope="col" abbr="Dual 2">电话</th>
    <th scope="col" abbr="Dual 2.5">单位</th>
  </tr>
  <tr>
    <th scope="row" abbr="Model" class="spec">路远峰</th>
    <td>1989.1.4</td>
    <td>1375634437</td>
    <td>中国铁道部</td>
```

```
    </tr>
    <tr>
        <th scope="row" abbr="G5 Processor" class="specalt">顾行红</th>
        <td class="alt">1989.5.7</td>
        <td class="alt">1389321234</td>
        <td class="alt">北京市朝阳区街道办事处</td>
    </tr>
    <tr>
        <th scope="row" abbr="Frontside bus" class="spec">林朋</th>
        <td>1989.4.23</td>
        <td>1334567822</td>
        <td>北京市 12 中学</td>
    </tr>
    <tr>
        <th scope="row" abbr="L2 Cache" class="specalt">李松</th>
        <td class="alt">1989.11.31</td>
        <td class="alt">1394325676</td>
        <td class="alt">北京朝阳区民政局</td>
    </tr>
    <tr>
        <th scope="row" abbr="Frontside bus" class="spec">童雪</th>
        <td>1990.7.3</td>
        <td>1355613234</td>
        <td>北京深华新股份有限公司</td>
    </tr>
    <tr>
        <th scope="row" abbr="L2 Cache" class="specalt">杜丽</th>
        <td class="alt">1989.6.19</td>
        <td class="alt">1368395322</td>
        <td class="alt">酷 6 网</td>
    </tr>
    <tr>
        <th scope="row" abbr="Frontside bus" class="spec">杨蕾</th>
        <td>1990.9.22</td>
        <td>1356789022</td>
        <td>adobe 公司</td>
    </tr>
    <tr>
        <th scope="row" abbr="L2 Cache" class="specalt">杨小东</th>
        <td class="alt">1989.1.3</td>
        <td class="alt">1354983611</td>
        <td class="alt">朝阳区将台东路乐天玛特</td>
    </tr>
    <tr>
        <th scope="row" abbr="Frontside bus" class="spec">杨秀笙</th>
        <td>1980.12.3</td>
        <td>1354353623</td>
        <td>朝阳区教委</td>
    </tr>
    <tr>
```

```
        <th scope="row" abbr="L2 Cache" class="specalt">张续</th>
        <td class="alt">1990.10.24</td>
        <td class="alt">1345678314</td>
        <td class="alt">北就铁路第三中学</td>
    </tr>
</table>
</body>
```

以上代码中，将奇数行名称定义为 spec 类，偶数行名称定义为 specalt 类，并通过<td class="alt">定义了偶数行中的单元格，此时的显示效果如图 3-2 所示。可以看到，表格的基本结构已经建好了，但是，由于没有进行 CSS 样式设置，界面看起来数据拥挤在一起，没有任何修饰。

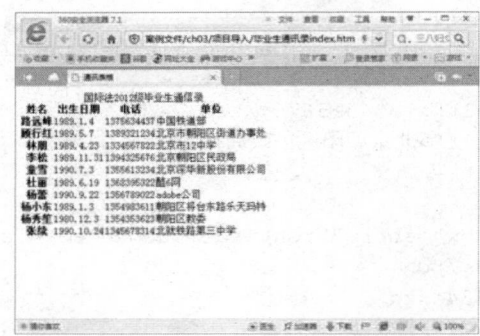

图 3-2 构建表格的结构

(2) 定义网页的基本属性，设置表格的#mytable 样式以及表格标题样式:

```
body {
    font: normal 11px auto sans-serif;
    color: #4f6b72;
    background: #E6EAE9;
}
a {
    color: #c75f3e;
}
#mytable {
    width: 700px;
    padding: 0;
    margin: 0;
}
caption {                    /*设置表格标题 */
    padding: 0 0 5px 0;
    width: 700px;
    text-align: center;
    font-size: 30px;
    font-weight: bold;
}
```

以上代码中，首先定义了页面的背景颜色，在#mytable 中设置了表格的宽度为 700px，并为其添加了表格边框。此时的显示效果如图 3-3 所示。

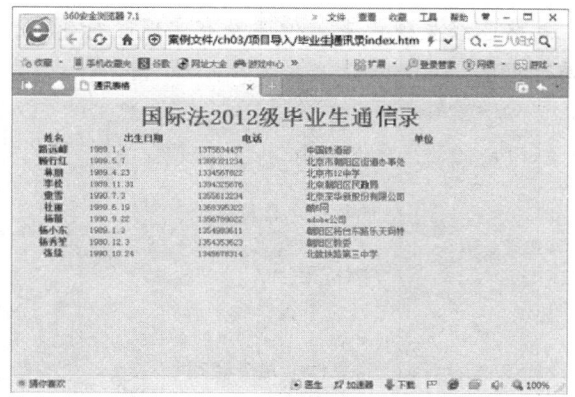

图 3-3 设置表格的基本属性

(3) 定义单元格的共有属性:

```
th {
    color: #4f6b72;
    border-right: 1px solid #C1DAD7;
    border-bottom: 1px solid #C1DAD7;
    border-top: 1px solid #C1DAD7;
    letter-spacing: 2px;
    text-align: left;
    padding: 6px 6px 6px 12px;
    background: #CAE8EA;
}
td {
    border-right: 1px solid #C1DAD7;
    border-bottom: 1px solid #C1DAD7;
    background: #fff;
    font-size:14px;
    padding: 6px 6px 6px 12px;
    color: #4f6b72;
}
```

以上代码中定义了表格中所有单元格的共有样式，网页的显示效果如图 3-4 所示。

图 3-4 单元格的 CSS 设置

从图中可以看到，表格已经呈现出来，但还没有实现隔行变色。

(4) 实现表格的隔行变色：

```
.spec {                          /*奇数行名称样式*/
    background: #fff;            /*背景颜色*/
}
.specalt {                       /*偶数行名称样式*/
    background: #f5fafa;
    color: #797268;              /*字体颜色*/
}
.alt {
    background: #F5FAFA;         /*偶数行单元格样式*/
    color: #797268;
}
```

以上代码中，首先通过 spec 设置了奇数行<th>标签的样式，通过 specalt 设置了偶数行中<th>标签的样式，最后在 alt 中设置了偶数单元格，也就是<th>标签的样式。

操作技巧： 在 CSS 中，设置隔行变色十分简单，主要在于给奇数行和偶数行设置不同的背景颜色，为奇数行和偶数行的<th>标签添加相应的类以及为单元格<th>标签添加相应的类，代码如下：

```
<th scope="row" class="spec">
<th scope="row" class="specalt">
```

(5) 在 CSS 样式表中，对奇数行和偶数行进行单独的样式设置，主要是在配合整体设计协调的基础上，改变其背景颜色、字体，得到的最终效果如图 3-5 所示。

图 3-5　毕业生通信录

4. 项目分析

由于在网页中，使用 CSS 可以实现对表格样式的控制，清晰明地展示数据信息，因此，可以使用 CSS 的表格设置来完成任务。

5. 能力目标

(1) 学习设计通信录页面的制作方法。

(2) 学习设计日历表格的制作方法。

(3) 学习设计娱乐新闻调查表的制作方法。

(4) 学习设计网民调查问卷的制作方法。

6. 知识目标

(1) 掌握如何设置 CSS 表格标记、颜色、边框、布局。

(2) 掌握表单中的元素设置、按钮设置。

任务一：设计日历

知识储备

1. 设置表格中的标记

表格(<table>标记)在最初 HTML 设计时，仅仅是用于存放各种数据的，包括班里的同学名单、公司里月末的结算、书架上书本的目录和地铁的班次等。因此表格有很多与数据相关的标记，十分方便。

如图 3-6 所示是一个没有经过任何 CSS 修饰的表格，主要用于说明其中的标记。

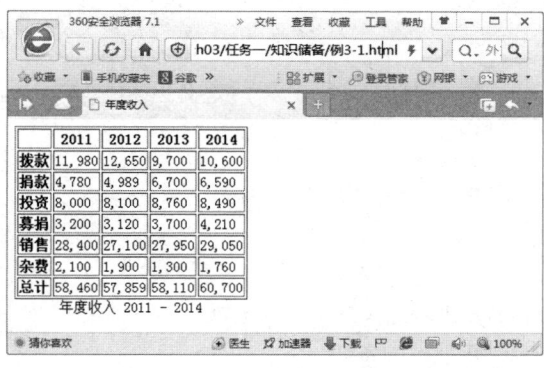

图 3-6　表格中的标记

【例 3-1】表格标记的代码如下：

```
<html>
<head>
<title>年度收入</title>
<style>
<!--
table {
    caption-side:bottom;          /*标题显示在表格底部*/
}
-->
```

```
</style>
</head>
<body>
<table summary="This table shows the yearly income for years 2004
  through 2007" border="1">
    <caption>年度收入 2011 - 2014</caption>
    <tr>
        <th></th>
        <th scope="col">2011</th>          /*定义年份*/
        <th scope="col">2012</th>          /*定义年份*/
        <th scope="col">2013</th>          /*定义年份*/
        <th scope="col">2014</th>          /*定义年份*/
    </tr>
    <tr>
        <th scope="row">拨款</th>          /*定义 2011 年至 2014 年的拨款金额*/
        <td>11,980</td>
        <td>12,650</td>
        <td>9,700</td>
        <td>10,600</td>
    </tr>
    <tr>
        <th scope="row">捐款</th>          /*定义 2011 年至 2014 年的捐款金额*/
        <td>4,780</td>
        <td>4,989</td>
        <td>6,700</td>
        <td>6,590</td>
    </tr>
    <tr>
        <th scope="row">投资</th>          /*定义 2011 年至 2014 年的投资金额*/
        <td>8,000</td>
        <td>8,100</td>
        <td>8,760</td>
        <td>8,490</td>
    </tr>
    <tr>
        <th scope="row">募捐</th>          /*定义 2011 年至 2014 年的募捐金额*/
        <td>3,200</td>
        <td>3,120</td>
        <td>3,700</td>
        <td>4,210</td>
    </tr>
    <tr>
        <th scope="row">销售</th>          /*定义 2011 年至 2014 年的销售金额*/
        <td>28,400</td>
        <td>27,100</td>
        <td>27,950</td>
        <td>29,050</td>
    </tr>
    <tr>
        <th scope="row">杂费</th>          /*定义 2011 年至 2014 年的杂费金额*/
```

```
        <td>2,100</td>
        <td>1,900</td>
        <td>1,300</td>
        <td>1,760</td>
    </tr>
    <tr>
        <th scope="row">总计</th>    /*定义2011年至2014年的总金额*/
        <td>58,460</td>
        <td>57,859</td>
        <td>58,110</td>
        <td>60,700</td>
    </tr>
</table>
</body>
</html>
```

在<table>标记中，除了使用 border 属性勾勒出表格的边框外，使用了 summary 属性。该属性的值用于概括整个表格的内容，在用浏览器浏览页面时，它的效果是不可见的，但对搜索引擎等则十分重要。

<caption>标记的作用跟它的名称一样，就是表格的大标题，该标记可以出现在<table>与</table>之间的任意位置。不过通常习惯于放在表格的第 1 行，即紧接着<table>标记。设计者同样可以使用一个普通的行来显示表格的标题，但<caption>标记无论是对于好的编码习惯，还是搜索引擎而言，都是占有绝对优势的。

🌐 **知识链接**：如果希望调整表格标题的位置，只要添加各种 CSS 属性就可以轻松实现。除了这些 CSS 属性外，<caption>标记还有专用的属性 caption-side，用于调整表格标题的位置，如下所示，但是该属性只在 Firefox 下有效，IE 对它的支持并不理想：

```
table {
    caption-side: bottom;
}
```

📑 **操作技巧**：在 HTML 页面中构建表格框时，应该尽量遵循表格的标记，养成良好的编写习惯，应适当地利用 Tab、空格和空行来提高代码的可读性，从而降低后期维护的成本。

2. 设置表格的颜色

表格颜色的设置十分简单，与文字颜色的设置完全一样，通过 color 属性设置表格中文字的颜色，通过 background 属性设置表格的背景颜色。

【例 3-2】设置表格颜色的代码如下：

```
<style>
<!--
body {
    background-color: #ebf5ff; /* 页面背景色 */
    margin: 0px; padding:4px;
```

```
    text-align: center;              /* 居中对齐(IE 有效) */
}
.datalist {
    color: #0046a6;                  /* 表格文字颜色 */
    background-color: #d2e8ff;       /* 表格背景色 */
    font-family: Arial;              /* 表格字体 */
}
.datalist caption {
    font-size: 18px;                 /* 标题文字大小 */
    font-weight: bold;               /* 标题文字粗体 */
}
.datalist th {
    color: #003e7e;                  /* 行、列名称颜色 */
    background-color: #7bb3ff;       /* 行、列名称的背景色 */
}
-->
</style>
```

此时表格的效果如图 3-7 所示，可以看到页面的背景色、表格背景色、行列的名称颜色、字体等都进行了相应的变化。

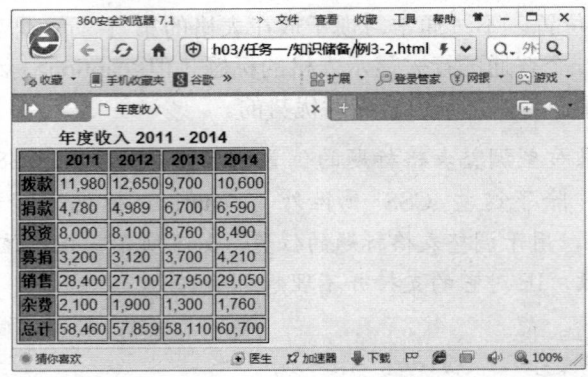

图 3-7　设置表格的颜色

知识链接：这些设置与文字本身的 CSS 设置完全相同，与页面背景的设置也是完全相同的。

3. 设置表格边框

边框作为表格的分界，在显示时往往必不可少，在 HTML 的<table>标记中，也有很多关于表格边框的属性。

border 属性是最常用的属性之一，它设置表格边框的粗细，当设置其值为 0 时，表明表格没有边框，如图 3-8 所示为<table border="1">时的边框效果。

<table>标记中的 bordercolor 属性可以用来设置表格边框的颜色，它的值跟普通颜色的设置一样，采用十六进制的颜色 RGB 模式，例如下面的语句：

```
<table border="1" bordercolor="#429fff">
```

图 3-8　设置 border 属性

与直接采用 HTML 标记相比，使用 CSS 设置表格边框显得更为明智。在 CSS 中设置边框同样是通过 border 属性，设置方法跟图片的边框完全一样，只不过在表格中需要特别注意单元格之间的关系。如下代码仅设置了表格的边框：

```
.datalist {
    border: 1px solid #429fff;   /* 表格边框 */
    font-family: Arial;
}
```

当代码仅设置表格的边框时，单元格并不会有任何边线，如图 3-9 所示。

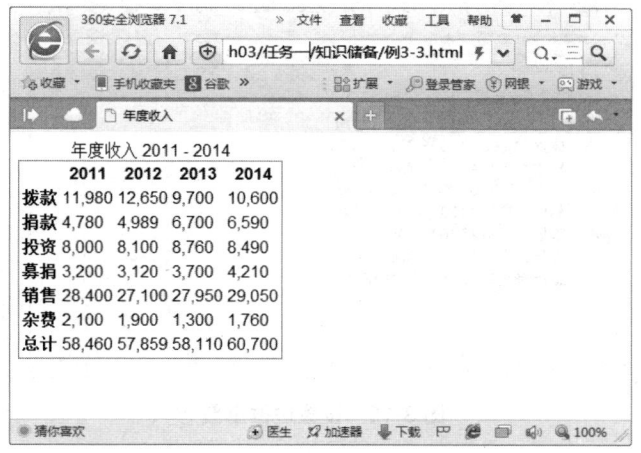

图 3-9　表格边框

因此，采用 CSS 设置表格边框时，需要为单元格也单独设置相应的边框，代码如下(显示效果如图 3-10 所示)：

```
.datalist th,.datalist td {
    border: 1px solid #429fff;   /* 表格标题及单元格的边框 */
}
```

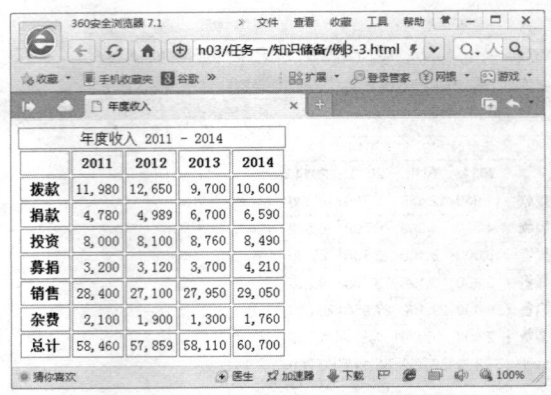

图 3-10　设置单元格的边框

读者会发现，按刚才的方法设置完成后，单元格的边框之间有空隙，这时，就需要设置 CSS 中整个表格的 border-collapse 属性，使得边框重叠在一起，具体的 CSS 代码如下：

```
.datalist {
    border: 1px solid #429fff; /* 表格边框 */
    font-family: Arial;
    border-collapse: collapse; /* 边框重叠 */
}
```

显示效果如图 3-11 所示。

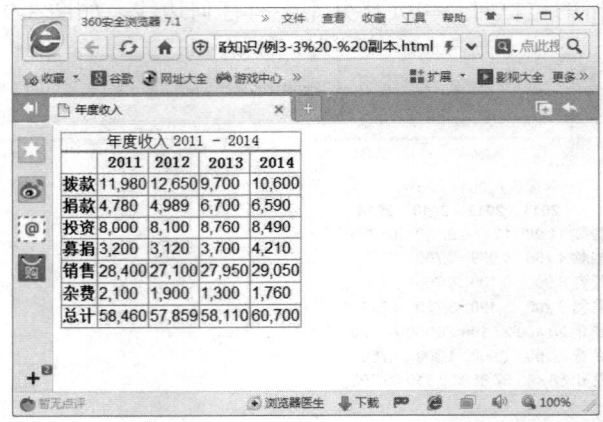

图 3-11　设置边框重叠

📖 **操作技巧：** 最终综合调整文字字体、大小和背景颜色等设置，得到如图 3-1 所示的表格效果。此时的表格相对于纯 HTML 设置的表格，要绚丽得多。

4. 设置表格的布局

表格除了用于显示数据之外，还常常被用来进行排版。

【例 3-3】演示表格布局。

(1) 构建网页结构。使用表格嵌套，通过设置外层表格 outer 和内层表格 inner 进行布局，表格的嵌套关系如图 3-12 所示。

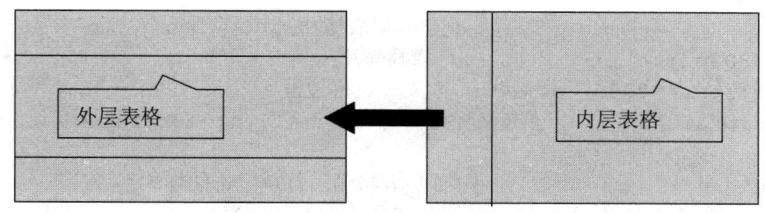

图 3-12　表格的嵌套关系

从图 3-12 中可以看出，外层表格是一个 3 行 1 列的表格，在外层表格的第二行中，又嵌套了一个 1 行 2 列的表格。如下代码定义了表格的结构，外层表格的 3 行分别是：第一行设置了 Banner 图片，第二行是网页正文，嵌套了另一个表格，第三行定义了网页的 footer 部分；内层表格是一个 1 行 2 列的表格，左侧单元格设置了 <ul> 列表，定义网页的导航栏，右侧单元格是网页的内容部分。显示效果如图 3-13 所示。

定义表格的结构：

```html
<body>
<table class="outer">
    <tr>
        <td><img src="images/bg.jpg"/></td>
    </tr>
    <tr>
        <td><table class="inner">
            <tr>
                <td class="left"><ul>
                    <li><a href="#">首页</a></li>
                    <li><a href="#">古典音乐</a></li>
                    <li><a href="#">现代流行</a></li>
                    <li><a href="#">爵士音乐</a></li>
                    <li><a href="#">80 后音乐</a></li>
                    <li><a href="#">90 后音乐</a></li>
                    <li><a href="#">00 后音乐</a></li>
                </ul></td>
                <td class="right">这里是内容</td>
            </tr>
        </table></td>
    </tr>
    <tr>
        <td class="footer"><p>|联系我们    |  关于我们   |</p>
            <p>感谢您的支持，希望明天会更好！！</p></td>
    </tr>
</table>
</body>
```

(2) 定义网页的基本属性和外层表格的样式。代码如下：

```css
body {                          /*网页的基本属性*/
    background:#e9e8dd;         /*网页的背景颜色 */
    text-align:center;
}
```

```
.outer {                              /*外层表格样式*/
    width:800px;                      /*表格宽度*/
    border:1px #999999 solid;         /*表格边框*/
    margin:0 auto;          /*与父标签中的text-align:center配合实现水平居中*/
}
.footer {                             /*外层表格第三行单元格的样式*/
    background-color:#999999;   /*单元格的背景颜色*/
    text-align:center;            /*水平居中*/
    font-size:12px;               /*字体大小*/
    color:#5786fc;                /*字体颜色*/
    height:100px;
}
```

在 outer 中定义了表格宽度，并定义了表格的外边框，margin:0 auto 与 body 中的 text-align:center 语句可实现 IE 与 FF 浏览器中的水平居中。在 footer 中定义了外层表格中第三行单元格的样式。此时，外层表格的所有样式设置完毕，显示效果如图 3-14 所示。

图 3-13　构建网页结构

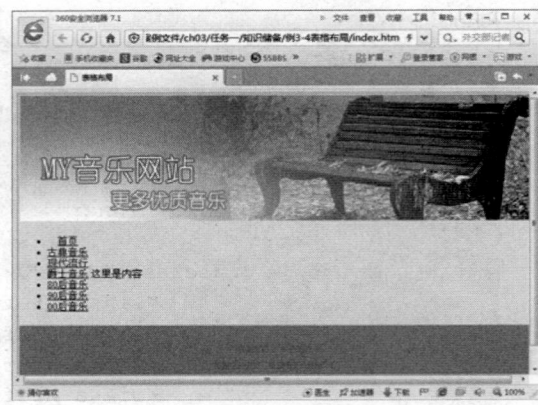

图 3-14　修改网页的基本属性

（3）设置内层表格 inner 的样式。代码如下：

```
.left {                               /*内层表格左侧单元格样式*/
    background-color:#FF3300;    /*背景颜色*/
    padding-right:40px;
    padding-top:30px;
}
.right {                              /*内层表格右侧单元格样式*/
    width:650px;                      /*右侧单元格宽度*/
    background-color:#FFFF99;    /*背景颜色*/
}
```

显示效果如图 3-15 所示。
（4）设置内层表格中的左侧导航条格式，代码如下：

```
ul {                                  /*列表样式*/
    list-style-type:none;             /*不显示列表项目符号*/
    width:150px;                      /*单元格宽度*/
    font-weight:bold;                 /*字体加粗*/
```

```
    font-size:16px;              /*字体大小*/
}
li {
    height:40px;                 /*列表项的高度*/
    width:150px;                 /*列表项的宽度*/
}
```

显示效果如图 3-16 所示。

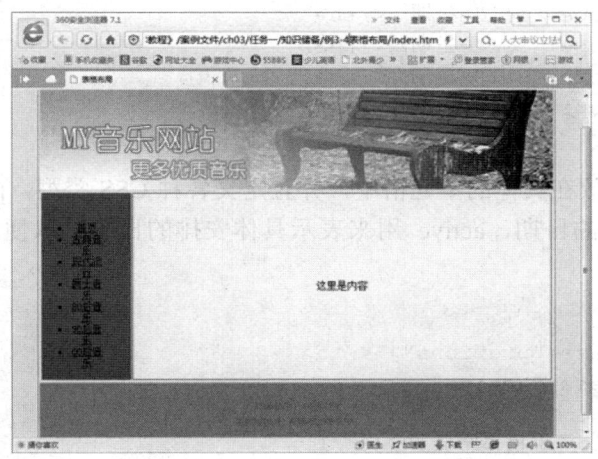

图 3-15　设置内层表格的样式

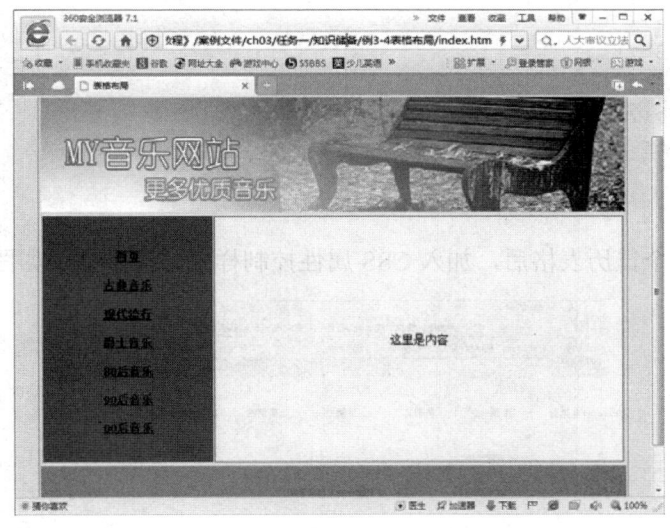

图 3-16　左侧导航条的效果

任务实践

备忘录日历在桌面和网络中非常流行，通过 CSS 设定表格的属性，可以实现各种日历的效果，具体操作步骤如下。

(1) 建立表格，利用<th>表示星期一至星期日，并给表格定义 CSS 类别，代码如下：

```
<table class="clmonth" summary="Calendar for 三月 2015">
    <caption>
    三月 2015
    </caption>
    <tr>
        <th scope="col">星期日</th>
        <th scope="col">星期一</th>
        <th scope="col">星期二</th>
        <th scope="col">星期三</th>
        <th scope="col">星期四</th>
        <th scope="col">星期五</th>
        <th scope="col">星期六</th>
    </tr>
```

(2)　每天的日程放在具体的单元格中，并且定义各种 CSS 类型，previous 和 next 分别表示上个月和下个月的日期，active 用来表示具体安排的日子，以便后期用 CSS 高亮显示，代码如下：

```
<tr>
    <td class="previous">1</td>
    <td class="active">2
      <ul>
        <li>五棵松摄影城买镜头</li>
        <li>完成微积分作业</li>
      </ul>
    </td>
    <td>3</td>
    <td>4</td>
    <td>5</td>
    <td>6</td>
    <td>7</td>
</tr>
```

依次建立好整个日历表格后，加入 CSS 属性控制样式，显示效果如图 3-17 所示。

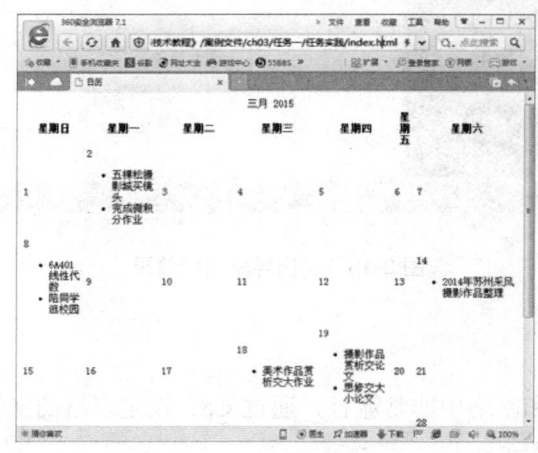

图 3-17　日历的初始效果

(3)　建立好表格框架结构后，编写 CSS 样式，首先添加<caption>、<th>和<td>，对表格进行控制，代码如下：

```
.clmonth {
    border-collapse: collapse;
    width: 780px;
}
.clmonth caption {
    text-align: left;
    font: bold 130% Georgia, "Times New Roman";
    padding-bottom: 6px;
}
.clmonth th {
    border: 1px solid #999999;
    border-bottom: none;
    padding: 2px 8px 2px 8px;
    background-color: #D3D2A0;
    color: #2F2F2F;
    font: 80% Verdana, Geneva, Arial, Helvetica, sans-serif;
    width: 110px;
}
.clmonth td {
    border: 1px solid #AFAFAF;
    font: 80% Verdana, Geneva, Arial, Helvetica, sans-serif;
    padding: 2px 4px 2px 4px;
    vertical-align: top;
}
```

此时的表格已经初见效果，表格和单元格的边框，以及列名称中各个星期的样式都不再显得单调，如图 3-18 所示。

图 3-18　控制标题及单元格

(4) 对日程安排中的事情列表进行 CSS 控制，清除每个事件前的小圆点，事件与事件之间添加一些空隙，代码如下：

```
.clmonth ul {
    list-style-type: none;
    margin: 0;
    padding-left: 12px;
    padding-right: 6px;
}
.clmonth li {
    margin-bottom: 8px;
}
```

此时，表格的样式结构已基本完成，如图 3-19 所示。

图 3-19　设定事件列表

(5) 最后为上个月的日期 previous、下个月的日期 next 和有日程安排的日期 active 等 3 个特殊的类别添加 CSS 样式，目的在于给整个日历添彩，代码如下：

```
.clmonth td.previous, .clmonth td.next {
    background-color: #F5F4E6;
    color: #A6A6A6;
}
.clmonth td.active {
    background-color: #B1CBE1;
    color: #2B5070;
    border: 2px solid #4682B4;
}
```

整个日历制作完毕，各类日期之间得到了很好的区分，最终效果如图 3-20 所示。

图 3-20　日历的最终效果

任务二：设计娱乐新闻调查表

知识储备

1. 设置表单中的元素

表单中的元素很多，包括输入框、文本框、单选项、复选框、下拉菜单和按钮等。

使用 HTML 设计表单时，常用标签主要包括<form>、<input>、<textarea>、<select>和<option>等几个标记。

相关属性用于定义采集数据的范围，即设定表单的起止位置，并指定处理表单数据的 URL 地址。其语法结构如下：

```
<form action=url method=get|post name=value
  onreset=function onsubmit=function
  target=window enctype=cdata>
</form>
```

知识链接：name 用于设定表单的名称，可在其他地方引用表单内的值。

输入控件在表单中使用比较频繁，主要使用<input>标签，然后通过 type 属性指定输入控件的类型，其语法如下：

```
<input
  align="left|right|top|middle|bottom"
  name="name"
  type=
    "text|password|checkbox|radio|submit|reset|file|hidden|image|button"
  value="value"
  src="url"
  checked
```

```
maxlength="n"
size="n"
onclick="function"
onselect="function"/>
```

🌐 **知识链接：** size 定义单行或多行文本框的输入字符宽度，相当于采用 width 属性。

【例 3-4】 表单代码如下：

```
<body>
<form method="post">
<p>请输入您的姓名:<br><input type="text" name="name" id="name"></p>
<p>请选择你最喜欢的颜色:<br>
<select name="color" id="color">
    <option value="red">红</option>
    <option value="green">绿</option>
    <option value="blue">蓝</option>
    <option value="yellow">黄</option>
    <option value="cyan">青</option>
    <option value="purple">紫</option>
</select></p>
<p>请问你的性别:<br>
    <input type="radio" name="sex" id="male" value="male">男<br>
    <input type="radio" name="sex" id="female" value="female">女</p>
<p>你喜欢做些什么:<br>
    <input type="checkbox" name="hobby" id="book" value="book">看书
    <input type="checkbox" name="hobby" id="net" value="net">上网
    <input type="checkbox" name="hobby" id="sleep" value="sleep">睡觉</p>
<p>我要留言:<br>
<textarea name="comments" id="comments" cols="30" rows="4"></textarea>
</p>
<p><input type="submit" name="btnSubmit" id="btnSubmit" value="Submit">
</p>
</form>
</body>
```

显示效果如图 3-21 所示，这是一个没有经过任何修饰的表单，包含最简单的输入框、下拉菜单、单选按钮、复选框、文本框和提交按钮。

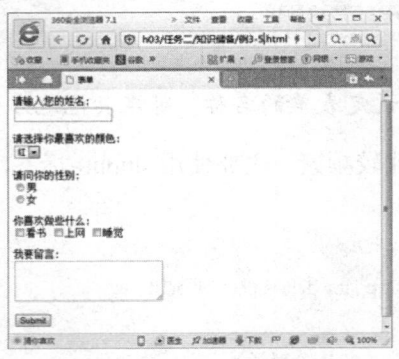

图 3-21　普通表单

下面直接利用 CSS 对标记的控制，对整个表单添加简单的样式风格，包括边框、背景色、宽度和高度等。

【例 3-5】设置表单样式的代码如下：

```css
form {
    border: 1px dotted #AAAAAA;
    padding: 3px 6px 3px 6px;
    margin: 0px;
    font: 14px Arial;
}
input {
    color: #00008B;
    background-color: #ADD8E6;
    border: 1px solid #00008B;
}
select {
    width: 80px;
    color: #00008B;
    background-color: #ADD8E6;
    border: 1px solid #00008B;
}
textarea {
    width: 200px;
    height: 40px;
    color: #00008B;
    background-color: #ADD8E6;
    border: 1px solid #00008B;
}
```

显示效果如图 3-22 所示。此时表单看起来就不那么单调了。

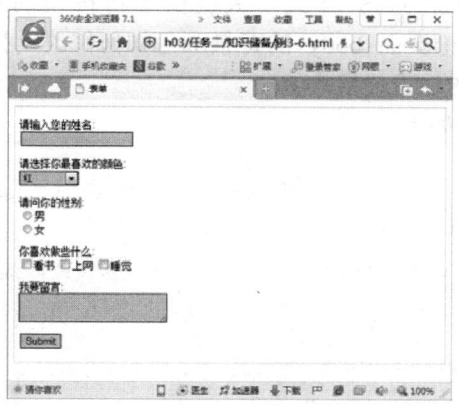

图 3-22 简单的 CSS 样式风格

拓展提高： 一个合格的表单不仅要语法严谨，同时还要考虑用户的使用习惯，当用户想选中并填写表单选项时，可以有以下 3 种选择：
- 直接单击文本框等元素本身。
- 直接单击文本框前面的提示文字。
- 利用 Tab 功能键和提示文本后的字母来实现以快捷键选中文本框。

2. 像文字一样的按钮

按钮之所以称为"按钮"，并不是因为它的形状，而是因为它的功能。通过 CSS 设置，可以将按钮变成跟普通文字一样，这种效果在网页上也随处可见。

跟普通的表单一样，定义<form>、<input>等标记，并设置相应的类型，以便通过 CSS 控制其样式，语法如下：

```
<body>
<form method="post">
    请输入您的信息: <input type="text" name="name" id="name" class="txt">
    <input type="submit" name="btnSubmit" id="btnSubmit"
      value="Submit>>" class="btn">
</form>
</body>
```

输入上述代码后，页面显示效果如图 3-23 所示，与普通的表单完全一样，一个待输入的输入框加上一个提交按钮。

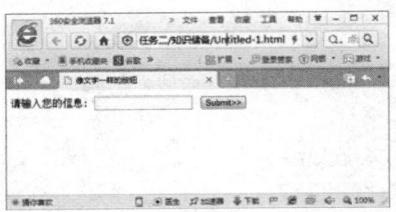

图 3-23　普通表单

然后给表单的元素添加 CSS 样式，关键在于将按钮的背景颜色设置为透明，即"transparent"，这样，无论页面 body 的背景颜色如何修改，按钮的背景色都会发生相应的变化。接下来，将按钮的边框设置为 0。

【例 3-6】相关的代码如下：

```
<style>
<!--
body {
    background-color:#daeeff;              /* 页面背景色 */
}
form {
    margin:0px; padding:0px;
    font:14px;
}
input {
    font:14px Arial;
}
.txt {
    border-bottom:1px solid #005aa7;    /* 下划线效果 */
    color:#005aa7;
    border-top:0px; border-left:0px;
    border-right:0px;
```

```
    background-color:transparent;          /* 背景色透明 */
}
.btn {
    background-color:transparent;          /* 背景色透明 */
    border:0px;                            /* 取消边框*/
}
-->
</style>
```

在设置按钮和文本框的背景色为透明之后，两者都会将自己的背景调整为跟页面背景色相一致，再配合文本框的下划线效果，按钮就显得十分自然了，如图 3-24 所示。

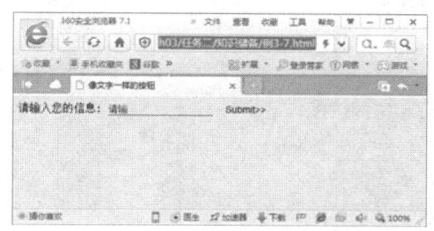

图 3-24　按钮的效果(像文字一样的按钮)

📖 **操作技巧：**　这种将按钮隐藏的思想与采用<table>标记对页面排版的思路是类似的，都是将元素的边框隐藏，从而直接利用其内容的特性。

3. 七彩的下拉菜单

CSS 不仅可以控制下拉菜单的整体字体和边框等，对于下拉菜单中的每一个选项，同样可以设置背景色和文字颜色。当下拉选项很多，必须加以进一步分类的时候，这种方法十分奏效，对于选择颜色更是得心应手。

首先建立相关的 HTML 部分，包括表单、下拉菜单、各个选项和按钮等，并且为每一个下拉选项指定一个相应的 CSS 类型：

```
<form method="post">
    <p>
    <label for="color">请选择您喜欢的颜色:</label>
    <select name="color" id="color">
        <option value="">选择一种</option>
        <option value="blue" class="blue">蓝</option>
        <option value="red" class="red">红</option>
        <option value="green" class="green">绿</option>
        <option value="yellow" class="yellow">黄</option>
        <option value="cyan" class="cyan">青</option>
        <option value="purple" class="purple">紫</option>
    </select></p>
    <p><input type="submit" name="btnSubmit" id="btnSubmit"
        value="Send!"></p>
</form>
```

此时，与普通下拉菜单一样，所有选项显示相同的颜色风格，如图 3-25 所示。

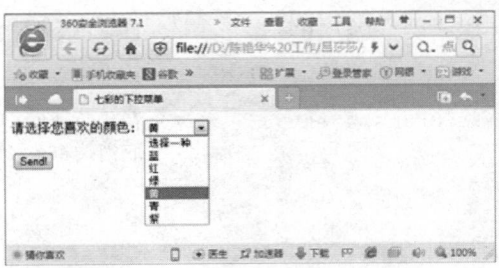

图 3-25　下拉菜单

然后，每一个下拉选项都添加相应的 CSS 样式，主要是文字颜色和背景颜色的设置。

【例 3-7】代码如下：

```
.blue {
    background-color:#7598FB;
    color:#000000;
}
.red {
    background-color:#E20A0A;
    color:#ffffff;
} .
.green {
    background-color:#3CB371;
    color:#ffffff;
}
.yellow {
    background-color:#FFFF6F;
    color: #000000;
}
.cyan{
    background-color:00FFFF;
    color:#000000;
}
.purple {
    background-color:800080;
    color:#FFFFFF;
}
```

通过为每一个下拉菜单都设置 CSS 样式后，各个选项的背景颜色都变成了其文字所描述的颜色本身，而文字颜色则选取与背景色有一定反差的色彩，以便浏览。实例的最终效果如图 3-26 所示。

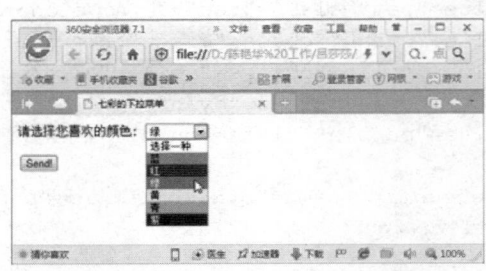

图 3-26　下拉菜单的最终效果

任务实践

叶凡使用 CSS 的表单设计功能制作娱乐调查表，具体操作步骤如下。

(1)　构建网页的基本结构，设计一个表单，包含两个单行文本框和一个多行文本框，分别用来接收年龄、喜欢的明星，以及喜欢的理由：

```
<body>
<form id="myform" class="rounded" method="post" action="">
    <h3>娱乐新闻大调查</h3>
    <div class="field">
        <label for="name">您的年龄是:</label>
        <input type="text" class="input" name="name" id="name" />
    </div>
    <div class="field">
        <label for="email">喜欢的娱乐名星:</label>
        <input type="text" class="input" name="email" id="email" />
    </div>
    <div class="field">
        <label for="message">喜欢的理由:</label>
        <textarea class="input textarea" name="message" id="message">
        </textarea>
    </div>
    <input type="submit" name="Submit"  class="button" value="提交" />
</form>
</body>
```

此时没有设置 CSS 样式，其显示效果如图 3-27 所示。

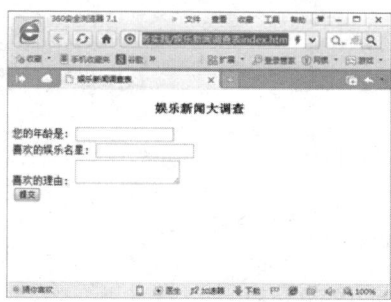

图 3-27　构建表单的结构

(2)　定义表单的样式：

```
#myform {
    width: 500px;
    padding: 20px;
    background: #f0f0f0;
    overflow: auto;
    border: 1px solid #cccccc;
    -moz-border-radius: 7px;
    -webkit-border-radius: 7px;
    border-radius: 7px;
```

```
    -moz-box-shadow: 2px 2px 2px #cccccc;        /*边框阴影 */
    -webkit-box-shadow: 2px 2px 2px #cccccc;
    box-shadow: 2px 2px 2px #cccccc;
}
div {
    margin-bottom: 5px;
}
```

以上代码中，首先设置了表单宽度为 500px，然后定义了背景色、补白，并添加了深色边框线，为表单框定义了阴影效果，此时的显示效果如图 3-28 所示。

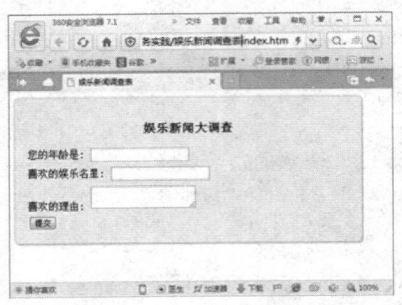

图 3-28　设置表单的样式

(3) 定义表单的标签和文本框样式：

```
label {
    font-family: Arial, Verdana;
    text-shadow: 2px 2px 2px #ccc;
    display: block;
    float: left;
    font-weight: bold;
    margin-right:10px;
    text-align: right;
    width: 160px;
    line-height: 25px;
    font-size: 15px;
}
.input {
    font-family: Arial, Verdana;
    font-size: 15px;
    padding: 5px;
    border: 1px solid #b9bdc1;
    width: 260px;
    color: #797979;
}
```

在以上的代码中，首先定义了<label>标签样式和<input>标签样式，主要设置标签浮动显示，以便与右侧的文本框同行显示。

通过 line-height 属性定义文本垂直居中，使用 text-shadow 属性添加文本阴影效果。此时，网页的显示效果如图 3-29 所示。

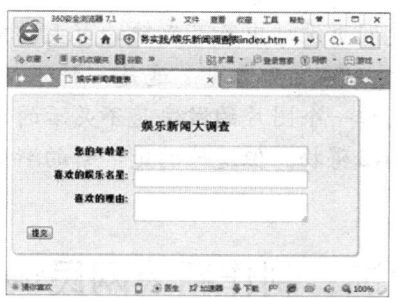

图 3-29 设置标签和文本框的样式

(4) 设计圆角按钮的样式:

```
.button {
    float: right;
    margin:10px 55px 10px 0;
    font-weight: bold;
    line-height: 1;
    padding: 6px 10px;
    cursor:pointer;
    color: #fff;
    text-align: center;
    text-shadow: 0 -1px 1px #64799e;
    background: #a5b8da;
    background: -moz-linear-gradient(top, #a5b8da 0%, #7089b3 100%);
    background: -webkit-gradient(linear, 0% 0%, 0% 100%, from(#a5b8da),
to(#7089b3));
    border: 1px solid #5c6f91;
    -moz-border-radius: 10px;
    -webkit-border-radius: 10px;
    border-radius: 10px;
    -moz-box-shadow: inset 0 1px 0 0 #aec3e5;      /* 阴影 */
    -webkit-box-shadow: inset 0 1px 0 0 #aec3e5;
    box-shadow: inset 0 1px 0 0 #aec3e5;
}
```

在上面的代码中,使用 text-shadow 属性定义文本阴影,使用 border-radius 属性定义圆角效果,同时使用 background 属性定义渐变背景色,以上 3 个属性都是 CSS 3 新添加的功能。最终效果如图 3-30 所示。

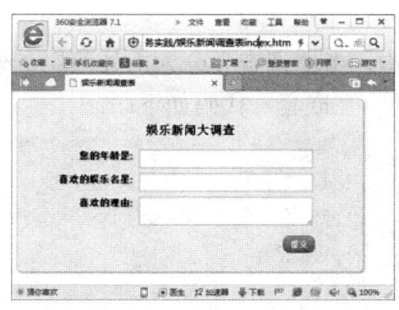

图 3-30 设置圆角按钮的效果

🐛 **拓展提高**：渐变背景是网页设计中不可或缺的审美元素。一直以来，网页设计师必须依赖现成的图片来实现，这是一种笨拙的方法，为了显示一个渐变面，专门制作一个图片的做法是不灵活的，而且很快会成为视觉优化、网页升级的阻碍物。但遗憾的是，新的渐变方式并不是所有浏览器都能够支持。

上机实训：制作新浪网民调查问卷

实训背景

门户网站上的新闻和事实往往都伴随着各种各样的调查问卷，包括事实的评论、舆论的反馈和事态的预测等。这些调整问卷都离不开表格与表单的配合。叶凡作为新浪网站的网页设计师，接到主管分派的任务，需要制作一个网民调查问卷。要求输入调查问题，并提交内容，如图 3-31 所示。

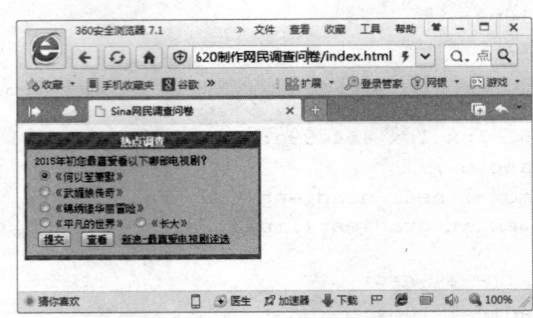

图 3-31　新浪网民调查问卷的效果

实训内容和要求

由于表单主要负责把用户信息传递给服务器，实现数据的动态交互，同时，表单提供了更具亲和力的用户体验、更人性化的交互设计，更便于设计新浪网民调查问卷界面，因此，叶凡决定使用表单来完成此次上机实训。

实训步骤

(1)　建立 HTML 框架结构，考虑调查卷分为内外两层，外层为橘红色，内层为新浪的标识色黄色，因此采用表格的相互嵌套，代码如下：

```html
<body>
<table class="outside">
   <tr><td class="title">热点调查</td></tr>
   <tr><td class="tdoutside">
      <form method="post">
      <table class="inside" cellspacing="0">
         <tr>
```

```
        <td class="tdinside">
        2015年初您最喜爱看以下哪部电视剧？<br>
        <input type="radio" name="q_498" value="2749">
        《何以笙箫默》<br>
        <input type="radio" name="q_498" value="2750">
        《武媚娘传奇》<br>
        <input type="radio" name="q_498" value="2751">
        《锦绣缘华丽冒险》<br>
        <input type="radio" name="q_498" value="2752">
        《平凡的世界》
        <input type="radio" name="q_498" value="2753">
        《长大》<br>
        <input type="submit" value="提交">
        <input type="button" name="viewresult" value="查看">
        <a href="#">新浪-最喜爱电视剧评选</a>
        </td>
    </tr>
    </table>
    </form>
  </td></tr>
</table>
</body>
```

在外层表格中设置标题"热点调查"，内层表格则是具体的表单，同时给内外表格以及单元格都设置 CSS 类别，此时的效果如图 3-32 所示。

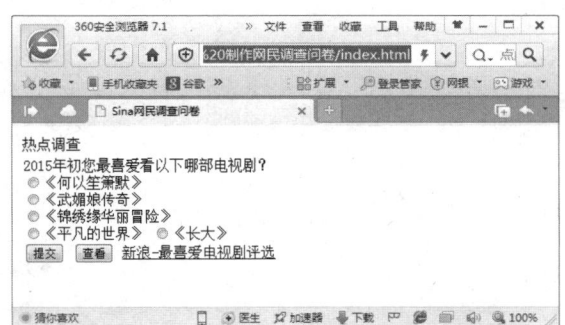

图 3-32　调查表的框架

(2)　构建外层表格，代码如下：

```
table.outside {                    /* 外层表格 */
    background:url(bg1.jpg);
    font-size:12px;
    padding:0px;
}
td.title {                         /* 表格标题 */
    color:#FFFFFF;
    font-weight:bold;
    text-align:center;
    padding-top:3px;
```

```
    padding-bottom:0px;
}
td.tdoutside {
    padding:0px 1px 4px 1px;
}
```

显示效果如图 3-33 所示。

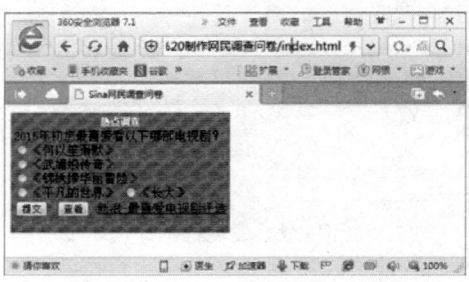

图 3-33　外层表格的效果

(3)　调整内部表格的样式，包括文字样式、背景颜色、表单的按钮和单选项，具体代码如下：

```
table.inside {                    /* 内层表格 */
    width:269px;
    font-size:12px;
    padding:0px;
    margin:0px;
}
td.tdinside {
    padding:7px 0px 7px 10px;
    background-color:#FFD455;
}
form {
    margin:0px; padding:0px;
}
input {
    font-size:12px;
}
```

显示效果如图 3-34 所示。

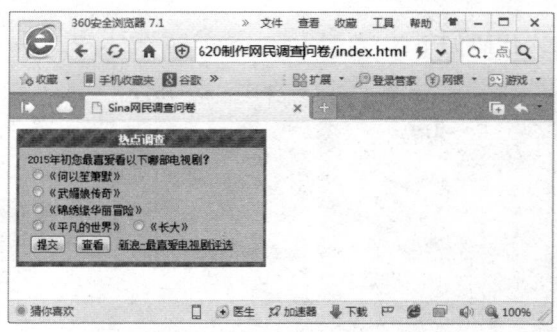

图 3-34　内层表格的效果

(4) 调整"查看"按钮后的超链接的样式属性，代码如下：

```
a {
    color:#000000;
    text-decoration:underline;
}
```

这样，一个新浪网民调查问卷制作完毕，效果如图 3-35 所示。

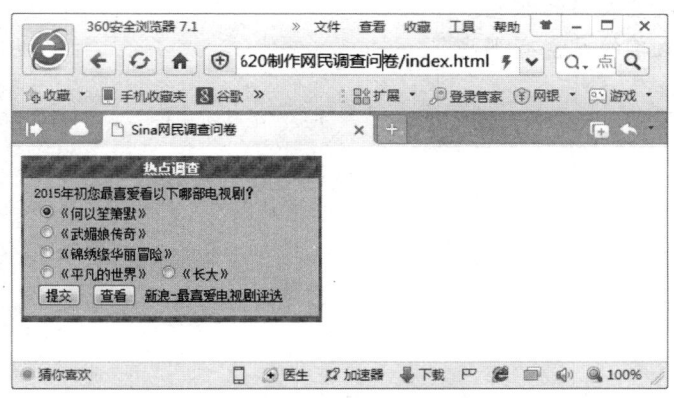

图 3-35　新浪网民调查问卷

实训素材

实例文件位于"案例文件\项目三\上机实训：制作新浪网民调查问卷"。

习　　题

一、填空题

1. 表格颜色的设置十分简单，与文字颜色的设置完全一样，通过_____属性设置表格中文字的颜色，通过_____属性设置表格的背景颜色。

2. 在 CSS 中设置边框是通过_____属性来完成的。

3. 常用的标签主要包括_____、_____、_____、_____和_____等几个标记。

4. 表格(<table>标记)在最初 HTML 设计时，仅仅是用于存放_____。

5. <caption>标记还有专用的属性_____，用于调整表格标题的位置。

二、选择题

1. <table>标记中的 bordercolor 属性可以用来设置表格边框的颜色，它的值跟普通颜色的设置一样，采用十六进制颜色(　　　)模式。

    A. RGB　　　　　　B. BRD　　　　　　C. RBG　　　　　　D. RGB

2. 下面(　　　)属于表单元素。

    A. 输入框　　　　　B. 文本框　　　　　C. 单选项　　　　　D. 下拉菜单

3. 输入控件在表单中使用比较频繁，主要使用( )标签，然后通过 type 属性指定输入控件的类型。

      A. <input>   B. <output>   C. <in>   D. <out>

三、问答题

1. 简述如何设置表格中的标记。
2. 简述如何设置表格的颜色。
3. 简述设置表单的元素有哪些。

项目四

使用 CSS 控制列表样式和定义链接

1. 项目要点

(1) 设计百度导航条。

(2) 设计美食图片欣赏网页。

2. 引言

列表样式和超链接是网页设计必不缺少的环节。在本项目中，通过一个项目导入、两个工作任务、一个任务实训，向读者展示设计导航菜单以及超链接带来的页面转向效果。

3. 项目导入

苹果系列大部分产品的设计都是画龙点睛之笔。简洁、优雅、圆润的设计风格将产品本身的结构升华为一种装饰。周藏作为网页设计师，因公司需求，需要制作一个虚拟的苹果网页导航菜单，如图 4-1 所示。

图 4-1　苹果网页的导航菜单

制作苹果网页导航菜单的操作步骤如下。

(1) 构建网页的基本结构。先构建一个无序的列表结构，代码如下：

```
<body>
<div id="nav">
    <ul>
        <li class="n01"><a href="#">index</a></li>
        <li class="n02"><a href="#">Store</a></li>
        <li class="n03"><a href="#">Mac</a></li>
        <li class="n04"><a href="#">iPod + iTunes</a></li>
        <li class="n05"><a href="#">iPhone</a></li>
        <li class="n06"><a href="#">Downloads</a></li>
    </ul>
</div>
</body>
```

此时没有设置 CSS 样式的显示效果如图 4-2 所示。

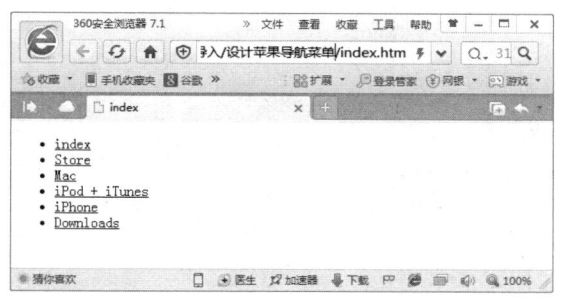

图 4-2 无序的列表结构

（2）设置标签的默认样式，代码如下，设置了 html 和 body 的样式，然后统一用标签的样式，将它们的边界都设置为 0，并清除列表结构的项目符号：

```
html, body {
    height:100%;
    background:#fff;
}
body {
    font:12px "宋体", Arial, sans-serif;
    color:#333;
}
body, form, menu, dir, fieldset, blockquote, p, pre, ul, ol, dl, dd, h1,
h2, h3, h4, h5, h6 {
    padding:0;
    margin:0;
}
ul, ol, dl {
    list-style:none;
}
```

此时的显示效果如图 4-3 所示。

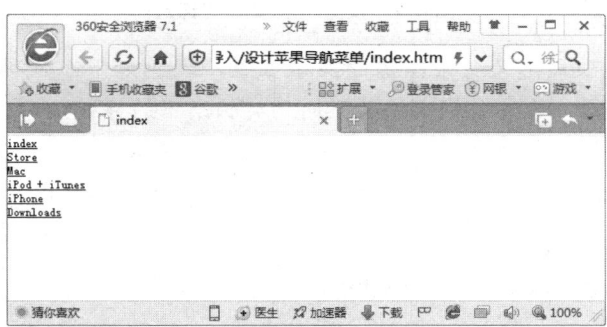

图 4-3 设置标签的默认样式

（3）定义导航菜单样式，代码如下，首先定义了导航菜单包含框样式，定义固定宽度和高度，设置背景图，通过 overflow:hidden 声明隐藏超出区域的内容。设置列表项目和锚点浮动显示，实现并列显示，设置 display 为块显示，同时为锚点设置背景，通过 text-indent 属性隐藏文字：

```
#nav {
    width:490px;
    height:38px;
    margin:15px 0 0 10px;
    overflow:hidden;
    background:url(images/globalnavbg.png) no-repeat;
}
#nav li, #nav li a {
    float:left;
    display:block;
    width:117px;
    height:38px;
    background:#fff;
}
#nav li a {
    width:100%;
    text-indent:-9999px;
    background:url(images/globalnavbg.png) no-repeat 0 0;
}
```

此时的显示效果如图 4-4 所示。

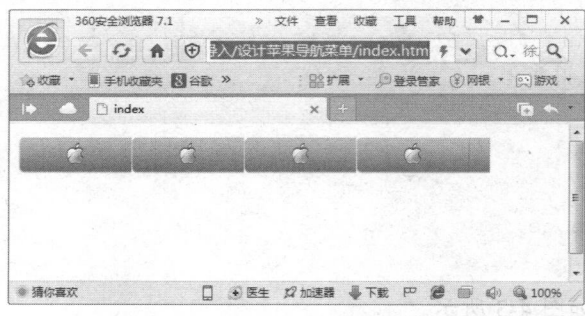

图 4-4　设置导航菜单的样式

(4)　为每个列表项目定义背景图像的显示位置，代码如下，代码中定义了 6 个样式类，并利用包含选择器，为每个锚点定义不同伪类状态下的样式：

```
#nav .n01 {
    width:118px;
}
#nav .n01 a:visited {
    background-position:0 -114px;
}
#nav .n01 a:hover {
    background-position:0 -38px;
}
#nav .n01 a:active {
    background-position:0 -76px;
}
#nav .n02 a:link {
```

```
        background-position:-118px 0;
}
#nav .n02 a:visited {
        background-position:-118px -114px;
}
#nav .n02 a:hover {
        background-position:-118px -38px;
}
#nav .n02 a:active {
        background-position:-118px -76px;
}
#nav .n03 a:link {
        background-position:-235px 0;
}
#nav .n03 a:visited {
        background-position:-235px -114px;
}
#nav .n03 a:hover {
        background-position:-235px -38px;
}
#nav .n03 a:active {
        background-position:-235px -76px;
}
#nav .n04 a:link {
        background-position:-352px 0;
}
#nav .n04 a:visited {
        background-position:-352px -114px;
}
#nav .n04 a:hover {
        background-position:-352px -38px;
}
#nav .n04 a:active {
        background-position:-352px -76px;
}
#nav .n05 a:link {
        background-position:-469px 0;
}
#nav .n05 a:visited {
        background-position:-469px -114px;
}
#nav .n05 a:hover {
        background-position:-469px -38px;
}
#nav .n05 a:active {
        background-position:-469px -76px;
}
#nav .n06 a:link {
        background-position:-586px 0;
}
```

```
#nav .n06 a:visited {
    background-position:-586px -114px;
}
#nav .n06 a:hover {
    background-position:-586px -38px;
}
#nav .n06 a:active {
    background-position:-586px -76px;
}
```

此时的显示效果如图 4-5 所示。

图 4-5　定位背景图像的效果

拓展提高： 在以用户体验为中心的网页设计时代，用户会因为打开网页速度太慢而关闭网页。将网页提速有很多方法，其中一种就是减少 HTTP 请求。每一个网站都会用到图片，当一个网站有 10 张单独的图片时，就会意味着在浏览网站时会向服务器提出 10 次 HTTP 请求来加载到图片。在 CSS 设计中，一般通过使用 CSS Sprites 技巧来减少图片请求，该方法也被称为 CSS 精灵。

4. 项目分析

由于作为一个网站，导航菜单是不可缺少的。CSS 可设置的列表样式包括各种无序列表、有序列表符号和编号等，通过设置各种样式，可以形成导航列表。因此，可以使用 CSS 的设置列表功能来完成制作导航菜单的任务。

5. 能力目标

(1) 学习设计苹果网页导航菜单的制作方法。

(2) 学习设计百度导航条的制作方法。

(3) 学习设计美食图片欣赏页面的制作方法。

(4) 学习设计网页 Tab 菜单的制作方法。

6. 知识目标

(1) 掌握列表项目符号、定义项目图片符号、无需表格的菜单、列表的横竖转换。

(2) 掌握超链接样式、设计下划线样式、定义按钮的样式、定义链接提示的样式。

任务一：设计百度导航条

知识储备

1. 设置列表项目符号

在 CSS 中，使用 list-style-type 属性来定义列表的项目符号，具体用法如下：

```
list-style-type: disc|circle|square|decimal|lower-roman|upper-roman
  |lower-alpha|upper-alpha|none|armenian|cik-ideographic|georgian
  |lower-greek|Hebrew|hiragana|hiragana-iroha|katakana
  |katakana-iroha|lower-latin|upper-latin
```

该属性的参数说明如表 4-1 所示。

表 4-1 list-style-type 属性的参数及其显示效果

列表类型	参 数	显示效果
无序列表	disc	实心圆
无序列表	circle	空心圆
无序列表	square	正方形
有序列表	decimal	阿拉伯数字 1，2，3，4，...
有序列表	upper-alpha	A，B，C，D，...
有序列表	lower-alpha	a，b，c，d，...
有序列表	upper-roman	I，II，III，IV，...
有序列表	lower-roman	i，ii，iii，iv，...
无序列表、有序列表	none	不显示任何符号

【例 4-1】实心列表的代码如下：

```
<html>
<head>
<title>项目列表</title>
<style>
<!--
body {
    background-color:#c1daff;
}
ul {
    font-size:0.9em;
    color:#00458c;
}
-->
</style>
</head>
<body>
<p>水果家族</p>
```

```
<ul>
    <li>banana 香蕉</li>
    <li>pitaya 火龙果</li>
    <li>apple 苹果</li>
    <li>grapes 葡萄</li>
    <li>graperfruit 柚子</li>
    <li>raisins 提子</li>
</ul>
</body>
</html>
```

显示效果如图 4-6 所示。

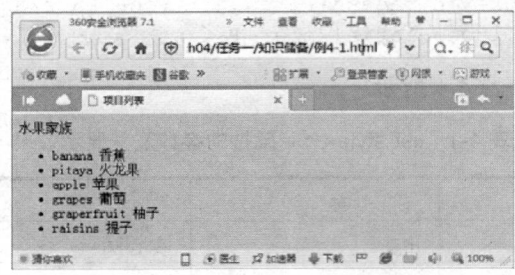

图 4-6　实心项目编号

在 CSS 项目列表的编号是通过属性 list-style-type 来修改的，默认为 disc，即实心的。无论是<ul>标记还是<ol>，都可以使用相同的属性值，而效果是完全相同的。例如在上例中，修改<ul>标记的样式为：

```
ul {
    font-size:0.9em;
    color:#00458c;
    list-style-type:decimal;          /* 项目编号 */
}
```

此时，项目列表将按照十进制编号显示，这本身是<ol>标记的功能。换句话说，在 CSS 中，<ul>标记与<ol>标记的界线并不明显，只要利用 list-style-type 属性，二者就可通用，显示效果如图 4-7 所示。

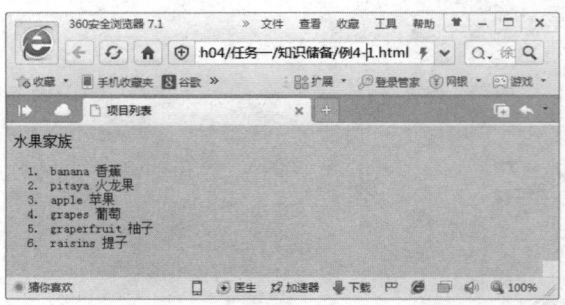

图 4-7　阿拉伯数字项目编号

 拓展提高：当给<ul>或者<ol>标记设置 list-style-type 属性时，在它们中间的所有

<li>标记都采用该设置，而如果对<li>标记单独设置 list-style-type 属性，则仅仅作用在该条项目上。

【例 4-2】代码如下：

```
<html>
<head>
<title>项目列表</title>
<style>
<!--
body {
    background-color:#c1daff;
}
ul {
    font-size:0.9em;
    color:#00458c;
    list-style-type:decimal;          /* 项目编号 */
}
li.special {
    list-style-type:circle;
}
-->
</style>
</head>
<body>
<p>水果家族</p>
<ul>
    <li>banana 香蕉</li>
    <li>pitaya 火龙果</li>
    <li class="special">apple 苹果</li>
    <li>grapes 葡萄</li>
    <li>graperfruit 柚子</li>
    <li>raisins 提子</li>
</ul>
</body>
</html>
```

显示效果如图 4-8 所示，可以看到，"apple 苹果"项目的编号变成了空心圆，但是并没有影响其他编号，例如"葡萄"的编号仍然是数字 4。

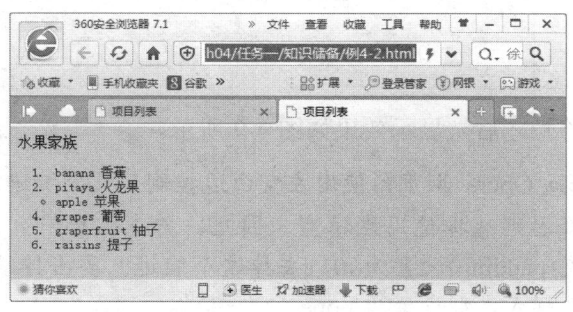

图 4-8　单独设置<li>标记

2. 定义项目图片的符号

CSS 使用 list-style-image 属性来定义项目的图片符号样式，用法如下：

```
list-style-image: none|url(url)
```

其作用给列表添加项目图片，其中，url 是图片的路径，可以是绝对路径，也可以是相对路径。

【例 4-3】项目的图片符号代码如下：

```
<html>
<head>
<title>图片符号</title>
<style>
<!--
body {
    background-color:#c1daff;
}
ul {
    font-family:Arial;
    font-size:13px;
    color:#00458c;
    list-style-image:url(icon1.jpg);    /* 图片符号 */
}
-->
</style>
</head>

<body>
<p>自行车</p>
<ul>
    <li>Road cycling 公路自行车赛</li>
    <li>Track cycling 场地自行车赛</li>
    <li>sprint 追逐赛</li>
    <li>time trial 计时赛</li>
    <li>points race 计分赛</li>
    <li>pursuit 争先赛</li>
    <li>Mountain bike 山地自行车赛</li>
</ul>
</body>
</html>
```

定义了项目图片符号之后，显示效果如图 4-9 所示。

🔧 **拓展提高**：IE 和 Opera 浏览器使用左空白边控制列表的缩进，而 Safari 和 Firefox 浏览器则选择使用左填空。因此，首先需要针列表的空白边(margin)和填充(padding)设置为 0，去掉这个缩进。要去掉默认的符号，只需要将列表样式类型设置为 none。

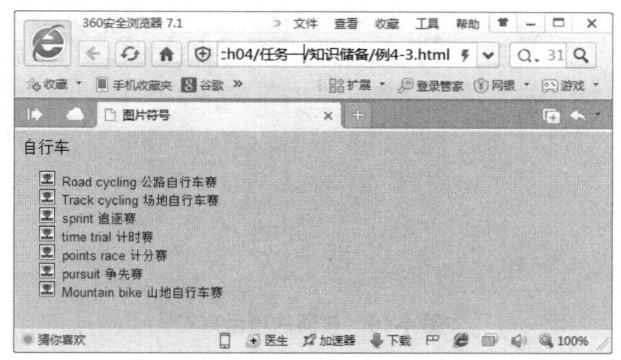

图 4-9　项目的图片符号

3. 无序表格的菜单

当项目列表的项目符号设置 list-style-type 属性为 none 时，制作各式各样的菜单或导航条便成为项目列表最大的用处之一，通过各种 CSS 属性变换，可以实现很多意想不到的导航菜单。

首先建立 HTML 结构，将菜单的各个项用项目列表<ul>来表示，同时设置页面的背景颜色。

【例 4-4】代码如下：

```
<html>
<head>
<title>无需表格的菜单</title>
<style>
<!--
body {
    background-color:#ffdee0;
}
-->
</style>
</head>

<body>
<div id="navigation">
    <ul>
        <li><a href="#">Home</a></li>
        <li><a href="#">My Blog</a></li>
        <li><a href="#">Friends</a></li>
        <li><a href="#">Next Station</a></li>
        <li><a href="#">Contact Me</a></li>
    </ul>
</div>
</body>
</html>
```

此时，页面的显示效果如图 4-10 所示，仅仅是最普通的项目列表。

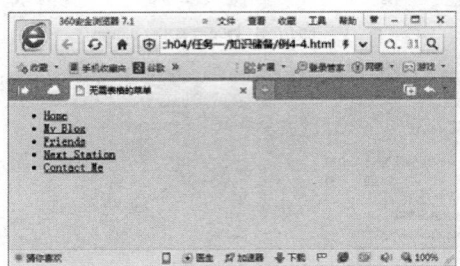

图 4-10　普通的项目列表

设置整个<div>块的宽度为固定像素，并设置文字的字体。设置项目列表<ul>的属性，将项目符号设置为不显示：

```
#navigation {
    width:200px;
    font-family:Arial;
}
#navigation ul {
    list-style-type:none;                   /* 不显示项目符号 */
    margin:0px;
    padding:0px;
}
```

进行了以上的设置后，项目列表便显示为普通的超链接列表，如图 4-11 所示。

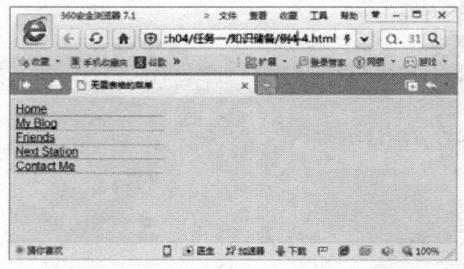

图 4-11　显示为超链接列表

接下来，为<li>添加下划线，以分割各个超链接，并对超链接<a>标记进行整体设置：

```
#navigation li {
    border-bottom:1px solid #ED9F9F;      /* 添加下划线 */
}
#navigation li a{
    display:block;                         /* 区块显示 */
    padding:5px 5px 5px 0.5em;
    text-decoration:none;
    border-left:12px solid #711515;       /* 左边的粗红边 */
    border-right:1px solid #711515;       /* 右侧阴影 */
}
```

此时的显示效果如图 4-12 所示。

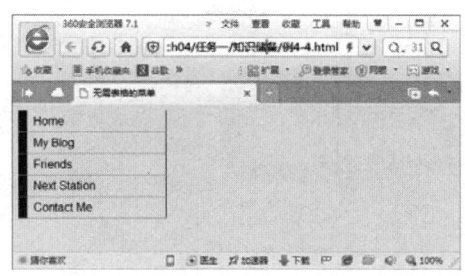

图 4-12 区块设置

知识链接： 以上代码中需要特别说明的是"displayblock;"语句，通过该语句，超链接被设置成了块元素，当鼠标进入该块的任何部分时都会被激活，而不是仅仅在文字上方时才被激活。

最后设置超链接的 3 个伪属性，以实现动态菜单的效果，代码如下：

```
#navigation li a:link, #navigation li a:visited {
    background-color:#c11136;
    color:#FFFFFF;
}
#navigation li a:hover {                    /* 鼠标经过时 */
    background-color:#990020;               /* 改变背景色 */
    color:#ffff00;                          /* 改变文字颜色 */
}
```

最终的效果如图 4-13 所示。

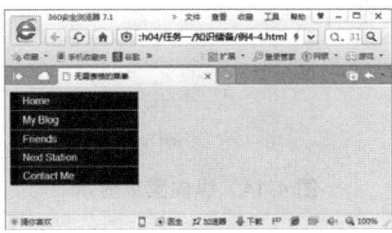

图 4-13 导航菜单

4．列表的横竖转换

CSS 定义的<ul>标签中的列表项默认是竖向显示的，但有时候，需要列表项横向显示，通过 CSS 的控制，可以轻松实现项目列表的横竖转换。

首先建立一个与例 4-4 完全相同的 HTML 项目列表结构，将菜单的各个项用项目列表<ul>表示，同时设置页面的背景颜色。接着设置项目列表<ul>属性，将项目符号设置为不显示，并在<div>标记中设置字体。与例 4-4 不同的是，这里不需要设置块的宽度，具体如例 4-5 所示。

【例 4-5】代码如下：

```
<html>
<head>
```

```
<title>菜单的横竖转换</title>
<style>
<!--
body {
    background-color:#ffdee0;
-->
</style>
</head>
<body>
<div id="navigation">
    <ul>
        <li><a href="#">Home</a></li>
        <li><a href="#">My Blog</a></li>
        <li><a href="#">Friends</a></li>
        <li><a href="#">Next Station</a></li>
        <li><a href="#">Contact Me</a></li>
    </ul>
</div>
</body>
</html>
```

此时的页面效果如图 4-14 所示，依旧是普通的项目列表。

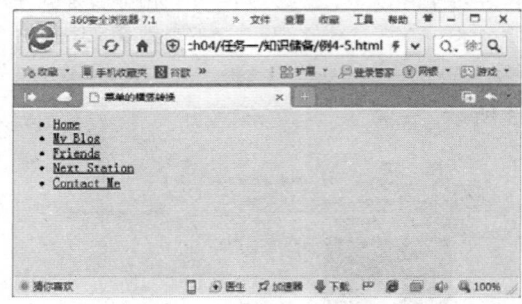

图 4-14　纵向菜单显示

设置<li>的 float 属性，使得各个项目都水平显示，并且跟例 4-4 一样，设置<a>的相应属性：

```
#navigation li {
    float:left;                        /* 水平显示各个项目 */
}
#navigation li a {
    display:block;                     /* 区块显示 */
    padding:3px 6px 3px 6px;
    text-decoration:none;
    border:1px solid #711515;
    margin:2px;
}
```

通过设置<li>的浮动属性 float 后，项目按水平方向排列到了一起，如图 4-15 所示。

图 4-15 水平排列各项目

最后按照同样的方法，设置超链接<a>的伪类别属性，与例 4-4 中相应的设置完全一样，便得到了最终的水平菜单效果：

```
<style>
<!--
body {
    background-color:#ffdee0;
}
#navigation {
    font-family:Arial;
}
#navigation ul {
    list-style-type:none;              /* 不显示项目符号 */
    margin:0px;
    padding:0px;
}
#navigation li {
    float:left;                        /* 水平显示各个项目 */
}
#navigation li a{
    display:block;                     /* 区块显示 */
    padding:3px 6px 3px 6px;
    text-decoration:none;
    border:1px solid #711515;
    margin:2px;
}
#navigation li a:link, #navigation li a:visited {
    background-color:#c11136;
    color:#FFFFFF;
}
#navigation li a:hover {               /* 鼠标经过时 */
    background-color:#990020;          /* 改变背景色 */
    color:#ffff00;                     /* 改变文字颜色 */
}
-->
</style>
```

显示效果如图 4-16 所示。

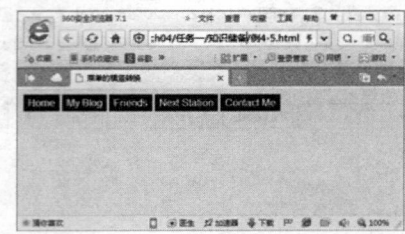

图 4-16　横向菜单显示

操作技巧： 采用项目列表制作水平菜单时，如果没有设置\<ul\>标记(或者\<ol\>标记)的宽度 width 属性，那么当浏览器的宽度缩小时，菜单会自动换行。这是采用\<table\>标记制作菜单所无法实现的，也被经常加以活用，实现各种变换效果。

任务实践

周薇使用 CSS 列表样式，制作百度导航条，具体的操作步骤如下。

(1) 首先搭建整体的 HTML 框架，包括上方中央的 Logo、导航的项目列表、下方的搜索输入框和按钮等，并加入简单的字体控制：

```
<html>
<head>
<title>百度——全球最大中文搜索引擎</title>
<style type="text/css">
td,p {font-size:12px;}
p {width:600px; margin:0px; padding:0px;}
.ff {font-family:Verdana; font-size:16px;}
</style>
</head>
<body>
<center><br><img src="logo.gif"><br><br><br><br>
<div id="navigation">
<ul>
    <li id="h"></li>
    <li><a href="#">资 讯</a></li>
    <li class="current">网 页</li>
    <li><a href="#">贴 吧</a></li>
    <li><a href="#">知 道</a></li>
    <li><a href="#">MP3</a></li>
    <li><a href="#">图 片</a></li>
    <li id="more"><a href="#">更 多 &gt;&gt;</a></li>
</ul>
</div>
<p style="height:44px;"> </p>
<table width="600" border="0" cellpadding="0" cellspacing="0">
    <tr>
```

```
    <td width="92"></td>
    <td><form><input type="text" name="wd" class="ff" size="35">
    <input type="submit" value="百度搜索"></form></td>
    <td width="92" valign="top">
     <a href="#">搜索帮助</a><br><a href="#">高级搜索</a>
    </td>
    </tr>
</table>
</center>
</body>
</html>
```

以上的导航部分与本知识储备的其他实例完全类似，都采用最简单的项目列表，此时的页面效果如图 4-17 所示，初步的框架效果已经出来了。

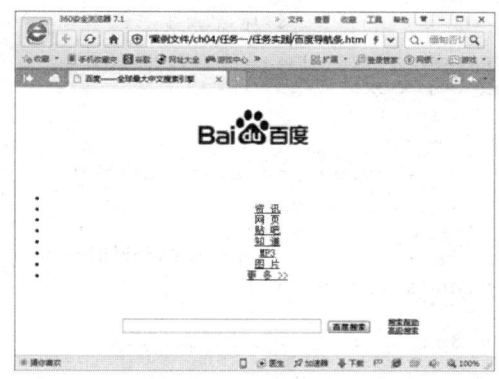

图 4-17　页面框架效果

（2）修改项目列表的相关样式，使得所有项目按水平方向排列，同时设定整个 #navigation 块的属性，以固定宽度和下划线等：

```
#navigation {
    margin:0px auto;
    font-size:12px;
    padding:0px;
    border-bottom:1px solid #00c;
    background:#eee;
    width:600px;height:18px;
}
#navigation li {
    float:left;                    /* 水平菜单 */
    list-style-type:none;          /* 不显示项目符号 */
    margin:0px;padding:0px;
    width:67px;
}
```

此时页面的显示效果如图 4-18 所示，页面的整体效果已经出来了，只在个别细节上还需要进一步修改。

图 4-18　导航项水平排列

(3)　最后，添加超链接<a>标记的 3 个伪属性，并且设置当前页面"网页"的样式，以及最前端的空间和最后一项"更多"的长度：

```
#navigation li a {
    display:block;                      /* 块显示 */
    text-decoration:none;
    padding:4px 0px 0px 0px;
    margin:0px;
}
#navigation li a:link, #navigation li a:visited {
    color:#0000CC;
}
#navigation li a:hover {                /* 鼠标经过时 */
    text-decoration:underline;
    background:#FFF;
    padding:4px 0px 0px 0px;
    margin:0px;
}
#navigation li#h {width:56px;height:18px;}      /* 左侧空间 */
#navigation li#more {width:85px;height:18px;}   /* "更多"按钮 */
#navigation .current {                          /* 当前页面所在 */
    background:#00C;
    color:#FFF;
    padding:4px 0px 0px 0px;
    margin:0px;
    font-weight:bold;
}
```

这样，百度的整个首页制作完成，最终效果如图 4-19 所示。

图 4-19　百度首页的效果

任务二：设计美食图片欣赏网页

知识储备

1. 设置链接样式

对链接来说，最容易使用的类型选择器。例如，以下规则将使所有链接显示为红色：

```
a {
    color:red;
}
```

但是，锚可以作为内部引用，也可以作为外部链接，所以，使用类型选择器的效果并不总是理想的。例如，下面的第一个锚包含了一处片段标识符，当用户单击这个锚时，页面将跳转到第二个锚的位置：

```
<p><a href="#mainComtent">跳转到标题位置</a></p>
<p><a name="mainContent"></a></p>
```

虽然只想让真正的链接变成红色，但是，标题的内容也变成了红色。为了避免这样的问题，CSS 提供了如下两个特殊选择器，即链接伪类选择器。

● :ink：该伪类选择器用来寻找没有被访问过的链接。
● :visited：该伪类选择器用来寻找被访问过的链接。

【例 4-6】在本例中定义两个样式，设置所有没有被访问过的链接为蓝色，所有被访问过的链接为绿色：

```
a:link {
    color:blue;
}
a:visited {
    color:green;
}
```

显示效果如图 4-20 所示。

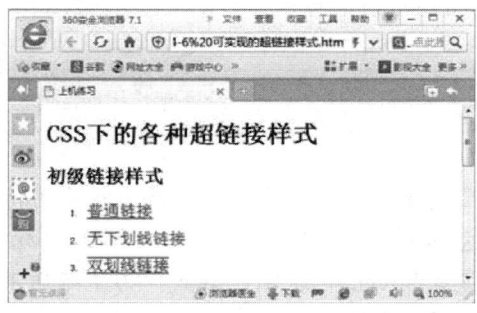

图 4-20　链接显示的效果

可以用来对链接应用样式的另外两个选择器是:hover 和:active 动态伪类选择器。

● :hover：该动态伪类选择器用来寻找鼠标停留处的元素。

● :active：该动态伪类选择器用来寻找被激活的元素。

在下面的实例中，当鼠标停留处在链接上或单击链接时，链接会变成蓝色(如图 4-21 所示)：

```
a:hover,a:active {
    color:blue;
}
```

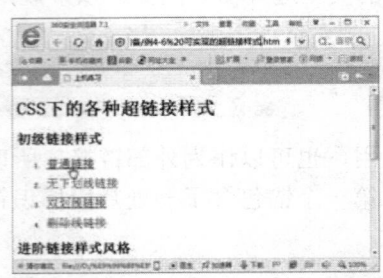

图 4-21　链接变成蓝色

很多设计师最初使用这些选择器的目的之一，是去掉链接的下划线，然后当鼠标停留处在链接上或单击链接时打开下划线。

实现的方法是将未访问和已访问的链接的 text-decoration 属性设置为 none，将鼠标停留和激活的链接的 text-decoration 属性设置为 underline：

```
a:link,a:visited {
    text-decoration:none;
}
a: hover,a: active {
    text-decoration: underline;
}
```

在上面的实例中，选择器的排列顺序是非常重要的，如果颠倒顺序，鼠标停留和激活样式就不起作用：

```
a:hover,a:active {                    /*改变选择器的排列顺序*/
    text-decoration:underline;
}
a:link,a:visited {                    /*改变选择器的排列顺序*/
    text-decoration:none;             /*不起作用的部分*/
}
```

🌏 **知识链接：** 这是由层叠造成的，当两个规则具有相同的特殊性时，后定义的规则优先。在这个实例中，两个规则具有相同的特殊性，所以:link 和:visited 样式将被覆盖:hover 和:active 样式。为了确保不会发生这种情况，最好按照下面的顺序应用链接样式：

```
a:link → a:visited → a:hover → a:active
```

2. 设计下划线样式

从易用性和可访问性的角度分析，通过颜色之外的某些方式让链接区别于其他内容是很重要的。这是因为有视觉障碍的人很难区分对比不强烈的颜色，尤其是在文本比较小的情况下。例如，有色盲症的人无法区分具有相似亮度或饱和度的某些颜色。因此，链接在默认情况下会加上下划线。

但是，设计人员往往不喜欢链接的下划线，因为下划线让页面看上去比较乱。如果想去掉链接的下划线，那么可以让链接显示为粗体。这样的话，可以使页面看起来没那么乱，而且链接仍然醒目：

```
a:link,a:visited {
    text-decoration:none;
    font-weight:bold;
}
```

当鼠标停留在链接上或激活链接时，可以重新应用下划线，从而增强其交互状态：

```
a:hover,a:active {
    text-decoration:underline;
}
```

但是，也可以使用边框创建不太影响美观的下划线。

【例 4-7】本例中，取消默认的下划线，将它替换为不太刺眼的点线，当鼠标停留在链接上或激活链接时，这条线变成实线，从而为用户提供视觉反馈：

```
a:link,a:visited {
    text-decoration: none;
    border-bottom: 1px dotted #000;
a:hover,a:active {
    border-bottom-style: solid;
}
```

使用图像创建链接下划线，可以产生非常有意思的效果。

例如，创建了一个非常简单的下划线图像，它由点线组成，可以使用以下代码将这个图像应用于链接(显示效果如图 4-22 所示)：

```
a:link,a:visited {
    color:#f00;
    font-weight:bold;
    text-decoration:none;
    background:url(images/dashed1.gif) left bottom repeat-x;
}
```

这种方式并不限于 link 和 visited 样式。

例如，下面为 hover 和 active 状态创建了一个 GIF 动画，然后通过 CSS 应用它：

```
a:hover,a:active {
    background:url(images/dashed1.gif)
}
```

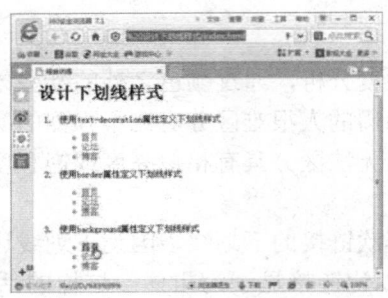

图 4-22　设置下划线样式

拓展提高： 当鼠标停留在链接上或激活链接时，点线从左到右滚动出现，这就产生了一种有意思的效果。并非所有浏览器都支持背景图像动画，但是不支持这个特性的浏览器常常会显示动画的第一帧，这确保效果在老式浏览器中可以平稳退化。当然，使用动画时要谨慎，因为它会对某些用户造成可访问性的问题。

3. 设置类型指示样式

在很多网站中，很难看出链接是指向网站中的另一个页面，还是指向另一个站点，读者也可能有过这样的经历，单击一个链接，期望浏览器转到当前站点上的另一个页面，却被带到了别处。为了解决这个问题，许多站点在新窗口中打开外部链接。但是，这不是好办法，因为它使用户失去了控制能力，而且这些多余的窗口可能会弄乱用户的桌面。

最好的解决办法就是让外部链接看起来不一样，让用户自己选择是离开当前站点，还是在新窗口或新的选项卡中打开这个链接。为此，可以在外链接的旁边添加一个小图标，而且离站链接的图标已经出现了一种形式：一个框加一箭头。实现这种效果的最简单的方法是在所有外部链接上加一个类，然后将图标作为背景图像应用。

【例 4-8】本例中，给链接设置少量的右填充，从而给图标留出空间，然后将图标作为背景图像，应用于链接的右上角(如图 4-23 所示)：

```
external {
    background: url(images/externalLink.gif) no-repeat right top;
    padding-right: 10px;
}
```

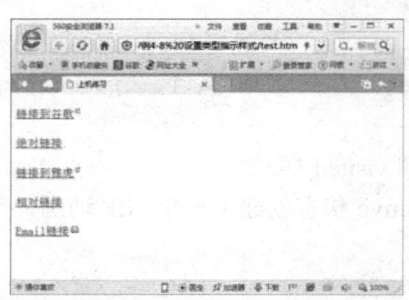

图 4-23　设置类型链接样式

🌐 **知识链接**：尽管这个方法是有效的，但是不够优雅，因为必须手动地在每个外部链接上添加类。使用属性选择器可以让CSS判断链接是否为外部链接。

属性选择器允许根据特定的属性是否存在或属性值来寻找元素。CSS 3 扩展了它的功能，提供了子字符串匹配属性选择器。顾名思义，这些选择器允许通过对属性值的一部分和指定的文本进行匹配来寻找元素。CSS 3 可能不被浏览器支持，所以使用这些高级选择器可能会使代码失效。但是，许多符合标准的浏览器(如 Firefox 和 Safari)已经支持这些 CSS 选择器了，所以，从最终规范中去掉它们的可能性是很小的。这种技术的工作方式是使用[att^=val]属性选择器寻找以文本"http:"开头的所有链接：

```
a[href^="http:"] {
    background: url(images/externalLink.gif) no-repeat right top;
    padding-right: 10px;
}
```

这应该会突出显示所有外部链接。但是也会选中使用绝对 URL 而不是相对 URL 的内部链接。为了避免这个问题，需要重新设置指向网站内部的所有链接，删除它们的外部链接图标。方法是匹配指向自己网域名的链接，删除外部链接图标，重新设置右填充：

```
a[href^="http://www.baidu.com"], a[href^="http://baidu.com"] {
    background-image: none;
    padding-right: 0;
}
```

🐾 **拓展提高**：大多数符合标准的浏览器都支持这种技术，而 IE 6.0 及更低版本的浏览器则会忽略它。

还可以扩展这种技术，如对邮件链接也进行突出显示。在下面的示例中，要在所有 mailto 链接上添加一个小的邮件图标：

```
a[href^="mailto:"] {
    background: url(images/email.png) no-repeat right top;
    padding-right: 15px;
}
```

甚至可以突出显示非标准的协议，如用小的图标突出显示：

```
a[href^="aim:"] {
    background: url(images/im.png) no-repeat right top;
    padding-right: 15px;
}
<a href="aim:gom?screenname=andybudd">链接内容</a>
```

突出显示下载的文档和提要时，另一种常见的情况是，单击一个链接，本以为会进入另一个页面，却开始下载一个 PDF 或 Word 文档。这种情况常常会扰乱用户的正常使用。幸运的是，CSS 也可以帮助区分这些类型的链接。这要使用[att$=val]属性选择器，它寻找以特定值(如.pdf 或.doc)结尾的属性：

```
a[href$=".pdf "] {
```

```
    background: url(images/PdfLink.gif) no-repeat right top;
    padding-right: 10px;
}
a[href$=".doc "] {
    background: url(images/wrdLink.gif) no-repeat right top;
    padding-right: 10px;
}
```

📖 **知识链接：** 可以采用与前面实例相似的方式，用不同的图标突出显示 Word 和 PDF 文档。这样，访问者就知道它们是文档下载，而不是链接到另一个页面的超链接。为了避免发生混淆，读者还可以通过类似的方法用 RSS 图标突出显示链接的 RSS 提要：

```
a[href$=".rss"], a[href$=".pdf"] {
    background: url(images/feedLink.gif) no-repeat right top;
    padding-right: 10px;
}
```

所有这些技术都有助于改进用户在站点上的浏览体验。通过提醒用户注意是站链接还是下载文档，让他们明确地了解单击链接时会生的情况，避免了不必要的操作和烦恼。

4. 定义按钮样式

<a>是行内元素，只有在单击链接的内容时，才会激活超链接。但是，有时候希望它显示为按钮样式，因此可将<a>的 display 属性设置为 block，然后修改 width、height 和其他属性，来创建需要的样式和单击区域。

【例 4-9】在页面中为所有链接定义按钮样式效果，由于链接现在显示为块级元素，单击块中的任何地方，都会激活链接：

```
a {
    display: block;
    width: 6em;
    padding: 0.2em;
    line-height: 1.4;
    background-color: #94B8E9;
    border: 1px solid black;
    color: #000;
    text-decoration: none;
    text-align: center;
}
```

显示效果如图 4-24 所示。

在上面的代码中，宽度是以 em 为单位显示设置的。由于块级元素被扩展，填满可用的宽度，所以如果父元素的宽度大于链接所需的宽度，那么就需要将所希望的宽度应用于链接。

如果希望在页面的主内容区域中使用这种样式的链接，就很可能出现这种情况。但是，如果这种样式的链接出现在宽度比较窄的地方(如边栏中)，那么，可能只需要设置父元素的宽度，而不需要为链接的宽度担心。

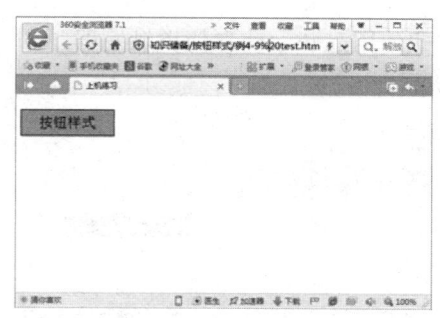

图 4-24　块状按钮

🐌 **拓展提高**：为什么使用 line-height 属性定义按钮的高度，而不使用 height 属性呢？

这实际上是一个小技巧，能够使按钮的文本垂直居中。如果设置 height，就必须使用填充将文本压低，模拟出垂直居中的效果。但是，文本在行框中总是垂直居中的，所以，如果使用 line-height 属性，文本就会出现在框的中间。可是，有一个缺点。如果按钮中的文本占两行，按钮的高度就是需要的高度的两倍。避免这个问题唯一的方法就是调整按钮和文本的尺寸，让文本不换行，至少在文本字号超过合理值之前不会换行。

曾经有设计师习惯使用 JavaScript 实现翻转效果。其实，使用:hover 伪类就可以创建翻转效果，不需要 JavaScript。如果在鼠标停留时设置链接的背景和文本颜色，就可以实现非常简单的动态效果：

```
a:hover {
    background-color: #369;
    color: #fff;
}
```

【例 4-10】修改背景颜色对于简单的按钮很合适，但是，对于比较复杂的按钮，最好使用背景图像。在下面的实例中，创建了两个按钮图像，一个用于正常状态，一个用于鼠标停留状态：

```
a:link, a:visited {
    display: block;
    width: 200px;
    height: 40px;
    line-height: 40px;
    color: #000;
    text-decoration: none;
    background: #94B8E9 url(images/button.gif) no-repeat left top;
    text-indent: 50px;
}
a:hover {
    background: #369 url(images/button-over.gif) no-repeat left top;
    color: #fff;
}
```

也可以添加激活状态，即使用:active 动态伪类触发器。

预览的效果如图 4-25 所示。

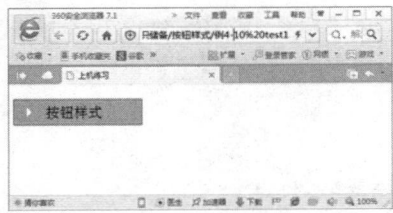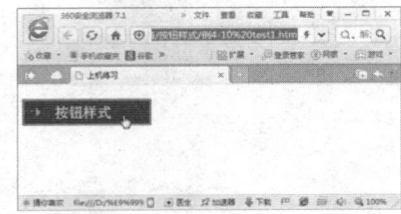

图 4-25　设置按钮的样式

上面的代码与前面实例的代码相似，主要的差异是使用背景图像而不是背景颜色，同时，使用固定的宽度和高度的按钮，所以在 CSS 中需要设置显示的像素尺寸。但是，也可以创建特大的按钮图像，或者结合背景颜色和图像创建流体的或弹性的按钮。

【例 4-11】多图像方法的主要缺点是在浏览器第一次装载鼠标停留图像时有短暂的延迟。这会造成闪烁效果，让按钮看上去有些反应迟钝。可以将鼠标停留图像作为背景应用于父元素，从而预先装载它们。但是，还有另一种方法，这种方法并不切换多个背景图像，而是使用一个图像并切换它的背景位置。使用单个图像的好处，是可以减少服务器请求的数量，而且可以将所有按钮状态放在一个地方。

首先，创建组合的按钮图像，如图 4-26 所示。

图 4-26　设计背景图像

在这个实例中，只使用正常状态和鼠标停留状态，也可以使用激活状态和已访问状态。代码几乎与前面的实例相同。在正常状态下，将翻转图像对准左边，而在鼠标停留状态下，则对准右边：

```css
a:link, a:visited {
    display: block;
    width: 200px;
    height: 40px;
    line-height: 40px;
    color: #000;
    text-decoration: none;
    background: #94B8E9 url(images/pixy-rollover.gif) no-repeat left top;
    text-indent: 50px;
}

a:hover {
    background-color: #369;
    background-position: right top;
    color: #fff;
}
```

即便使用这种方法，由于 IE 仍然会向服务器请求新的图像，还会产生轻微的闪烁。为了避免闪烁，需要将翻转状态应用于链接的父元素，如包含该链接的段落：

```
p {
    background: #g488Eg url(images/pixy-rollover.gif);
        no-repeat right top;
}
```

拓展提高： 在图像重新装载时，仍然会消失一段时间。但是，由于提前加载，现在会显示出相同的图像，消除了闪烁。

5. 定义已访问样式

设计人员和开发人员常常忘记处理已访问链接的样式，导致已访问的链接和未访问的链接采用了同样的样式。然而，不同的已访问链接样式可以帮助用户，让他人知道哪些页面或站点已访问过了，可以避免不必要的操作。

【例 4-12】通过在每个已访问链接的旁边添加一个提示框，就可以创建一种非常简单的已访问链接样式：

```
a:visited {
    padding-right: 20px;
    background-url1(check:gif): right middle;
}
```

假如在边栏中有如下一系列外部链接：

```
<ul>
    <li><a href="http://www.baidu.com/" target="_blank">百度</a></li>
    <li><a href="http://www.google.com.hk/" target="_blank">谷歌</a></li>
    <li><a href="http://www.sina.com/" target="_blank">新浪</a></li>
    <li><a href="http://www.sohu.com/" target="_blank">搜狐</a></li>
</ul>
```

为未访问状态和已访问状态创建一个图像，然后按照与前面一样的方式应用背景图像，背景图像给锚和已访问状态添加了样式：

```
ul {
    list-style:none;
}
li {
    margin: 5px 0;
}
li a {
    display: block;
    width: 300px;
    height: 30px;
    line-height: 30px;
    color: #000;
    text-decoration: none;
    background: #94B8E9 url(images/visited.gif) no-repeat left top;
```

```
   text-indent: 10px;
}
li a:visited {
   background-position: right top;
}
```

显示效果如图 4-27 所示。每个已访问站点的旁边将会显示一个图标标记，这个反馈图标表示访问者已经访问过该链接。

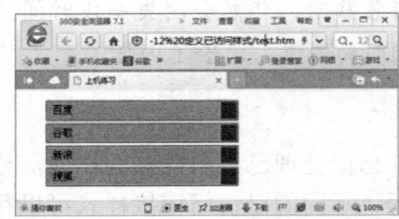

图 4-27　运行效果

6. 链接提示样式

链接提示是当鼠标停留在具有 title 属性的元素上时，一些浏览器弹出的黄色小文本框。一些开发人员综合使用 JavaScript 和 CSS 创建了样式独特的链接提示。但是，通过使用 CSS 定位技术，可以创建纯的 CSS 链接提示。这种技术，需要采用符合标准的现代浏览器(如 Firefox)才能正常地工作。因此，它不是日常使用的技术，却演示了高级 CSS 的能力，可以设想一下当 CSS 得到了更好地支持之后，会是什么情况。

【例 4-13】先创建结构良好且有意义的 HTML 结构：

```
<p>
<a href="http://www.baidu.com/" class="tooltip">
   百度<span>(百度一下，你就知道)</span></a>
</p>
```

这个链接设置类为 tooltip，以便从其他链接中区分出来。在这个链接中，添加希望显示为链接文本的文本，然后是包围在 span 中的链接提示文本。将链接提示包围在圆括号中，这样的话，样式关闭时，这个句子仍然是有意义的。

首先，将 a 的 position 属性设置为 relative。这样就可以相对于父元素的位置对 span 的内容进行绝对定位了。不希望链接提示在最初就显示出来，所以应该将它的 display 属性设置为 none：

```
a.tooltip {
   position: relative;
}

a.tooltip span {
   display: none;
}
```

当鼠标停留在这个锚上时，希望显示 span 的内容，方法是将 span 的 display 属性设为 block，但是只在鼠标停留在这个链接上时这样做。如果现在测试此代码，当鼠标停留在这个链接上时，链接的旁边会出现 span 文本。

为了让 span 的内容出现在锚的右下方，需要将 span 的 position 属性设置为 absolute，并且将它定位到距离锚顶部 1em，距离左边 2em：

```
a.tooltip:hover span {
    display:block;
    position:absolute;
    top:1em;
    left:2em;
}
```

这就是这种技术的主体部分，余下的工作是添加一些样式，让 span 看起来像链接提示。可以给 span 加一些填充，一个边框和背景颜色：

```
a.tooltip:hover span {
    display:block;
    position:absolute;
    top:1em;
    left:2em;
    padding: 0.2em 0.6em;
    border:1px solid #996633;
    background-color:#FFFF66;
    color:#000;
}
```

最后的演示效果如图 4-28 所示。

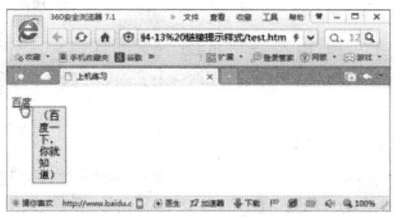

图 4-28　链接提示样式

🌐 **知识链接：** 注意，绝对定位元素的定位相对于最近的定位元素，如果没有，就相对于根元素。在这个实例中，已经定位了<a>，所以<span>相对于<a>进行定位。

任务实践

李菲琳使用 CSS 链接功能，设置当鼠标停留在图片上时的效果，展现美食特色，具体操作步骤如下。

(1) 设计原理。简单的 CSS 相册功能分析如下：

● 相册在默认状态情况下以缩略图的形式展现给观者，并且不压缩相片的原有宽度和高度属性，而是取相片的某个部分作为缩略展示。

● 当鼠标悬停在某张缩略图时，相册列表中的缩略图恢复为原始相片的宽度和高度，展现在相册的某个固定区域。

● 当鼠标移开缩略图区域时，缩略图列表恢复原始形态。

● 保持相册的 HTML 结构为最简洁、最合理的结构，不出现多余的相片内容。

操作技巧： 根据以上几个关于 CSS 样式制作的简易相册功能要求，可以归纳出以下两个在 HTML 结构与 CSS 样式上需要把握的重点。

① 结构清晰明了，无冗余的 HTML 结构代码。

② 鼠标悬停效果在 CSS 样式中就只能利用:hover 伪类才能完成，而 IE 6.0 浏览器在解释:hover 伪类时只能将其使用在锚点<a>标签中才有效。

拓展提高： 了解整个 CSS 相册中需要把握的重点，还要分析如何实现以下两个效果。

① 不压缩图片，而是将相片中的某个部分显示在缩略图列表区域。

② 鼠标悬停于缩略图时，如何将图片完整显示在相片的展示区域。

(2) 设计选项卡结构，使用 a 元素包含一个缩略图和一个大图，通过<span>标签包含动态显示的大图和提示文本：

```
<body>
<div class="container">
<a class="picture" href="#">
    <img class="small-pic" src="images/small-1.jpg" />
    <span><img src="images/1.jpg" /><br />卤煮火烧 北京的传统小吃</span>
</a>
<a class="picture" href="#">
    <img class="small-pic" src="images/small-2.jpg" />
    <span><img src="images/2.jpg" /><br />台湾菜式 药材米酒香气的烧酒鸡</span>
</a><br />
<a class="picture" href="#">
    <img class="small-pic" src="images/small-3.jpg" />
    <span><img src="images/3.jpg" /><br />福建菜 十香醉排骨</span>
</a>
<a class="picture" href="#">
    <img class="small-pic" src="images/small-4.jpg" />
    <span><img src="images/4.jpg" /><br />家常菜 宫保鸡丁</span>
</a> <br />
<a class="picture" href="#">
    <img class="small-pic" src="images/small-6.jpg" />
    <span><img src="images/6.jpg" /><br />中华美食 东坡肘子</span>
</a>
<a class="picture" href="#">
    <img class="small-pic" src="images/small-5.jpg" />
    <span><img src="images/5.jpg" /><br />毛主席爱吃的毛氏红烧肉 </span>
</a>
</div>
</body>
```

此时的页面显示效果如图 4-29 所示。

图 4-29 设计结构的效果

(3) 定义图片浏览样式：

```
<style type="text/css">
body {
    background-color: #CCCCCC;
}
.container {
    position: relative;
    margin-left: 50px;
    margin-top: 50px;
}
.picture img {
    border: 1px solid white;
    margin: 0 5px 5px 0;
}
.picture:hover {
    background-color: transparent;
}
.picture:hover img {
    border: 2px solid blue;
}
.picture .small-pic {
    width: 100px;
    height: 60px;
    border: #FF6600 2px solid;
}
.picture span {
    position: absolute;
    background-color: #FFCC33;
    padding: 5px;
    left: -1000px;
    border: 1px dashed gray;
    visibility: hidden;
    color: black;
    font-weight: 800;
    text-decoration: none;
```

```
    text-align: center;
}
.picture span img {
    border-width: 0;
    padding: 2px;
    width: 400px;
    height: 300px;
}
.picture:hover span {
    visibility: visible;
    top: 0;
    left: 230px;
}
</style>
```

显示效果如图 4-30 所示。

图 4-30 浏览效果

知识链接：　在以上的代码中，首先定义了包含框的样式，用"position:relative;"语
句设置了包含定位为相对定位，这样，其中包含的各个绝对定位元素都
是以当前包含框为参照物进行定位的。默认设置 a 元素中包含的 span 元
素绝对定位显示，并隐藏起来，而当鼠标经过时，重新恢复显示 span 元
素，以及其包含的大图。鼠标移出后，重新隐藏起来。由于 span 元素是
绝对定位，可以把所有大图都固定到一个位置，并统一大小，默认情况
下，这些在大图重叠在一起，并隐藏起来。

上机实训：制作网页的 Tab 菜单

实训背景

Tab(选项卡)风格的菜单导航被应用于各大网站制作，网上随处可以见到各式各样的
Tab 菜单。李菲琳是某网页设计公司设计师，接到项目组长指派的新任务，她需要设计简
单的 Tab 菜单导航，要求点击菜单能链接到网页，如图 4-31 所示。

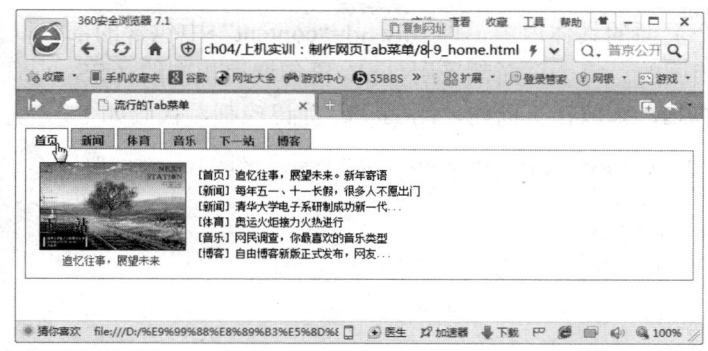

图 4-31 Tab 菜单导航

实训内容和要求

链接是互联网的基础。这种机制使网页可以相互连接,浏览时可以在页面之间进行切换。CSS 具有定义链接样式的功能,让网页设计变得更加吸引人。因此,李菲琳决定使用 CSS 定义链接的功能来完成此次上机实训。

实训步骤

(1) 首先构建_home.html 网页框架,代码如下:

```html
<body id="home">
<ul id="tabnav">
    <li class="home"><a href="Tab_home.html">首页</a></li>
    <li class="news"><a href="Tab_news.html">新闻</a></li>
    <li class="sports"><a href="Tab_sports.html">体育</a></li>
    <li class="music"><a href="Tab_music.html">音乐</a></li>
    <li class="nextstation"><a href="Tab_nextstation.html">下一站</a>
    </li>
    <li class="blog"><a href="Tab_blog.html">博客</a></li>
</ul>
<div id="content">
    <span id="leftpic">
        <a href="#"><img src="pic1.jpg"><br>
        <center>追忆往事,展望未来</center></a>
    </span>
    <ul id="list">
        <li><a href="#">[首页] 追忆往事,展望未来。新年寄语</a></li>
        <li><a href="#">[新闻] 每年五一、十一长假,很多人不愿出门</a></li>
        <li><a href="#">[新闻] 清华大学电子系研制成功新一代...</a></li>
        <li><a href="#">[体育] 奥运火炬接力火热进行</a></li>
        <li><a href="#">[音乐] 网民调查,你最喜欢的音乐类型</a></li>
        <li><a href="#">[博客] 自由博客新版正式发布,网友...</a></li>
    </ul>
</div>
</body>
```

(2) 除了每个页面的具体内容，即<div id="content">中包含的部分以外，所有页面的整体框架是完全相同的。每个页面都采用<link>语句调用相同的 CSS 外部文件，而页面的具体内容采用的 CSS，则放在页面内，用<style>标记控制，代码如下：

```
<link href="Tab.css" type="text/css" rel="stylesheet">

<style type="text/css">
<!--
#leftpic {
    width:160px;
    float:left;
    padding-right:15px;
}

#leftpic a:link, #leftpic a:visited {
    color:#006eb3;
    text-decoration:none;
}

#leftpic a:hover {
    color:#000000;
    text-decoration:underline;
}

img {
    border:1px solid #0066b0;
    margin-bottom:5px;
}

ul#list {
    list-style-type:none;
    margin:0px;
    padding:5px 0px 5px 2px;
}

ul#list li {
    line-height:18px;
}

ul#list li a:link {
    color:#000000;
    text-decoration:none;
}

ul#list li a:visited {
    color:#333333;
    text-decoration:none;
}

ul#list li a:hover {
```

```
    color:#006eb3;
    text-decoration:underline;
}
-->
</style>
```

(3)　在外部的 Tab.css 文件中定义各个 CSS 属性，首先给正文的内容#content 添加蓝色的边框，但只添加左侧、右侧和下端，空出上端：

```
body {
    margin:10px;
}
#content {                                /* 具体内容 */
    border-left:1px solid #11a3ff;        /* 左边框 */
    border-right:1px solid #11a3ff;       /* 右边框 */
    border-bottom:1px solid #11a3ff;      /* 下边框 */
    padding:15px;
    font-size:12px;
}
```

此时的页面效果如图 4-32 所示。

图 4-32　正文边框

(4)　然后设置<ul>标记的 CSS 属性，除了将项目符号隐藏外，还要为其添加下边框，用来当作正文内容的边框，代码如下：

```
ul#tabnav {
    list-style-type:none;
    margin:0px;
    padding-left:0px;                         /* 左侧无空隙 */
    padding-bottom:23px;
    border-bottom:1px solid #11a3ff;          /* 菜单的下边框 */
    font:bold 12px verdana, arial;
}
```

这样，在<ul>标记中设置的边框便可以被稍后设置的<li>标记中的边框所覆盖，从而实现在 Tab 的效果，此时，页面效果如图 4-33 所示。

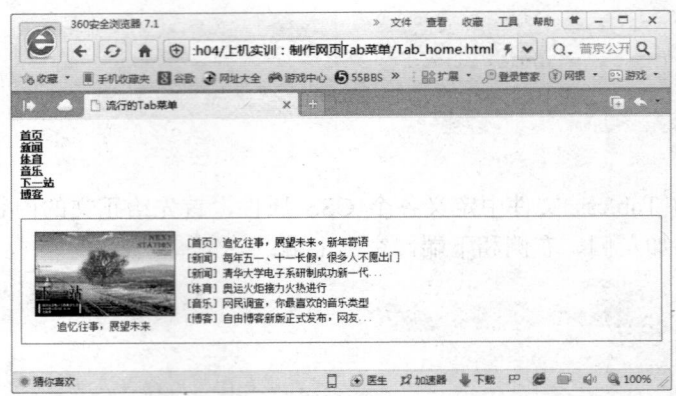

图 4-33　设置<ul>的样式(一)

(5) 接着，设置<li>标记的样式，将所有的列表列水平排列，并设置相应的背景颜色和边框等，并通过 margin 属性适当地调整其位置，代码如下：

```
ul#tabnav li {
    float:left;
    height:22px;
    background-color:#a3dbff;
    margin:0px 3px 0px 0px;
    border:1px solid #11a3ff;
}
```

此时页面的效果如图 4-34 所示，可以看到，Tab 菜单已经初见雏形。

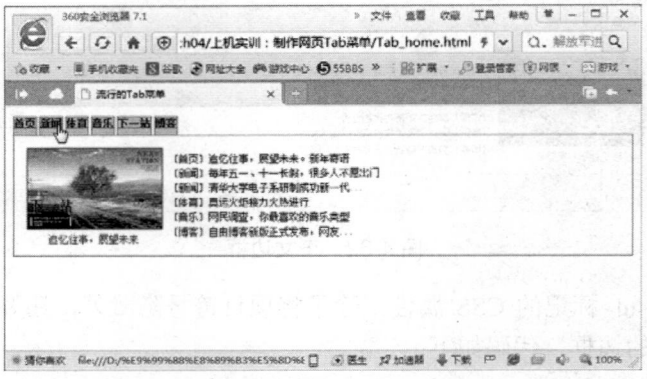

图 4-34　设置<ul>的样式(二)

(6) 设置所有超链接的 3 个伪属性，同样将<a>设置为块元素，并配合页面的整体色调以及 Tab 菜单的大小等，代码如下：

```
ul#tabnav a:link, ul#tabnav a:visited {
    display:block;                    /* 块元素 */
    color:#006eb3;
    text-decoration:none;
    padding:5px 10px 3px 10px;
}
```

```
ul#tabnav a:hover {
    background-color:#006eb3;
    color:#FFFFFF;
}
```

此时的页面效果如图 4-35 所示。

图 4-35　设置<a>的伪属性

（7）　由于为每个页面的<body>标记都添加唯一的 id，因此可以设置当前页面的菜单项，如 Tab_home.html 的"首页"菜单和 Tab_nextstation.html 的"下一站"菜单。代码如下，关键在于给当前页面的菜单项添加白色的下边框，从而覆盖了<ul>标记中设置的蓝色下边框，实现了 Tab 菜单的效果：

```
body#home li.home, body#news li.news,  /* 当前页面的菜单项 */
body#sports li.sports, body#music li.music,
body#nextstation li.nextstation,
body#blog li.blog {
    border-bottom:1px solid #FFFFFF; /* 白色下边框，覆盖<ul>中的蓝色下边框 */
    color:#000000;
    background-color:#FFFFFF;
}
```

此时页面的效果如图 4-36 所示。

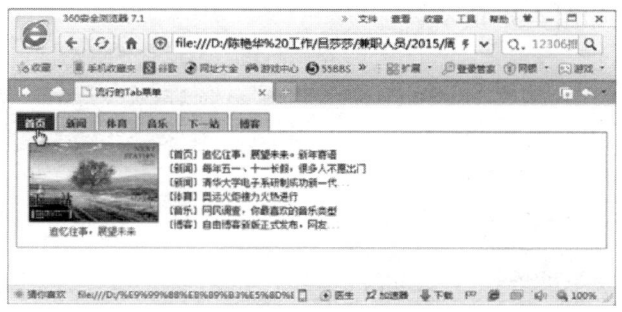

图 4-36　设置当前页面的<li>项

（8）　以上便已完成了 Tab 菜单的核心部分，下面为当前页面的菜单项添加单独的超链接效果以区别于其他页面，代码如下：

```
body#home li.home a:link, body#home li.home a:visited, /* 当前页面的菜单项的
超链接 */
body#news li.news a:link, body#news li.news a:visited,
body#sports li.sports a:link, body#sports li.sports a:visited,
body#music li.music a:link, body#music li.music a:visited,
body#nextstation li.nextstation a:link,
body#nextstation li.nextstation a:visited,
body#blog li.blog a:link, body#blog li.blog a:visited {
    color:#000000;
    background-color:#FFFFFF;
}
body#home li.home a:hover, body#news li.news a:hover,
body#sports li.sports a:hover, body#music li.music a:hover,
body#nextstation li.nextstation a:hover,
body#blog li.blog a:hover {
    color:#006eb3;
    text-decoration:underline;
}
```

此时的页面效果如图 4-37 所示。

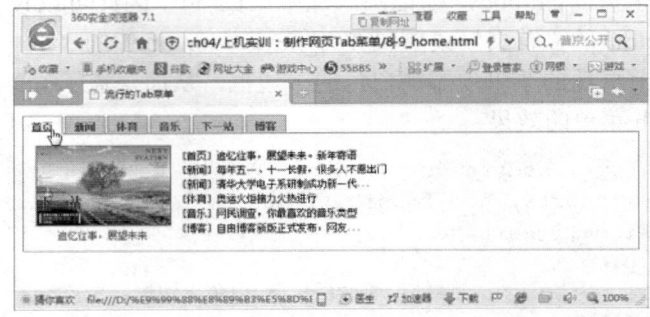

图 4-37　当前页面菜单项的超链接

(9) 最后再为每个页面添加相应的内容，内容部分使用的 CSS 与公共的 Tab.css 分别存放，可以是<style>嵌入到页面中，也可以单独制作 CSS 文件，这样，整个 Tab 菜单模块制作完成，最终效果如图 4-38 所示。

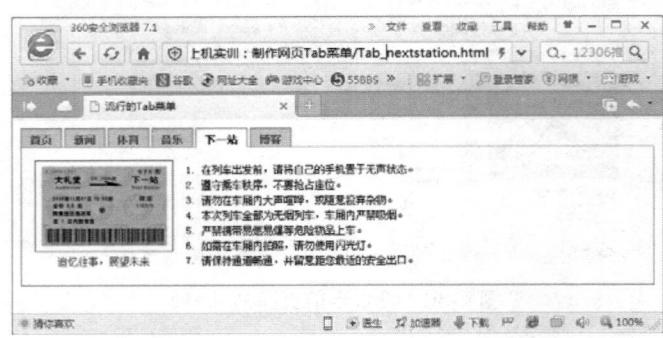

图 4-38　Tab 菜单网页

实训素材

实例文件存储于"案例文件\项目四\上机实训：制作网页 Tab 菜单"中。

习　　题

一、填空题

1. CSS 定义的_____标签中的列表项默认是竖向显示的，有时候需要列表项横向显示，通过 CSS 的控制，可以轻松实现项目列表的横竖转换。

2. 锚可以作为_____，也可以作为_____。

3. _____伪类选择器用来寻找没有被访问过的链接。

4. 在 CSS 里，用户可以使用_____属性来定义列表的项目符号。

5. 在 CSS 里，用户使可以用_____属性来定义项目的图片符号样式。

二、选择题

1. 用户通过过各种(　　　)属性变换，可以实现很多意想不到的导航菜单。
   A．SCC　　　　　B．CSS　　　　　　C．NCC　　　　　D．WBC

2. 下面哪个(　　　)伪类选择器用来寻找被访问过的链接？
   A．:ink　　　　　B．:color　　　　　C．:visited　　　　D．:background

3. 下面(　　　)选择器是用户可以用来对链接应用样式的。
   A．visited　　　　B．hover　　　　　C．active　　　　　D．color

三、问答题

1. 简述 CSS 中定义项目列表的过程有哪些。

2. 简述超链接的概念是什么。

3. 简述如何定义按钮样式。

4. 简述如何设定链接提示。

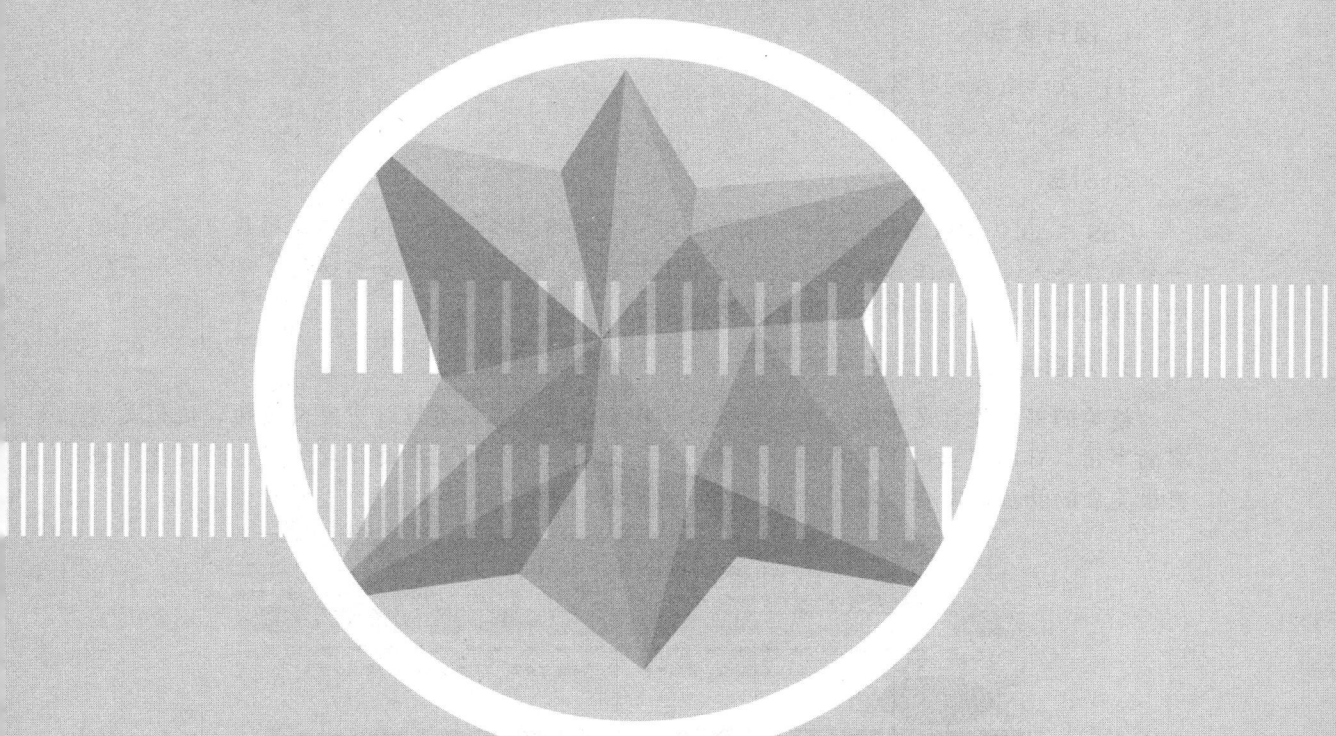

项目五

初识 CSS + DIV 排版布局

1. 项目要点

(1) 设计图片的签名。
(2) 设计个人网页。

2. 引言

CSS + DIV 排版布局在制作网页的过程中起到非常重要的作用。在本项目中，将通过一个项目导入、两个工作任务实践、一个上机实训，向读者展示如何通过合理分配网页版块，精确布局，呈现出精美的网页设计效果。

3. 项目导入

精美的网页设计是需要多方面的设计体现出来的，在网页设计中定义边距、边框是常有的事情，可以突出网页的特色。江景然负责某餐厅美食网站的建设与维护，为了更好地突出美食的特征，需要在网页上设定边框和背景，如图 5-1 所示。

图 5-1　餐厅美食网页

制作餐厅美食网页的具体操作步骤如下。

(1) 首先构建网页顶部的基本结构，代码如下：

```
<div class="up_left">
   <a href="#"><img src="img/logo.jpg" border="0" /></a>
</div>
<div class="up_right">
   <ul class="zhu">
      <li><a href="#"><img src="img/dh01.jpg" border="0" /></a>
         <ul>
            <li>海鲜套餐</li>
            <li>水果套餐</li>
            <li>蔬菜套餐</li>
            <li>咖喱套餐</li>
```

```
              <li>综合套餐</li>
          </ul>
      </li>
      <li><a href="#"><img src="img/dh02.jpg" border="0" /></a></li>
      <li><a href="#"><img src="img/dh03.jpg" border="0" /></a></li>
      <li><a href="#"><img src="img/dh04.jpg" border="0" /></a></li>
      <li><a href="#"><img src="img/dh05.jpg" border="0" /></a></li>
   </ul>
</div>
```

网页顶栏的效果如图 5-2 所示。

图 5-2　网页顶栏的效果

(2) 定义网页左栏，显示餐厅的食物种类、联系电话以及营业时间，代码如下：

```
<div class="d_left">
   <ul>
      <li><a href="#"><img src="img/nav01.jpg" border="0" /></a></li>
      <li><a href="#"><img src="img/nav02.jpg" border="0" /></a></li>
      <li><a href="#"><img src="img/nav03.jpg" border="0" /></a></li>
      <li><a href="#"><img src="img/nav04.jpg" border="0" /></a></li>
      <li><a href="#"><img src="img/nav05.jpg" border="0" /></a></li>
   </ul>
</div>
```

网页左栏的显示效果如图 5-3 所示。

(3) 定义网页右中栏，并放置一张图，吸引顾客的注意，代码如下：

```
<div class="r_up"><img src="img/down-right.jpg" border="0" /></div>
```

网页右中栏的显示效果如图 5-4 所示。

图 5-3　网页左栏

图 5-4　网页右中栏

(4) 分别定义公告栏，代码如下：

```
<li style="margin-bottom:10px;">
   <a href="#">摇出一个属于你的清凉世界</a>
</li>
<li style="margin-bottom:10px; margin-bottom:8px;">
   <a href="#">咖啡香自国贸来</a>
</li>
<li style="margin-bottom:10px; margin-bottom:8px;">
   <a href="#">夏日心意卡北京、天津冰爽上市！</a>
</li>
<li><a href="#">"我的星情故事"</a></li>
```

显示效果如图 5-5 所示。

(5) 定义推荐食品栏，代码如下：

```
<div class="rdr_left">
   <a href="#"><img src="img/down-right02_03.jpg" border="0" /></a>
   <a href="#"><img src="img/down-right02_04.jpg" border="0" /></a>
</div>
<div class="rdr_right">
   <p><a href="#"><img src="img/down-right02_06.jpg" border="0" /></a>
   </p>
   <p><a href="#"><img src="img/down-right02_08.jpg" border="0" /></a>
   </p>
   <p><a href="#"><img src="img/down-right02_09.jpg" border="0" /></a>
   </p>
</div>
```

显示效果如图 5-6 所示。

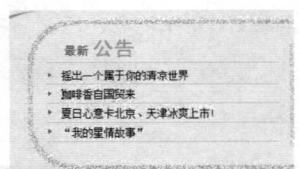

图 5-5　公告栏　　　　　　　　　　　图 5-6　推荐食品栏

(6) 定义网页版权，代码如下：

```
<div class="foot">
   <p>
   <a href="#">欢乐餐厅门店</a> | <a href="#">网站地图</a>
    | <a href="#">常见问题</a> | <a href="#">联系我们</a>
    | <a href="#">使用条款</a> | <a href="#">隐私保护</a>
   </p>
   <p>版权所有©2014 欢乐餐厅中国 沪 ICP 备 090200089 号</p>
</div>
```

显示效果如图 5-7 所示。

图 5-7　网页版权

(7) 整个网页制作完毕，最终显示效果如图 5-8 所示。

图 5-8　餐厅网页的效果

4．项目分析

由于在网页设计时，能否控制好各个版块在页面中的位置是非常重要的。而盒模型是 CSS 网页布局的基础，能够使设计师更好地控制页面中的每个元素所呈现的效果。因此，可以使用盒模型来完成此项目。

5．能力目标

(1) 学习设计餐厅网页的制作方法。
(2) 学习设计图片的签名的制作方法。
(3) 学习设计个人网页的制作方法。
(4) 学习设计咖啡店网页的制作方法。

6．知识目标

(1) 掌握如何定义内外边距、边框、宽高。
(2) 掌握如何设置文档类型、选择标签。

任务一：设计图片的签名

知识储备

1. 认识盒模型

盒模型是 CSS 布局最基本的组成部分，用于指定页面元素如何显示以及在某种方式上如何交互。

页面上的每个元素都是以矩形的表现形式存在的，每个矩形都是由元素的内容、内边距(padding)、边框(border)和外边距(margin)组成的，如图 5-9 所示。

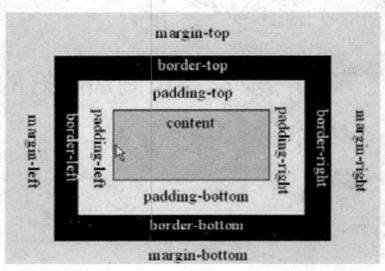

图 5-9　盒模型的结构

从图 5-9 中可以清楚地看到，任何一个元素内容区域都被内边距(padding)、边框(border)和外边距(margin)这 3 个属性所包含。一个元素的盒模型有多大，该元素在页面中所占用的空间也将有多大。

📎 **知识链接：** *内边距(padding)出现在内容区域的周围。如果给某元素加上背景色或者背景图片，那么该元素的背景色或者背景图片也将出现在内边距(padding)之中。为了避免视觉上的混淆，可以利用边框(border)和外边距(margin)在该元素的周围创建一个隔离带，避免该元素的背景或者背景图片与其他元素相混淆，这就是内边距(padding)、边框(border)和外边距(margin)这 3 个属性出现在内容周围，产生一个盒模型的基本作用。*

网页中的所有元素和对象都是由这种基本结构组成的，并呈现出方形的盒子效果。例如，段落(p 元素)是个方盒子；超链接(a 元素)是一个方盒子，即使它没有边，也没有形状；即使插入的图像是一个椭圆形，但是图像本身(img 元素)依然是一个方盒子，无论用户怎么调整图像的形状。

网页中无处不在的方盒子如图 5-10 所示。为了方便读者直接观看，这里把所有元素都增加了描边。

实际上，网页中的每个元素就像一块块砖，砌起了完整的网页。因此，盒模型是 CSS 的基础，也是网页布局的根基。理解了盒模型的结构后，才能够主动地驾驭每个元素，随心所欲地设置每个标签的样式。

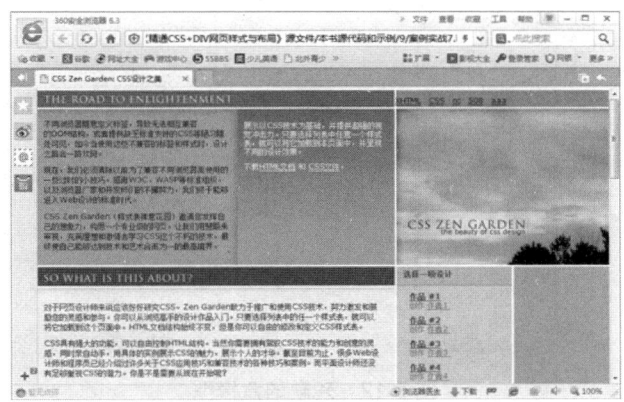

图 5-10　网页中无处不在方盒子

在 Dreamweaver 中随意定义一个元素，请注意，要保证元素以块状显示，这样就会很直接地看到该元素的完整盒模型结构：

```
<style type="text/css">
.box {                  /*盒模型结构*/
    display:block;      /*定义元素盒状显示，或进说是块状显示*/
    width:150px;        /*盒宽*/
    height:50px;        /*盒高*/
    margin:50px;        /*盒的外边距，也称为边界*/
    padding:50px;       /*盒的内边距，也称为补白*/
    border:solid 50px red;   /*盒边框*/
}
</style>
<span class="box">盒子包含的内容 </span>
```

显示效果如图 5-11 所示。

图 5-11　完整的盒模型结构

因此，我们可以这样来描述：盒模型是一个显示为方形的，可以拥有外边距、内边距和边框的，并能够定义宽和高的方形区域，盒模型内部可以包含其他盒模型或者对象。

在 CSS 中，虽然每个元素都必须以方形显示，当给它定义边框时，所显示的都是矩形，而不是椭圆形或多边形，但是，并不是每个元素都必须显示外边距、内边距、宽和高。举个简单的例子，如果针对上面的实例代码，删除其中的"display:block;"声明，会看到什么情况呢？显示效果如图 5-12 所示。

165

图 5-12　残缺的盒模型

如果元素不以块状显示，定义的盒模型结构属性将不会直观地呈现。

拓展提高：盒模型是以方形为基础进行显示的，不管其最终形状、边距、边框大小如何，都显示为方形。盒模型可以拥有外边距、边框、内边距、宽和高这些基本属性，但是，并不要求每个元素都必须定义这些属性。

2. 定义外边距

边距如同页边距，是元素边框外边沿与相邻元素之间的距离，主要用来分隔各种元素，设置元素之间的距离。没有设置外边距的网页，所有网页对象都被堆到一起，无法进行布局。

定义外边距可以使用 margin 属性，该属性可以取负值，正因为如此，用户可以利用负值来设计各种复杂的网页布局，在下面的内容中将详细介绍。

margin 属性的默认值为 0。如果用户没有定义元素的 margin 属性，则浏览器会认为元素的外边距为 0，或者说不存在外边距。

定义盒模型外边距有很多方法，可以任意选择其中一种来定义元素的外边距。当混合定义时，要注意取值的先后顺序，一般是从顶部外边距开始，按顺时针分别定义。

例如：

```
<style type="text/css">
.box {
    margin:10px;                  /*快速定义盒模型的外边距都为 10 像素*/
    margin:5px 10px;              /*定义上下、左右外边距分别 5 像素和 10 像素*/
    margin:5px 10px 15px;         /*定义上为 5 像素，左右各为 10 像素，底为 15 像素*/

    margin:5px 10px 15px 20px;
      /*定义上为 5 像素，右为 10 像素，下为 15 像不比，右为 20 像素*/

    margin-top:5px;               /*单独定义上外边距为 5 像素*/
    margin-right:10px;            /*单独定义右外边距为 10 像素*/
    margin-bottom:15px;           /*单独定义底外边距为 15 像素*/
    margin-left:20px;             /*单独定义左外边距为 20 像素*/
}
</style>
```

(1)　行内元素的外边距

当为行内元素定义外边距时，读者只能看到左右外边距对于版式的影响，但是上下外边距，犹如不存在一般，不会对周围的对象产生影响。

例如，设计一个如下所示的模型和样式，并在 IE 浏览器中预览：

```
<title>块状元素的外边距</title>
<style type="text/css">
.box1 {                          /*行内元素样式*/
    margin:50px;                 /*外边距为 50 像素*/
    border:solid 20px red;       /*20 像素宽的红色边框*/
}
.box2 {                          /*块状元素样式*/
    width:400px;                 /*宽度*/
    height:20px;                 /*高度*/
    border:solid 10px blue;      /*10 像素宽的蓝边框*/
}
</style>
</head>

<body>
<div class="box2">相邻块状元素</div>
<div>外部文本<span class="box1">块状元素包含的文本</span>外部文本</div>
<div class="box2">相邻块状元素</div>
</body>

</html>
```

将会看到如图 5-13 所示的结果。这说明行内元素没有发挥外边距应有的功能，用户不能使用外边距来调节行内元素与其他对象的位置关系，但是可以调节行内元素之间的水平距离。

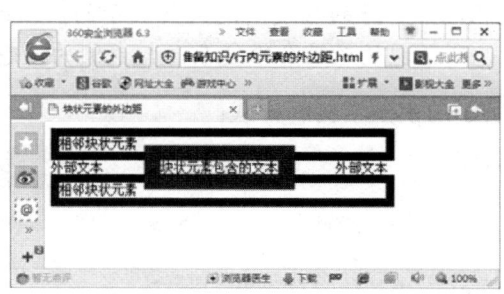

图 5-13　行内元素的外边距

知识链接：span 元素默认为行内元素显示，div 元素默认为块状元素显示。当然，通过 display 属性可以改变它们的默认显示属性。

(2)　块状元素的外边距

对于块状元素来说，外边距都能够很好地被析。例如，如果把上面实例中的 span 元素定义为块状显示：

```
.box1 {                              /*行内元素样式*/
    display:block;                   /*块状显示*/
    margin:50px;                     /*外边距为 50 像素*/
    border:solid 20px red;           /*20 像素宽的红色边框*/
}
```

将会看到另一种效果，如图 5-14 所示。

图 5-14　块状元素的外边距

拓展提高：从图 5-14 可以看出，对于块状元素来说，可以自由地使用外边距来调节网页版式和元素之间的距离。

（3）浮动元素的外边距

元素浮动显示与块状、行内等显示是两个不同的概念。不管是什么元素，一旦被定义为浮动显示，就拥有了完整的盒模型结构，读者可以自由地使用外边距、内边距、边框、高和宽来控制它的大小以及与其他对象之间的位置关系。

拓展提高：由于浮动是从网页布局的角度来定义元素的显示的，而行内和块状属性主要是从元素自身的性质来定义其显示的，因此，当为浮动元素定义外边距后，所呈现的效果会很复杂，与我们的设想会大不相同。

【例 5-1】定义如下所示的模型结构和样式：

```
<style type="text/css">
.box1 {
    float:left;                 /*向左浮动显示*/
    margin:50px;                /*外边距*/
    border:solid 20px red;      /*红色实线边框*/
}
.box2 {
    width:400px;                /*块状元素宽度*/
    height:20px;                /*块状元素高度*/
    border:solid 10px blue; /*块状元素边框*/
}
</style>
</head>
<body>
<div class="box2">相邻块状元素</div>
```

```
<div>外部文本<span class="box1">浮动元素</span>外部文本</div>
<div class="box2">相邻块状元素</div>
</body>
```

在浏览器中预览，显示效果如图 5-15 所示。

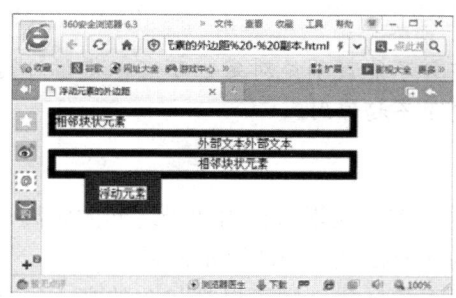

图 5-15　浮动元素的外边距

(4) 绝对定位元素的外边距

绝对定位是与浮动显示相对应的概念，它能够精确地设置元素在页面中的显示状态。如果我们再尝试把前面示例中的浮动显示改为绝对定位显示，会得怎么样的结果？

例如：

```
.box1 {
    position:absolute;          /*绝对定位显示*/
    top:0;                 /*距离页面顶部的距离*/
    left:0;                /*距离页面左边框的距离*/
    margin:50px;
    border:solid 20px red;
}
```

显示效果如图 5-16 所示。

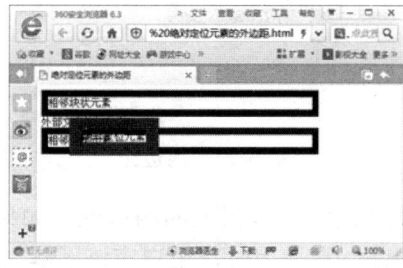

图 5-16　绝对定位元素的外边距

拓展提高： 绝对定位元素依然拥有外边距，虽然这些外边距不会影响其他元素的位置，其他元素也不会影响外边距的位置，但仍旧可以看到外边距在定位中的作用。

操作技巧： 考虑到外边距在绝对定位中没有实际的作用，因此可以忽略设置该属性。例如，将上面的实例改写为如下样式，所得到的效果完全相同：

```
.box1 {
    position:absolute;           /*绝对定位显示*/
    top:50px;                    /*距离页面顶部的距离*/
    left:50px;                   /*距离页面左边框的距离*/
    border:solid 20px red;
}
```

但是，这并不能说明绝对定位不可以定位外边距，也不能说绝对定位元素的外边距不起作用。

3. 定义内边距

内边距就是元素包含的内容与元素边框内边沿之间的距离。盒模型的内边距主要功能就是用来调整元素所包含的内容在元素中的显示效果。

【例 5-2】输入如下元素和样式，则可以把包含的文本推挤到元素右下角显示，如图 5-17 所示，但是如果没有内边距的作用，则只能在元素的左上角显示：

```
.box1 {
    display:block;               /*块状显示*/
    padding-left:160px;          /*左内边距*/
    padding-top:60px;            /*顶部内边距*/
    width:100px;                 /*元素的宽度*/
    height:30px;                 /*元素的高度*/
    border:solid 20px red;       /*元素的边框*/
}
```

图 5-17　内边距

盒模型的内边距和外边距在用法上有很大的相似性，如果掌握了外边距的使用方法，内边距就比较容易理解了。但是，在使用时，用户应该了解内边距的几个不同特性。

(1) 当元素没有定义边框时，用户可以把内边距当作外边距来使用，用于调节元素与其他元素之间的距离。由于外边距相邻时会出现重叠现象，而且比较复杂，使用内边距来调节元素之间的距离往往不用担心边距重叠的问题。

例如，在下面这个简单模型中，读者可以看到上下元素之间的距离很近(为 50px，而不是 100px)，如图 5-18 所示，这是因为上下相邻元素的外边距发生了重叠现象：

```
<style type="text/css">
.box1 { margin-bottom:50px; }    /*底部外边距*/
.box2 { margin-top:50px; }       /*顶部外边距*/
```

```
</style>
</head>
<body>
<div class="box1">第一个元素</div>
<div class="box2">第二个元素</div>
</body>
```

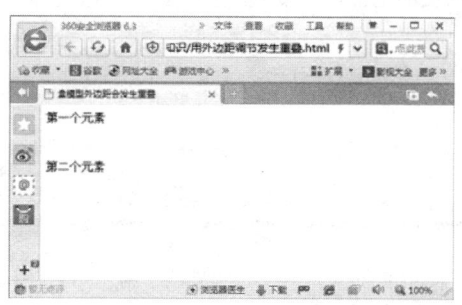

图 5-18　用外边距调节发生重叠

但是，如果其中一个元素使用内边距来定义，效果就会截然不同：

```
<title>盒模型的内边距不会重叠</title>
<style type="text/css">
.box1 {padding-bottom:50px;}   /*底部外边距*/
.box2 {margin-top:50px;}       /*顶部外边距*/
</style>
```

如图 5-19 所示。可以看到使用内边距调节元素之间的距离时，不会出现重叠问题。

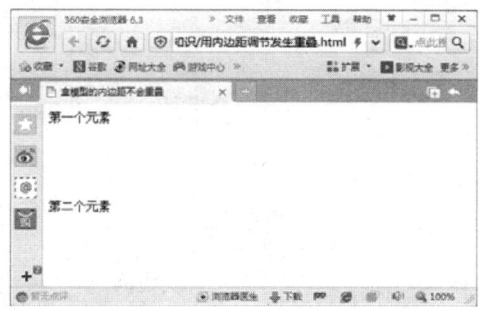

图 5-19　用内边距调节不会重叠

(2) 当为元素定义背景图像时，对于外边距区域来说，背景图像不显示，永远表现为透明状态；而内边距区域内却可以显示背景图像，利用内边距的这个特性，可以为元素增加各种修饰性背景图像。

例如，输入以下代码，可以设计一个图文并茂的画面：

```
<style type="text/css">
.box1 {
    padding:50px 100px;                    /*内边距*/
    width:518px;                           /*宽度*/
    height:113px;                          /*高度*/
```

```
    background:url(images/bg1.jpg) no-repeat;  /*背景图像*/
    border:solid 10px #522917;                  /*边框*/
}
</style>
</head>
<body>
<div class="box1">历史的记忆</div>
</body>
```

效果如图 5-20 所示。

图 5-20　内边距区域显示的背景图像

(3)　行内元素的内边距能够影响元素边框的大小，而外边距不存在这个问题。行内元素的外边距对于任何对象都不会产生影响。

例如，输入以下代码：

```
<style type="text/css">
<!--
.box1 {
    padding:50px;                    /*内边距*/
    border:solid 20px red;           /*红色实线边框*/
}
.box2 {
    width:400px;                     /*块状元素的宽度*/
    height:20px;                     /*块状元素的高度*/
    border:solid 10px blue;          /*蓝色实线边框*/
}
-->
</style>
</head>
<body>
<div class="box2">相邻块状元素</div>
<div>行内文本行内文本行内文本行内文本行内文本行内文本行内文本行内文本行内文本行内文本
行内文本<span class="box1">行内元素包含的文本</span>行内文本行内文本行内文本行内文
本行内文本行内文本行内文本行内文本行内文本行内文本行内文本</div>
<div class="box2">相邻块状元素</div>
</body>
```

将看到如图 5-21 所示的效果。

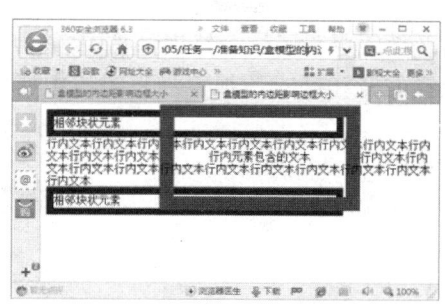

图 5-21　内边距影响元素边框的大小

4. 定义边框

任何元素都可以定义边框，并都能够很好地显示出来。边框在网页布局中的作用，就是用来分隔模块。与内外边距不同的是，边框包含样式(border-style)、颜色(border-color)、宽度(border-width)这 3 个基本属性。

用户可以为元素的边框指定样式、颜色或宽度，其中，颜色和宽度可以省略。这时，浏览器会根据默认值来解析。注意，当元素各边边框定义为不同的颜色时，边界会以平分来划分颜色的分布。例如，输入以下代码：

```
<style type="text/css">
<!--
.box {
    border:solid 100px;            /*边框样式和宽度*/
    border-color:red blue green; /*定义不同边框显示为不同颜色*/
    line-height:0;                 /*定义行内文本高度为 0，这样就可避免元素内出现空隙*/
}
-->
</style>
</head>
<body>
<div class="box"></div>
</body>
```

可以看到如图 5-22 所示的显示效果。

图 5-22　元素的边框效果

5. 定义宽和高

在 IE 6.0 以下版本的浏览器中，对 width 和 height 属性的解析规则与 W3C 的标准完全不同，不过，从 IE 6.0 开始，微软更正了这个错误，按 W3C 所倡导的标准来解析 width 和 height 属性。但是，设置元素的宽和高时，很容易出错，主要原因是在网页布局、高和宽的概念区分上：

- 元素的总高度和总宽度。
- 元素的实际高度和实际宽度。
- 元素的高度和宽度。

【例 5-3】输入以下代码：

```
<style type="text/css">
div {
    float:left;                /*向左浮动*/
    height:100px;              /*元素高度*/
    width:160px;               /*元素宽度*/
    border:10px solid red;     /*边框*/
    margin:10px;               /*外边距*/
    padding:10px;              /*内边距*/
}
</style>
</head>
<body>
<div class="left">左侧栏目</div>
<div class="mid">中间栏目</div>
<div class="right">右侧栏目</div>
</body>
```

预览效果如图 5-23 所示。

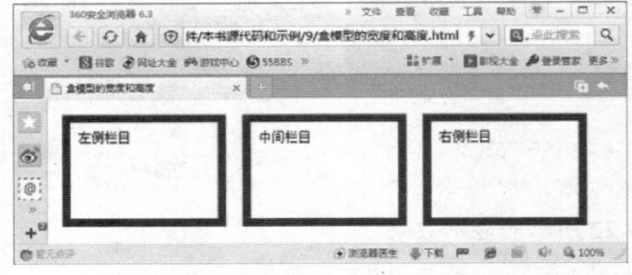

图 5-23　元素的高和宽

拓展提高：栏目宽度计算方法：

(边框宽度+内边距宽度)*2+元素的宽度 = (10px+10px)*2+160px=200px

任务实践

李显然使用盒模型方法给图片加上个人信息的具体操作步骤如下。

首先找好希望放到网页上的图片，如图 5-24 所示，然后将其放入一个<div>块中，并用盒子模型的方法给图片加上边框(padding 和 border)。然后将需要签名的文字放在另一个<div>块中，用 position 定位，将其移动到图片上，再设置相应的字体和颜色。

图 5-24　要签名的图片

代码如下：

```html
<html>
<head>
<title>轻轻松松给图片签名</title>
<style type="text/css">
<!--
body {
    margin:15px;
    font-family:Arial;
    font-size:12px;
    font-style:italic;
}
#block1 {
    padding:10px;          /* 给图片加框 */
    border:1px solid #000000;
    float:left;
}
#block2 {
    color:white;
    padding:10px;
    position:absolute;
    left:255px;            /* 移动到图片上 */
    top:205px;
}
-->
</style>
</head>

<body>
<div id="father">
    <div id="block1"><img src="building4.jpg" border="0"></div>
    <div id="block2">isaac photo</div>
</div>
</body>
</html>
```

显示结果如图 5-25 所示。

图 5-25　签名图片的效果

任务二：设计个人网页

知识储备

1. 设置文档类型

网页重构是 CSS 网页布局的第一步。所谓网页重构，就是编写适合 CSS 控制的网页结构，即编写 HTML 标签和文本信息。

DOCTYPE 是 Document Type(文档类型)的简写，称为 DTD 声明，在页面中，用来指定页面所使用的 XHTML(或者 HTML)的版本。制作符合标准的页面，关键组成部分就是 DOCTYPE 声明。只有确定了一个正确的 DOCTYPE，HTML 里的标签和 CSS 才能正常生效，甚至对 JavaScript 脚本都会有所影响。

在编写 HTML 代码时，源代码的第一行一般都是以下代码：

```
<!DOCTYPE html PUBLIC "-//W3C//DTD XHTML 1.0 Transitional//EN"
  "http://www.w3.org/TR/xhtml1/DTD/xhtml1-transitional.dtd">
```

HTML 代码必须有<!DOCTYPE>标签，主要用于 HTML 文档的类型声明。在默认情况下，FF 和 IE 浏览器的解释标准是不一样的，也就是说，如果一个网页没有 DOCTYPE 声明，就会以默认的 DOCTYPE 解释接下来的 HTML 代码。在同一种标准下，不同浏览器的解释模型都有所差异，如果声明标准不同，浏览器对页面的 HTML 的解析也会有所不同。学习网页标准、浏览器的兼容性、认识 DOCTYPE 都是非常必要的。

XHTML 1.0 中存在如下 3 种 DOCTYPE 文档类型。

(1) 严格类型。在该文档中，需要使用符合该类型的 HTML 标签，避免添加过多无意义的标签属性，页面表现为避免使用标签属性，选择 CSS 样式表：

```
<!DOCTYPE html PUBLIC "-//W3C//DTD XHTML 1.0 Strict//EN"
  "http://www.w3.org/TR/xhtml1/DTD/xhtml1-strict.dtd">
```

(2) 过渡类型。在该文档中，需要使用符合该类型的 HTML 标签，可适当添加标签属性，用于页面的表现，目前使用的最普遍的是 DOCTYPE 类型：

```
<!DOCTYPE html PUBLIC "-//W3C//DTD XHTML 1.0 Transitional//EN"
  "http://www.w3.org/TR/xhtml1/DTD/xhtml1-transitional.dtd">
```

（3）框架类型。该文档类型应用于 HTML 框架页面：

```
<!DOCTYPE html PUBLIC "-//W3C//DTD XHTML 1.0 Frameset//EN"
  "http://www.w3.org/TR/xhtml1/DTD/xhtml1-frameset.dtd">
```

拓展提高： 使用严格类型的 DOCTYPE 类型来制作页面，当然是最理想的方式。但是，对于没有深入了解 Web 标准的网页设计师而言，比较合适的方法是使用过渡型的 DOCTYPE 类型，因为这种 DOCTYPE 类型还允许使用表现层的标识、元素和属性，比较适合大多数网页制作人员。

DOCTYPE 类型声明将会影响 IE 浏览器对标准的理解。IE 浏览器存在两种渲染方式：Quirks(怪异模式)和 Standard(标准模式)。Standard(标准模式)中，浏览器根据规范表现页面，在 Quirks(怪异模式)中，页面以一种比较宽松的向后兼容的方式显示。Quirks(怪异模式)常模拟老式浏览器如 IE 6.0 的行为，以防止站点无法工作。

在 DOCTYPE 类型前加一个字符，或者删除 DOCTYPE 类型声明，都会触发 IE 浏览器的 Quirks(怪异模式)：

```
<!DOCTYPE html PUBLIC "-//W3C//DTD XHTML 1.0 Transitional//EN"
  "http://www.w3.org/TR/xhtml1/DTD/xhtml1-transitional.dtd">
```

知识链接： 在 FF 浏览器与 IE 浏览器中查看 DOCTYPE 类型声明修改后的页面，将发现 IE 浏览器触发 Quirks(怪异模式)后宽度变小。换而言之，触发 Quirks(怪异模式)的 IE 浏览器的盒模型的计算方式变化了。

例如：

```
<!DOCTYPE html PUBLIC "-//W3C//DTD XHTML 1.0 Transitional//EN"
  "http://www.w3.org/TR/xhtml1/DTD/xhtml1-transitional.dtd">
<html xmlns="http://www.w3.org/1999/xhtml">
<head>
<meta http-equiv="Content-Type" content="text/html; charset=gb2312" />
<title>怪异模式的盒模型</title>
<style type="text/css">
<!--
div {
    width:200px;
    height:200px;
    padding:20px;
    margin:50px;
    border:10px solid#FF0000;
    background-color:#000000;
}
-->
</style>
```

```
</head>
<body>
<div></div>
</body>
</html>
```

以上代码将<div>标签元素的样式设置为宽 200px，高 200px，内边距 20px，上边距 50px，边框 10px，颜色为红色的实体边框，并加上黑色的背景。删除 DOCTYPE 类型声明，显示效果如图 5-26 所示。

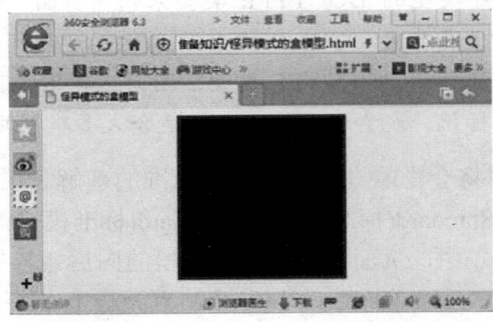

图 5-26　IE 浏览器中的表现

为了能更好地理解触发 Quirks (怪异模式)的 IE 浏览器的盒模型的计算方式，下面将修改<div>标签元素的属性值：

```
border: 40px solid#FF0000;      /*将边框的粗细设置为40px*/
```

效果如图 5-27 所示。

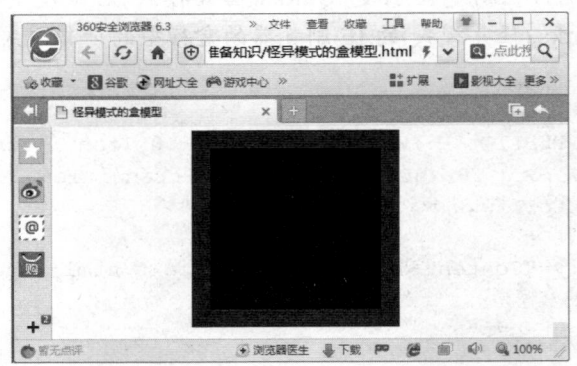

图 5-27　IE 浏览器中的表现

🐛 **拓展提高**：IE 浏览器只是边框增加了，但并没有因此改变盒模型的宽度。

2．选择标签

设置好文档类型后，就应该选择标签编写文档结构了。当然，选择标签不是随意的，读者需要考虑标签的语义和结构性。例如，<p>负责组织文本段，<h2>负责标题行，<ul>负责项目列表。另外，还有一些标签是用来表现网页效果的。如<em>表示斜体，<b>表示粗体，<s>表示删除线，<font>用来定义字体显示属性等，表现网页效果的元素一部分已被放弃，或者不再提倡使用，另一些作为语义标签使用，但是在网页布局一般使用结构标签来进行结构设计。

选择结构标签的标准有两个，标签的语义性和标签元素的显示性。

所谓语义性，就是不同标签都代表一定的意思，例如<table>、<tr>和<td>表示数据表结构，<u1>、<o1>、<d1>、<dt>、<dd>和<li>表示项目列表结构，<p>表示段落结构，<h1>、<h2>、<h3>等表示标题结构，<div>表示模块包含框结构，<span>表示行内包含框的结构。

根据不同的网页内容，选择与之对应的语义结构标签，会更利于网页结构的优化和识别，特别是搜索引擎的识别。

知识链接： 块元素与行内元素都是网页元素的两种基本显示属性，区别如下。

不管块元素的宽度是多少，它总会自动占据一行，这是因为它在末尾附加了一个换行符，而行内元素没有这一特征。所以块元素只能单行显示，而不能并列显示。

块元素拥有完整的模型结构，因此可以给它定义宽度和高度，而行内元素就没有这样的特性，无法通过高度来改变文本行的高度。

块元素的典型代表是 div 元素，它表示包含结构块，是网页布局中使用频率最高的一个结构标签。基本上，网页的结构主要是由 div 元素负责实现的。

行内元素的典型代表是 span 元素，它表示行内包含结构，一般多用于修饰文本行内元素的属性，不具备组织结构框架。

当然，可以使用 display 属性来改变它们的显示属性，但是，在网页布局中，不建议这样使用，除非在必要的条件下，否则会根据元素默认显示属性来执行相应的任务。

知识链接： 实际上，CSS 所提供的 display 属性还包含更多的属性。

- none：隐藏元素显示。该值与 visibility 属性的 hidden 值不同，因为它会自动隐藏元素所占据的网页空间，而 visibility 属性的 hidden 值仅是让元素不可见。
- online-block：行内显示，但是对象的内容可以作为块状呈现。
- list-item：将块状元素设置为列表项，并可以添加项目符号。li 元素默认为该属性显示。
- table：对象作为块元素级的表格显示。table 元素默认该属性显示。
- table-cell：对象作为表格单元格显示。td 元素默认该属性显示。
- table-row：对象作为表格行显示。tr 元素默认该属性显示。

为了方便读者更好地理解每个 HTML 标签，表 5-1 进行了说明。更详细地说明可参阅 http://www.w3school.com.cn/tags/index.asp 的页面信息。其中，表格中每列标题说明如下。

- 标签：HTML 4.01 / XHTML 1.0 中的标签元素。
- 描述：对该标签的简要说明。
- DTD：描述标签在哪一种 DOCTYPE 文档类型是允许使用的。S=Strict，

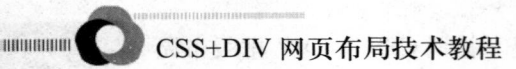

T=Transitional，F=Frameset。

表 5-1　不同 DOCTYPE 文档类型中使用的标签说明

标　签	描　述	DTD
<!--...-->	定义注释	STF
<!DOCTYPE>	定义文档类型	STF
<a>	定义锚	STF
<abbr>	定义缩写	STF
<acronym>	定义只取首字母的缩写	STF
<address>	定义文档作者或拥有者的联系信息	STF
<applet>	不赞成使用。定义嵌入的 Applet	STF
<area>	定义图像映射内部的区域	TF
<b>	定义粗体字	STF
<base>	定义页面中所有链接的默认地址或默认目标	STF
<basefont>	不赞成使用。定义页面中文本的默认字体、颜色或尺寸	STF
<bdo>	定义文字的方向	TF
<big>	定义大号文本	STF
<blockquote>	定义长的引用	STF
<body>	定义文档的主体	STF
 	定义简单的折行	STF
<button>	定义按钮(Push Button)	STF
<caption>	定义表格标题	STF
<center>	不赞成使用。定义居中文本	TF
<cite>	定义引用(Citation)	STF
<code>	定义计算机代码文本	STF
<col>	定义表格中一个或多个列的属性值	STF
<colgroup>	定义表格中供格式化的列组	STF
<command>	定义命令按钮	STF
<dd>	定义列表中项目的描述	STF
<del>	定义被删除文本	STF
<details>	定义元素的细节	STF
<dir>	不赞成使用。定义目录列表	TF
<div>	定义文档中的节	STF
<dfn>	定义项目	STF
<dialog>	定义对话框或窗口	STF
<dl>	定义列表	STF
<dt>	定义列表中的项目	STF

续表

标 签	描 述	DTD
<em>	定义强调文本	STF
<embed>	定义外部交互内容或插件	STF
<fieldset>	定义围绕表单中元素的边框	STF
<figcaption>	定义 figure 元素的标题	STF
<figure>	定义媒介内容的分组，以及它们的标题	STF
<font>	不赞成使用。定义文字的字体、尺寸和颜色	TF
<footer>	定义 section 或 page 的页脚	STF
<form>	定义供用户输入的 HTML 表单	STF
<frame>	定义框架集的窗口或框架	F
<frameset>	定义框架集	F
<h1> 至 <h6>	定义 HTML 标题	STF
<head>	定义关于文档的信息	STF
<hr>	定义水平线	STF
<html>	定义 HTML 文档	STF
<i>	定义斜体字	STF
<iframe>	定义内联框架	TF
<img>	定义图像	STF
<input>	定义输入控件	STF
<ins>	定义被插入文本	STF
<isindex>	不赞成使用。定义与文档相关的可搜索索引	TF
<kbd>	定义键盘文本	STF
<keygen>	定义生成密钥	STF
<label>	定义 input 元素的标注	STF
<legend>	定义 fieldset 元素的标题	STF
<li>	定义列表的项目	STF
<link>	定义文档与外部资源的关系	STF
<map>	定义图像映射	STF
<mark>	定义有记号的文本	STF
<menu>	不赞成使用。定义菜单列表	TF
<meta>	定义关于 HTML 文档的元信息	STF
<meter>	定义预定义范围内的度量	STF
<nav>	定义导航链接	STF
<noframes>	定义针对不支持框架的用户的替代内容	TF
<noscript>	定义针对不支持客户端脚本的用户的替代内容	STF
<object>	定义内嵌对象	STF

续表

标　签	描　述	DTD
<ol>	定义有序列表	STF
<optgroup>	定义选择列表中相关选项的组合	STF
<option>	定义选择列表中的选项	STF
<output>	定义输出的一些类型	STF
<p>	定义段落	STF
<param>	定义对象的参数	STF
<pre>	定义预格式文本	STF
<progress>	定义任何类型的任务的进度	STF
<q>	定义短的引用	STF
<rp>	定义若浏览器不支持 ruby 元素显示的内容	STF
<rt>	定义 ruby 注释的解释	STF
<ruby>	定义 ruby 注释	STF
<s>	不赞成使用。定义加删除线的文本	TF
<samp>	定义计算机代码样本	STF
<script>	定义客户端脚本	STF
<section>	定义 section	STF
<select>	定义选择列表(下拉列表)	STF
<small>	定义小号文本	STF
<source>	定义媒介源	STF
<span>	定义文档中的节	STF
<strike>	不赞成使用。定义加删除线文本	TF
<strong>	定义强调文本	STF
<style>	定义文档的样式信息	STF
<sub>	定义下标文本	STF
<summary>	为<details>元素定义可见的标题	STF
<sup>	定义上标文本	STF
<table>	定义表格	STF
<tbody>	定义表格中的主体内容	STF
<td>	定义表格中的单元	STF
<textarea>	定义多行的文本输入控件	STF
<tfoot>	定义表格中的表注内容(脚注)	STF
<th>	定义表格中的表头单元格	STF
<thead>	定义表格中的表头内容	STF
<time>	定义日期/时间	STF
<title>	定义文档的标题	STF

续表

标　签	描　述	DTD
<tr>	定义表格中的行	STF
<track>	定义用在媒体播放器中的文本轨道	STF
<tt>	定义打字机文本	STF
<u>	不赞成使用。定义下划线文本	TF
<ul>	定义无序列表	STF
<var>	定义文本的变量部分	STF
<video>	定义视频	STF
<wbr>	定义视频	STF
<xmp>	不赞成使用。定义预格式文本	STF

3. 重构禅意花园

禅意花园(http:www.csszengarden.com/)的整个页面包含在<body id="css-zen-garden">和 <div id="container">嵌套框中:

```
<body id="css-zen-garden">
    <div id="container"></div>            <!-- 网页包含框 -->
</body>
```

包含框内包含了 3 个二级模块,分别是介绍、支持文本和超链接表。介绍模块的内容主要包括网页标题信息、网页内容概括和引言内容;支持文本模块是整个网页内容的主体,详细说明参与禅意花园活动的要求、好处,以及页脚信息;链接列表模块主要包括各种链接信息。

结构如下:

```
<body id="css-zen-garden">
    <div id="container">                   <!-- 网页包含框 -->
        <div id="intro"></div>             <!-- 介绍 -->
        <div id="supportingText"></div>    <!-- 支持文本 -->
        <div id="linkList"></div>          <!-- 链接样式 -->
    </div>
</body>
```

介绍模块中又包含网页标题、简明概括和导言 3 个级别模块:

```
<body id="css-zen-garden">
    <div id="container">                    <!-- 网页包含框 -->
        <div id="intro"></div>              <!-- 介绍 -->
            <div id="pageHeader"></div>     <!-- 网页标题 -->
            <div id="quickSummary"></div>   <!-- 简明概括 -->
            <div id="preamble"></div>       <!-- 导言 -->
        </div>
    </div>
</body>
```

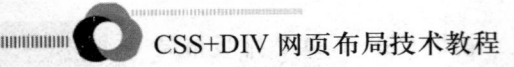

支持文本模块中又包含说明、参与、益处、要求和页脚这 5 个三级模块：

```
<body id="css-zen-garden">
    <div id="container">                    <!-- 网页包含框 -->
        <div id="supportingText">           <!-- 支持文本 -->
            <div id="explanation"></div>     <!-- 说明 -->
            <div id="participation"></div>    <!-- 参与 -->
            <div id="benefits"></div>        <!-- 益处 -->
            <div id="requirements"></div>     <!-- 要求 -->
            <div id="footer"></div>          <!-- 页脚 -->
        </div>
    </div>
</body>
```

链接列表模式中嵌套了一个包含框，这主要是为了方便 CSS 控制而设计的。在其下面包含 3 个子模块：作品选择列表、作品档案列表和资源列表。在这些列表模块中，又利用 ul 项目列表元素来组织链接列表：

```
<body id="css-zen-garden">
    <div id="container">                    <!-- 网页包含框 -->
        <div id="linkList">                 <!-- 链接列表 -->
            <div id="linkList2">            <!-- 链接列表 2 -->
                <div id="lselect"></div>     <!-- 作品选择列表 -->
                <div id="larchives"></div>    <!-- 作品档列表 -->
                <div id="lresources"></div>   <!-- 资源列表 -->
            </div>
        </div>
    </div>
</body>
```

在所有三级或者四级模块中，都包含了一个或多个标题行和段落行。标题行遵循页标题为一级标题，页副标题为二级标题，模块内标题为三级标题的思路来设计。

在网页结构中，标题级别越大，其影响力就越大，搜索引擎也是按着一级标题、二级标题、三级标题等的顺序来搜索的。

在整个网页的最后，又增加了 6 个额外的结构标签，这些结构默认为隐藏显示，主要是为了方便设计师扩展网页的设计效果而增加的：

```
<div id="extraDiv1"><span></span></div>
<div id="extraDiv2"><span></span></div>
<div id="extraDiv3"><span></span></div>
<div id="extraDiv4"><span></span></div>
<div id="extraDiv5"><span></span></div>
<div id="extraDiv6"><span></span></div>
```

拓展提高：由于 CSS 对于大小写是敏感的，当我们使用大小字母命名 id 或 class 属性时，必须注意 CSS 中的大小写问题，否则样式无效。

整个网页的结构如图 5-28 所示。

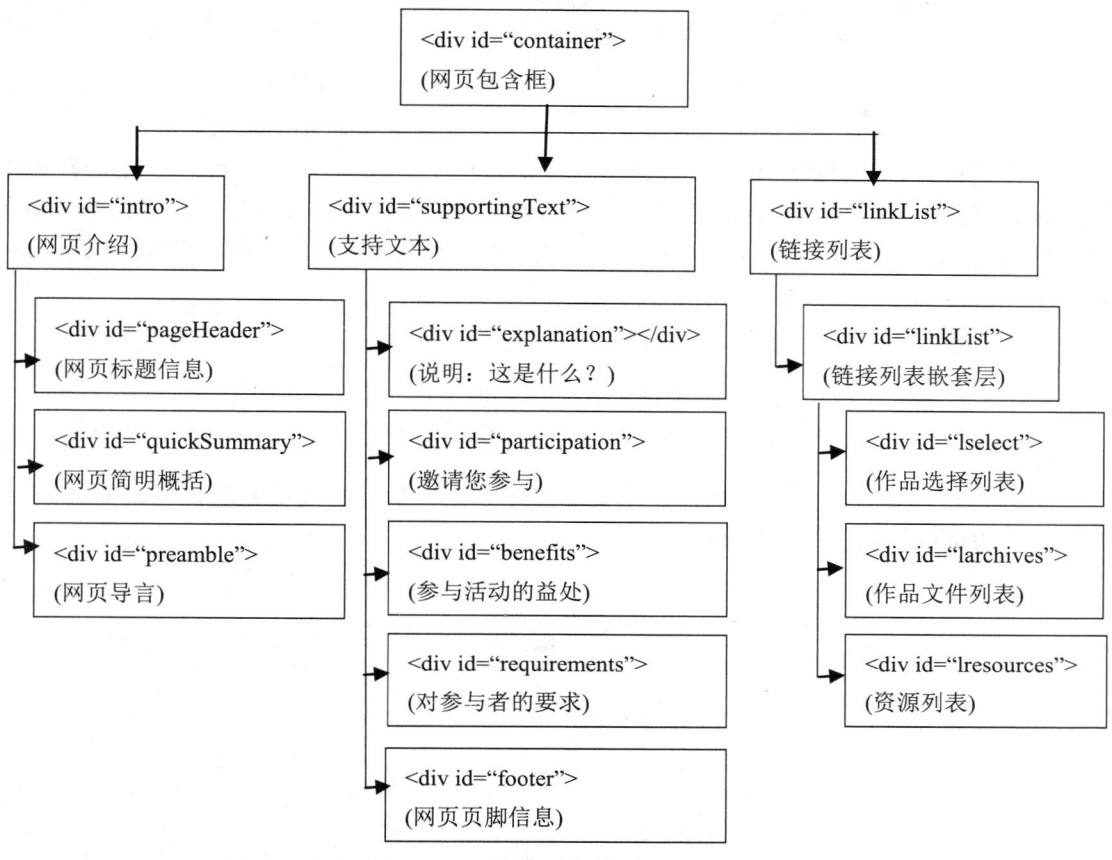

图 5-28　禅意花园网页的结构

通过禅意花园的网页结构，我们可以看到，在构建网页主体框架时，一般使用 id 属性来区分不同的结构标签。这是因为，网页的结构一般都是唯一的。例如，一个网页只能包含一个页眉信息块，也只能够包含一个页脚信息块等。而 id 属性值一般要求也是唯一的，一个页面内不能够同时定义两个相同名称的 id 属性。

但类样式就不同了，读者可以定义一个类样式，然后在页面中多次应用。所以，当对结构体内的对象定义样式时，建议多采用类样式来实现。例如，下面的"网页简明概括"模块子结构中，就是通过定义 p1、p2 类样式来控制段落格式，而这两个类样式还可以在其他模块中应用：

```
<div id="quickSummary">
    <p class="p1">
        <span>展示以<acronym title="cascading style sheets">CSS</acronym>技
术为基础，并提供超强的视觉冲击力。只要选择列表中任意一个样式表，就可以将它加载到本页面
中，并呈现不同的设计效果。</span>
    </p>
    <p class="p2">
        <span>下载<a title="这个页面的 HTML 源代码不能够被改动。"
href="http://www.csszengarden.com/zengarden-sample.html">HTML 文档</a>
和 <a title="这个页面的 CSS 样式表文件，你可以更改它。"
```

```
        href="http://www.csszengarden.com/zengarden-sample.css">CSS 文件</a>。
      </span>
    </p>
</div>
```

类样式帮助设计师减少了大量 CSS 代码的编写工作，加快了开发速度。同时，学会利用子选择符，就不需要为每个标签定义 id 属性值或者类名，只要知道它位于的模块，利用模块的 id 值加包含标签，即可准确定义该模块下对应标签的样式。例如，如果要控制<div id="quickSummary">模块下的段落样式，使用如下子选择符即可：

```
#quickSummary p {}
```

如果要控制第 1 段中<span>标签的样式，则可以使用如下子选择符：

```
#quickSummary p1  span {}
```

总之，这样设计的最终目的，是用最简洁明了的结构，实现更完整、精确的样式控制，整个页面的结构如图 5-29 所示。

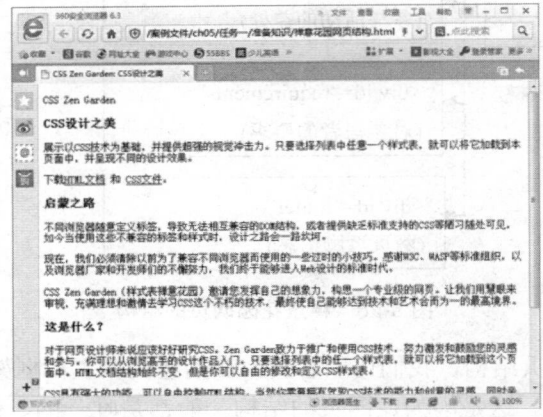

图 5-29　禅意花园的网页结构效果

任务实践

陈晓明使用 CSS 的标签、边框，通过定义高宽制作个人网页，操作步骤如下。

(1) 构建网页的基本框架，展示出网页的基本内容：

```
<html>
<head>
<title>个人主页</title>
</head>
<body>
<div id="container">
    <div id="banner">
        <img src="banner1.jpg" border="0">
    </div>
    <div id="links">
        <ul>
```

```
            <li>首页</li>
            <li>心情日记</li>
            <li>Free</li>
            <li>一起走到</li>
            <li>从明天起</li>
            <li>纸飞机</li>
            <li>下一站</li>
        </ul>
        <br>
    </div>
    <div id="leftbar">
        <p><img src="selfpic1.jpg" class="pic1">
        <br>我的日记本</p>
        <p class="leftcontent">秋天过半的时候，我搭上了一列火车。我不知道它将要去
往的方向，那铁路看上去无休无止地延伸着。</p>
        <p><img src="selfpic2.jpg" class="pic1">
        <br>心情轨迹</p>
        <p class="leftcontent">无意间发现，白云的上面，长着许许多多的蒲公英。它在
我面前迅速地长大，风吹过的时候，纷纷升起，飞向无边的远方。</p>
    </div>
    <div id="content">
        <h4>介绍</h4>
        <p>火车经过一个又一个站台，窗外漫卷的蒲公英向我微笑着。我逐渐记起了自己旅行的
目的，一直都在下一站的前方。火车缓缓地驶入站台，汽笛声响的那一瞬间，车厢变得透明，我看
见，自己和这长长的列车一起，正在漫天飘舞着的蒲公英中飞行。</p>
        <h4>转播设备</h4>
        <p>我现在是在万泉河附近，我们的转播车就在旁边不远的地方，师傅马上将会把车开过
来。我们的转播设备非常的先进，具体怎么先进我也说不清，师傅比我清楚，总之就是特别特别先
进。好，现在师傅已经把转播车开过来了。……
        </p>
        <h4>旅程</h4>
        <p>夕阳 染红蓝天<br>
        带走 美好的一天<br>
        风 吹过大地<br>
        炫美的世界<br>
        <br>
        霞光 点亮星辰<br>
        燃起 辽远的梦幻<br>
        流星 划过夜空<br>
        忆起 逝夜的歌声<br>
        <br>
        是谁昨夜背上行囊<br>
        唱一首满载风尘的歌<br>
        今夜才又想起拥抱的时刻<br>
        <br>
        独自走的一段旅程<br>
        是否还装满苦涩<br>
        一路风雨飘摇 那坎坷对谁说<br>
        <br>
        来吧看这远处亮起的点点星火<br>
```

```
        伸手触摸那写在匆匆旅程的歌<br>
        谁在转过的街口从容挥手<br>
        谁用欢笑和拥抱<br>
        记住这一刻
        </p>
    </div>
    <div id="footer">版权所有 2015.03.14 Next Station</div>
</div>
</body>
</html>
```

显示效果如图 5-30 所示。

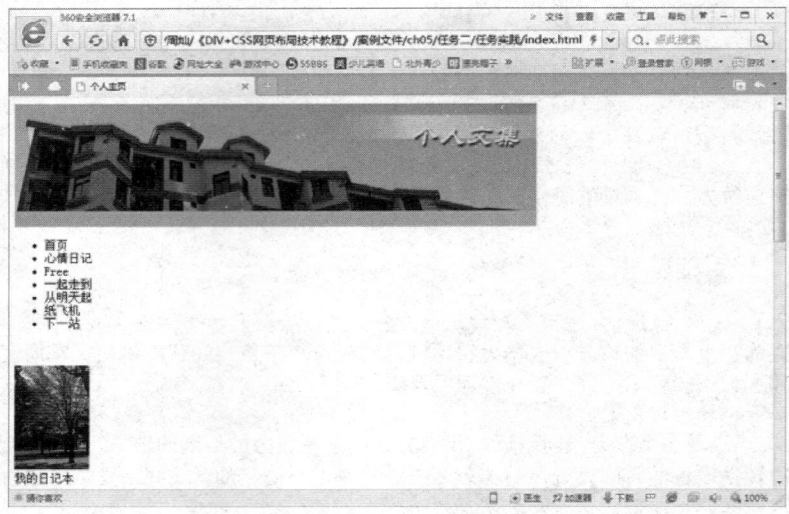

图 5-30   网页框架

(2) 定义 style 部分，代码如下，为网页划分区域：

```
<!--
body, html {
    margin:0px; padding:0px;
    background:#e9fbff;
}
#container {
    position: relative;
    left:50%;
    width:700px;
    margin-left:-350px;
    padding:0px;
    background:url(container_bg.jpg) repeat-y;
}
#banner {
    margin:0px; padding:0px;
}
#links {
    font-size:12px;
```

```
    margin:-18px 0px 0px 0px;
    padding:0px;
    position:relative;
}
#links ul {
    list-style-type:none;
    padding:0px; margin:0px;
    width:700px;
}
#links ul li {
    text-align:center;
    width:100px;
    display:block;
    float:left;
}
#links br {
    display:none;
}
#leftbar {
    background-color:#d2e7ff;
    text-align:center;
    font-size:12px;
    width:150px; float:left;
    padding-top:20px;
    padding-bottom:30px;
    margin:0px;
}
#leftbar p {
    padding-left:12px; padding-right:12px;
}
#content {
    font-size:12px;
    float:left; width:550px;
    padding:5px 0px 30px 0px;
    margin:0px;
    background:url(bg1.jpg) no-repeat bottom right;
}
#content p, #content h4 {
    padding-left:20px; padding-right:15px;
}
#footer {
    clear:both; font-size:12px;
    width:100%;
    padding:3px 0px 3px 0px;
    text-align:center;
    margin:0px;
    background-color:#b0cfff;
}
.pic1 {
    border:1px solid #00406c;
```

```
}
p.leftcontent {
    text-align:left;
    color:#001671;
}
h4 {
    text-decoration:underline;
    color:#0078aa;
    padding-top:15px;
    font-size:16px;
}
-->
</style>
```

最终显示的网页效果如图 5-31 所示。

图 5-31　个人网页

上机实训：制作咖啡店网页

实训背景

　　网络时代的来临，使得越来越多的商家开始注重网络推销。张秀作为一名网页设计师，接到新任务，帮助一家咖啡店设计网站，要求网页中突出咖啡店的特色，并在主页突显餐饮搭配以及会员登录、论坛讨论，如图 5-32 所示。

图 5-32　咖啡店网页

实训内容和要求

　　网页在制作时需要划分区域模块，这样才能更好地安排各版块的内容以及定义边框。由于 CSS 能够快速实现网页排版布局，因此，张秀决定使用 CSS 来完成此次上机实训。

实训步骤

（1）定义咖啡店网页的上栏，代码如下：

```
<div class="big">
   <div class="up">
      <div class="top-dh">
         <ul>
            <li><a href="#"><p>返回首页</p></a></li>
            <li><a href="#"><p>网站地图</p></a></li>
            <li><a href="#"><p>关于我们</p></a></li>
         </ul>
      </div>
      <div class="logo_dh">
         <div class="up_left">
            <p><img src="img/logo.jpg" border="0" /></p>
         </div>
         <div class="up_midel">
            <ul>
               <li><a href="#">
                   <img src="img/dh01.jpg" border="0" /></a>
               </li>
               <li><a href="#">
                   <img src="img/dh02.jpg" border="0" /></a>
```

```
        </li>
        <li><a href="#">
            <img src="img/dh03.jpg" border="0" /></a>
        </li>
        <li><a href="#">
            <img src="img/dh04.jpg" border="0" /></a>
        </li>
        <li><a href="#">
            <img src="img/dh05.jpg" border="0" /></a>
        </li>
        </ul>
    </div>
    </div>
    </div>
    </div>
</div>
```

显示效果如图 5-33 所示。

图 5-33 网页的上栏

(2) 定义咖啡店的中栏，代码如下，展示出店内的特色：

```
<div class="down">
    <div class="d_left">
        <div class="login">
            <a href="#">会员登录</a>
            <a href="#">进入论坛</a>
        </div>
    </div>
    <div class="d_midel"> </div>
    <div class="d_right">
        <div id="news">
            <DIV id="newsTop">
                <DIV id="newsTop_tit">
                    <P class="topTit"></P>
                    <P class="topC0">公司新闻</P>
                    <P class="topC0">咖啡文化</P>
                </DIV>
                <DIV id="newsTop_cnt">
                    <SPAN title="Don't delete me"></SPAN>
                    <SPAN>
                    <div class="cnt_n"><A href="#">摇出你的精彩世界</A></div>
                    <div class="cnt_n"><A href="#">咖啡香自国贸来</A></div>
                    <div class="cnt_n"><A href="#">我的心情故事</A></div>
                    <div class="cnt_n"><A href="#">夏日新一卡北京</A></div>
                    </SPAN>
                    <SPAN>
```

```
            <div class="cnt_n"><A href="#">最好的咖啡出自哪？</A></div>
            <div class="cnt_n"><A href="#">怎么喝咖啡</A></div>
            <div class="cnt_n"><A href="#">咖啡的好处</A></div>
            <div class="cnt_n"><A href="#">喝咖啡的要点</A></div>
            </SPAN>
          </DIV>
      </DIV>
      <SCRIPT>
      var Tags = document.getElementById('newsTop_tit')
        .getElementsByTagName('p');
      var TagsCnt = document.getElementById('newsTop_cnt')
        .getElementsByTagName('span');
      var len = Tags.length;
      var flag = 1; //修改默认值
      for(i=1; i<len; i++) {
          Tags[i].value = i;
          Tags[i].onmouseover=function() {changeNav(this.value)};
          TagsCnt[i].className = 'undis';
      }
      Tags[flag].className = 'topC1';
      TagsCnt[flag].className = 'dis';
      function changeNav(v) {
          Tags[flag].className = 'topC0';
          TagsCnt[flag].className = 'undis';
          flag = v;
          Tags[v].className = 'topC1';
          TagsCnt[v].className = 'dis';
      }
      </SCRIPT>
    </div>
    <div class="tu">
        <h1>营养搭配</h1>
        <a href="#"><img src="img/tu_01.jpg" border="0" /></a>
        <a href="#"><img src="img/tu_02.jpg" border="0" /></a>
        <a href="#"><img src="img/tu_03.jpg" border="0" /></a>
    </div>
  </div>
</div>
```

显示效果如图 5-34 所示。

(3) 定义网页版权，代码如下：

```
<div class="foot_right">
    <p>
    <A href="#">黑咖啡门店</A> | <a href="#">网站地图</a>
      | <a href="#">常见问题</a> | <a href="#">联系我们</a>
      | <a href="#">使用条款</a> | <a href="#">隐私保护</a></p>
    <p>版权所有 &copy; 2014 黑咖啡中国 沪 ICP 备 140200089 号</p>
</div>
```

显示效果如图 5-35 所示。

图 5-34　网页中栏效果

图 5-35　网页版权效果

(4)　咖啡店网页制作完成，最终效果如图 5-36 所示。

图 5-36　咖啡店网页的最终效果

实训素材

实例文件存储于"案例文件\项目五\上机实训：制作咖啡店网页"中。

习　题

一、填空题

1. 盒模型是 CSS 布局最基本的组成部分，用于_____。
2. 绝对定位是浮动显示相对应的概念，它能够_____。
3. DOCTYPE 是_____的简写，称为 DTD_____。
4. 网页中的所有元素和对象呈现出_____，如段落(p 元素)是个方盒子。
5. 用户可以为元素的边框指定_____、_____或_____，其中，颜色和宽度可以省略。

二、选择题

1. 下面哪个(　　　　)属性可以定义外边距？
    A．margin   B．marginr   C．main   D．marine
2. 边框样式包含(　　　)个基本属性。
    A．1   B．2   C．3   D．4
3. margin 属性的默认值为(　　　)。
    A．0   B．1   C．2   D．3
4. 在本项目中，定义盒模型的外边距有(　　　)种方法。
    A．5   B．6   C．7   D．8
5. 下面(　　　)定义外部交互内容或插件。
    A．<basefont>   B．<applet>   C．<address>   D．<embed>

三、问答题

1. 简述什么是盒模型。
2. 简述盒模型对网页布局有什么作用。
3. 简述如何设置文档类型。
4. 简述如何选择标签。

项目六

剖析网页排版和 CSS + DIV 布局

1. 项目要点

(1) 设计交河故城网页。

(2) 设计禅意花园两列三列布局。

2. 引言

网页排版和 CSS + DIV 布局及样式设置在制作网页的过程中是非常重要的。在本项目中，将通过一个项目导入、两个工作任务实践、一个上机实训，向读者展示网页的排版与布局。

3. 项目导入

左震是某网页设计公司的一名网页设计师，接到项目主管分派的任务，需要为蓝色经典博客网站的子网页设计分列排版布局，如图 6-1 所示。

图 6-1　蓝色经典博客网页

制作蓝色经典博客网页的操作步骤如下。

(1) 首先，将页面设置为固定宽度且居中，同时设置页面的背景，代码如下：

```css
Body {
    background-color:#ebf7ff;
    margin:0px;
    padding:0px;
    text-align:center;
}
#container {
    position:relative;
    margin:1px auto 0px auto;
    width:880px;
    text-align:left;
}
```

考虑到页面框架中没有#banner 这样的块，因此，整个页面的 Banner 可以用导航菜单的背景图片来实现，并且在制作 Banner 图片时就为导航菜单预留位置，如图 6-2 所示。

图 6-2 Banner 图片

(2) 将 Banner 图片加入到#globallink 背景中，并且根据制作图片时的预留位置，调整导航菜单中超链接的位置，并修改相应的超链接样式，代码如下：

```css
#globallink {
    width:880px; height:210px;
    margin:0px;
    background-image:url(banner.jpg);    /* 添加 Banner 图片 */
    background-repeat:no-repeat;
    background-color:#ebf7ff;
    font-size:12px;
}
#globallink ul {
    list-style-type:none;
    position:absolute;
    display:inline;
    width:417px;
    left:468px; top:180px;               /* 调整菜单文字的位置 */
    padding:0px; margin:0px;
}
#globallink li {
    float:left;
    text-align:center;
}
#globallink ul li#one, #globallink ul li#two, #globallink ul li#three {
    width:57px;
}
#globallink ul li#four, #globallink ul li#five, #globallink ul li#six {
    width:78px;
}
#globallink a:link, #globallink a:visited {
    color:#FFFFFF;
    text-decoration:underline;
}
#globallink a:hover {
    color:#004c84;
    text-decoration:none;
}
```

此时，页面的显示效果如图 6-3 所示。

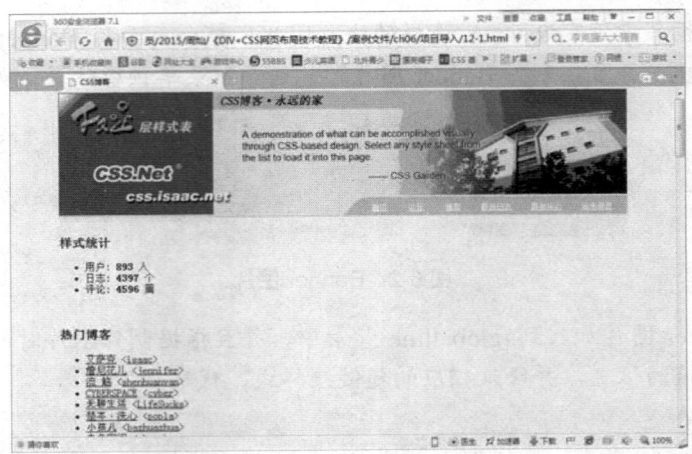

图 6-3　加入 Banner 图片

(3) 页面整体上将#parameter 设置为向右浮动，#mainsupport 设置为向左浮动，#footer 仍然在页面的最下方，代码如下：

```
#parameter {
    position:relative;
    float:right;              /* 右浮动 */
    font-size:12px;
    width:176px;
    padding-right:0px;
    margin:0px;
    color:#FEFEFE;
    background-color:#0084a9;
}
#mainsupport {
    float:left;               /* 左浮动 */
    position:relative;
    font-size:12px;
    margin-top:0px;
    margin-bottom:60px;
    margin-right:0px;
}
#footer {
    clear:both;               /* 不受浮动影响 */
    font-size:12px;
    text-align:center;
    color:#226c81;
    padding-bottom:20px;
    margin:0px;
    padding-top:20px;
    background-color:#ebf7ff;
}
```

此时，页面的显示效果如图 6-4 所示，各个大块的位置基本确定。

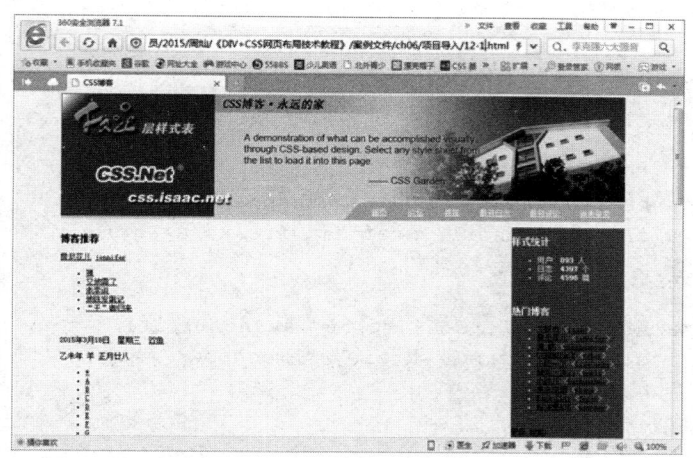

图 6-4　页面块的位置

（4）页面中，各个大块的位置确定后，接下来设置各个子块的样式。以#parameter 块中的子块热门博客#lhotblog 为例，该部分的 HTML 代码如下：

```
<div id="lhotblog">
   <h3 class="hotblog"><span>热门博客</span></h3>
   <ul>
      <li>
         <a href="#">艾萨克</a> &lt;
         <a class="author1" href="#">isaac</a>&gt;
      </li>
      <li>
         <a href="#">詹尼花儿</a> &lt;
         <a class="author1" href="#">jennifer</a>&gt;
      </li>
      <li>
         <a href="#">流 觞</a> &lt;
         <a class="author1" href="#">shenhuanyan</a>&gt;
      </li>
      <li>
         <a href="#">CYBERSPACE</a> &lt;
         <a class="author1" href="#">cyber</a>&gt;
      </li>
      <li>
         <a href="#">无聊生活</a> &lt;
         <a class="author1" href="#">LifeSucks</a>&gt;
      </li>
      <li>
         <a href="#">楚岑·洗心</a> &lt;
         <a class="author1" href="#">popla</a>&gt;
      </li>
      <li>
         <a href="#">小孩儿</a> &lt;
         <a class="author1" href="#">bazhuazhua</a>&gt;
```

```
        </li>
        <li>
            <a href="#">未名空间</a> &lt;
            <a class="author1" href="#">sheva</a>&gt;
        </li>
        <li>
            <a href="#">Dark City</a> &lt;
            <a class="author1" href="#">freax</a>&gt;
        </li>
        <li>
            <a href="#">E 心 E 意&amp;36</a> &lt;
            <a class="author1" href="#">moonbow</a>&gt;
        </li>
    </ul>
    <br>
    <span><a href="#">更多</a><a href="#">OPML</a></span>
</div>
```

其显示效果如图 6-5 所示。其中，原本在 HTML 中的<h3><span>标题文字已不见，而是一幅带光晕的图片。

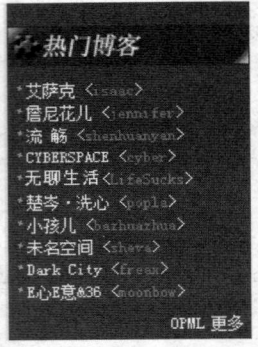

图 6-5   #lhotblog

(5) 像这种将标题替换成图片的技巧，在 CSS 排版中经常使用，其具体方法就是将 #parameter 块中所有<h3>包含的标题<span>标记设置为不可见，而本身的<h3>标记则设置背景图片来代替标题，代码如下：

```
#parameter h3 span {                    /* 标题的文字不显示 */
    display:none;
}
#parameter h3 {
    height:30px;
    width:176px;
    padding:0px;
    margin:0px;
}
#lstatistics h3 {                       /* 用背景图片代替标题 */
    background:url(lstatistics.jpg) no-repeat;
}
```

```
#recommendblog {
    width:380px;
    height:125px;
    background:url(recommendblog.jpg) no-repeat;      /* 竖的图片作为背景 */
    background-color:#c4e6ff;
    margin-bottom:10px;
    position:absolute;
    padding-top:15px;
    left:310px;
}
#recommendblog ul {
    padding-top:8px;
    padding-left:48px;                          /* 调整 ul 的位置,适应竖的背景标题 */
    margin:0px;
    list-style-type:none;
}
```

(8) 其他模块的制作方法类似,只需在细节上稍微调整,便可使整体页面协调、统一,最终效果如图 6-9 所示。

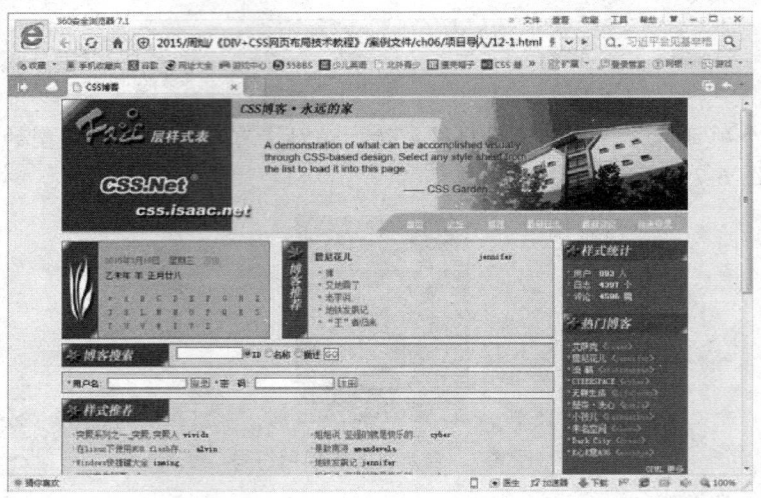

图 6-9　蓝色经典博客网页

4. 项目分析

由于 CSS 排版可以在页面整体上进行<div>标记的分块,然后对各个块进行 CSS 定位,最后在各块中添加相应的内容,使整个网页设计思路变得清晰明了,利于设计。因此,可以使用 CSS 排版来完成任务。

5. 能力目标

(1) 学习设计蓝色经典博客网页的制作方法。

(2) 学习设计交河故城网页的制作方法。

(3) 学习设计禅意花园两列三列布局的制作方法。

(4) 学习设计清明上河图网页的制作方法。

6. 知识目标

(1) 掌握网页排版的基本原则和方法。

(2) 掌握网页布局空间、位置、环绕、嵌套。

任务一：设计交河故城网页

知识储备

1. 网页排版的基本原则

网页排版的设计与盒模型息息相关，前面的内容中，已经就盒模型向读者做过详细介绍。在了解如何掌握网页布局之前，需要明白网页布局中应该注意几个问题。

● 样式的重用性：网页排版最大的特点就是样式的可重用性。利用 class 选择符重复地将某个样式属性多次应用到网页中，可以减少不断定义样式属性的繁琐工作，增强页面的可维护性。例如，某个标题的样式、版块的整体样式、文字颜色；甚至可以扩展到页面的模块化处理。

● 浮动与清除浮动：浮动是网页排版永恒的话题，很多浏览者的兼容性问题都是因为浮动导致的。例如，IE 6.0 的双倍间距问题。浮动也是一把双刃剑，兼容性的问题为其而生，也为其而灭，善于利用浮动，将给网页布局带来很大的帮助。

Dreamweaver 把网页布局分为固定宽度、弹性宽度、液态宽度和混合宽度 4 种类型。这种分类方法是根据网页的易用性来确定的。不同的设计师根据网页的版面结构，把网页布局分为 1 行 1 列、2 行 3 列、3 行 3 列等不同的结构块。

但是不管怎么分，设计师都应该考虑网页的易用性和可读性，怎样能使自己设计的网页更加适合不同的显示器，如手机屏幕 128*160px，传统的电脑屏幕 640*480px，到现在的液晶屏幕(15 英寸的为 1280*800px，30 英寸的为 50000000*4300000px)。

> **知识链接：** 从网页布局的解析方式来考察，网页布局主要包括 3 种：自然布局、浮动布局和定位布局。
>
> ● 自然布局：是根据标签在网页中的排列顺序，自动地从上到下进行解析和显示。
>
> ● 浮动布局：不再完全根据标签在网页中的排列顺序，而是根据标签的属性来决定它的解析，以及显示顺序和位置。
>
> ● 定位布局：是用一种模拟图像定位的方法解析和显示标签在屏幕上的位置和大小，它不再遵循标签在网页结构中的位置关系和排列顺序，完全以精确到像素的程度来解析和显示标签。

2. 网页排版的基本方法

网页排版主要通过 float 属性来实现，float 属性包括 3 个值：left(浮向左侧)、right(浮向右侧)和 none(禁止浮动)。为了方便学习 CSS 布局的方法，这里使用 3 个简单的 div 盒子进行模拟：

```
<div id="box1">模块 1</div>
<div id="box2">模块 2</div>
<div id="box3">模块 3</div>
```

然后在 CSS 样式表中设置这 3 个 div 盒子的形式和样式：

```
div {
    height:100px;              /*模块高度*
    color:white;              /*包含文本的字体颜色*/
    text-align:center;        /*包含文本水平居中*/
    line-height:100px ;       /*包含文本垂直居中*/
}
#box1 {background:red};       /*红色背景*/
#box2 {background:blue};      /*蓝色背景*/
#box3 {background:green};     /*绿色背景*/
```

在默认状态下，这 3 个盒子是按顺序垂直显示的，当然，读者也可以让它们按①②③的顺序水平布局在页面中，浮动样式的设计如下：

```
div {
    float:left;        /*全部向左浮动*/
    width:150px;       /*调整模块宽度*/
    height:300px;      /*调整模块高度*/
}
```

改变它们的水平排列顺序，使其按照②③①的顺序水平布局在页面中，如图 6-10 所示，则在①②③的顺序水平布局基础上，设计模块 1 向右浮动，增加样式如下：

```
#box1 {
    float:right;       /*调整模块 1 向右浮动*/
}
```

🎯 **知识链接：** 为了美观，这时适当调整了 3 个模块的宽度，但是，从图 6-10 中可以看出，当采用这种布局时，中间很容易出现一道缝隙，影响美观，在后面的实例中，我们将讲解如何解决这道缝隙的问题。

如果想改变布局顺序，即按照③②①的顺序水平布局，如图 6-11 所示，则可以定义 3 个模块都向右浮动，再定义模块 3 向左浮动，重新设计的样式如下：

```
div {
    float:right;        /*调整 3 个模块向右浮动*/
    width:184px;        /*调整所有模块的宽度*
    height:300px;       /*调整所有模块的高度*/
}
#box3 {
    float:left;         /*调整模块 3 向左浮动*/
}
```

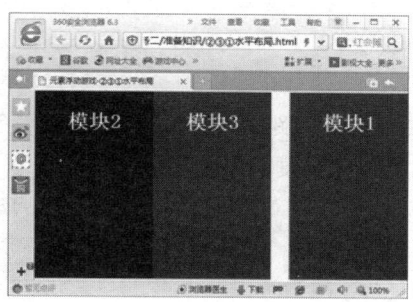

图 6-10　②③①水平布局

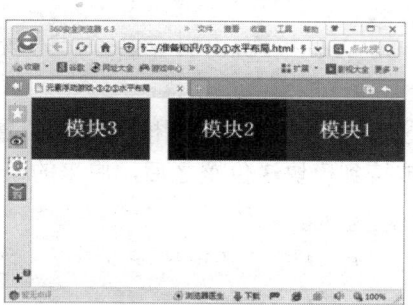

图 6-11　③②①水平布局

按照这样的思路，还可以设计出①③②的顺序水平布局效果，如图 6-12 所示，设计样式如下：

```
div {
    float:left;          /*调整 3 个模块向左浮动*/
}
#box2 {
    float:right;         /*调整模块 2 向右浮动*/
}
```

如果要设计②①③的顺序水平布局，则应该让模块 2 向左浮动，然后让模块 1 和模块 3 向右浮动，但是由于模块 1 在模块 3 的前面，也就是说，它在网页中的位置是固定的，如果都向右浮动，则模块 1 贴近最右侧，模块 3 跟在模块 1 的左侧浮动。

要解决这个问题，我们不妨换种方法思考。现在就利用 margin 取值的方法来颠倒模块的排列顺序。

首先，来设计②①③的顺序水平布局，让所有模块都向左浮动，再让模块 3 向右浮动，形成①②③顺序水平布局效果(如图 6-13 所示)：

```
div {
    float:left;              /*调整 3 个模块向左浮动*/
}
#box3 {
    float:right;             /*调整模块 3 向右浮动*/
}
```

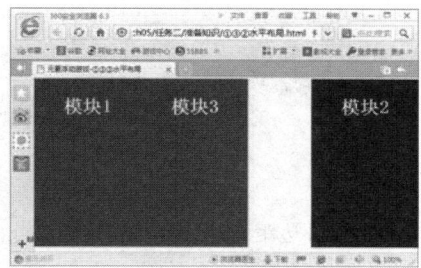

图 6-12　①③②水平布局

图 6-13　①②③水平布局

然后设置模块 1 的左外边距等于模块 1 的宽度，使其位置向右移到模块 2 的位置：

```
#box1 {
    margin-left:184px;        /*调整模块 1 左外边距*/
}
```

这时模块 2 被迫移到模块 3 的位置。设置模块的左外边距为-368px，即其取值等于模块 2 被挤到模块 3 位置之后，原来的模块 1 和模块 2 的总宽度：

```
#box2 {
    margin-left:-368px;        /*调整模块 2 的左外边距*/
}
```

此时，如果在 IE 或其他标准浏览器中预览，则达到我们的最初设想效果，如图 6-14 所示。但是，在 IE 6.0 及其以下版本中预览，会显示不同的效果。

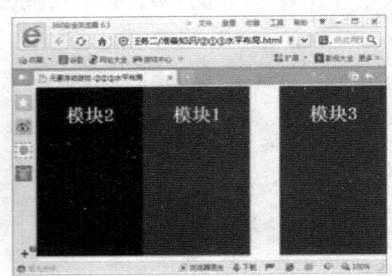

图 6-14　在 IE 中②①③水平布局的效果

知识链接：看来这样设计还存在兼容性的问题。这是因为 IE 6.0 在解析 margin 取负值时还存在 Bug。解决的方法是在模块 1 中添加如下声明：

```
#box1 {
    margin-left:184px;  /*调整模块 1 左外边距*/
    display:inline;  /*声明模块 1 为行内元素显示，就可以清除这个 Bug*/
}
```

同样的道理。如果要设计③①②顺序的水平布局，则应该让模块 3 向左浮动，然后让模块 1 和模块 2 向右浮动。但是由于模块 1 在模块 2 的前面，也就是说，它在网页中的位置是固定的，如果都向右浮动，则模块 1 先贴近最右侧，模块 2 跟在模块 1 的左侧浮动。

也许要设计③①②顺序的水平布局，我们可以取与②①③顺序反向的操作，即设计如下的样式表：

```
div {
    float:right;        /*全部右浮动*/
    width:184px;        /*统一宽度*/
    height:300px;        /*统一高度*/
}
#box1 {
    margin-left:184px;        /*模块 1 取负 2 倍宽度的左外边距*/
}
#box2 {
    margin-left:184px;        /*模块 2 取负 1 倍宽度的左外边距*/
    display:inline;        /*声明行内显示*/
}
```

```
#box3 {
    float:left;        /*模块 3 向左浮动*/
}
```

上面这种设计思路完全是根据②①③顺序的水平布局进行取反操作，设计的效果在 IE 浏览器下能够正确显示，如图 6-15 所示。

图 6-15　在 IE 中③①②水平布局的效果

上面的布局思路都是针对一行内模块布局模式进行研究。下面我们来探索如何实现多行布局。设想模块 1 在第 1 行满屏显示，模块 2 和模块 3 在第 2 行显示，如图 6-16 所示。

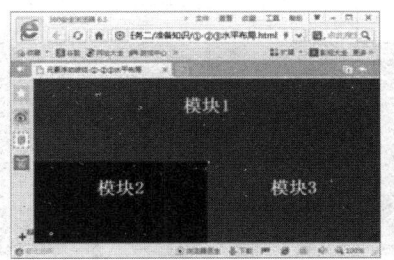

图 6-16　在 IE 中①-②③水平布局效果

要实现这样的布局，我们不妨让模块 1 自然流动显示，而让模块 2 和模块 3 浮动显示，即设计如下的样式：

```
body { height:150px };     /*统一模块的高度*/
#box1 { }              /*模块 1 自然流动*/
#box2 {
    width:50%;         /*模块 2 的宽度*/
    float:left;        /*模块 2 向左浮动*/
}
#box3 {
    width:50%;         /*模块 3 的宽度*/
    float:left;        /*模块 3 向左浮动*/
}
```

读者也可以让模块 3 向右浮动，这样的页面布局显得更为稳健。当然，模仿前面介绍的规则，还可以让模块 2 和模块 3 调换位置，形成①-③②结构布局样式。当然，还可以让 3 个模块都浮动起来，然后在中间增加一个清除属性，把它们强制切分为两行显示，或者尝试让模块 1 和模块 2 浮动，模块 3 自然流动显示，则会得到①②-③结构的布局效果，如图 6-17 所示。

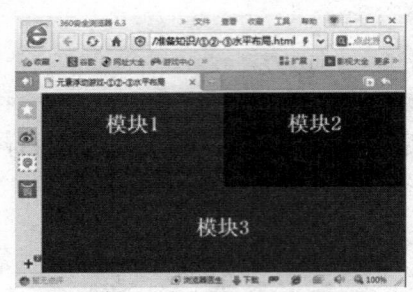

图 6-17　在 IE 中①②-③水平布局的效果

任务实践

荣冰制作交河故城网页的具体操作步骤如下。

(1)　设计整体框架，采用固定宽度且居中的版式，Banner 图片依然作为#globallink 的背景来加入，需要特别指出的是，这里的背景图片将#parameter 中的一部分纳入其中，并且将菜单导航的一部分移动到框架外，如图 6-18 所示，但实质上都是 Banner 图片的一部分，只是看上去移动了而已。

图 6-18　Banner 图片

(2)　考虑到页面中需要两条竖线作为分割线，由于#parameter 块的效果在框架之外，因此不能通过设置它的 border 来实现。为 body 标记单独制作一幅背景图片，y 方向重复即可，如图 6-19 所示。

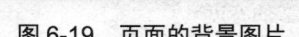

图 6-19　页面的背景图片

拓展提高：因为是竖直 y 方向重复，所以该图片的高度可以仅为 1px，这样，在不影响显示效果的前提下，能够最大限度地减少图片占用的空间，加快下载的速度。

CSS 代码如下：

```
body {
    background:url(body_bg.jpg) repeat-y center;    /* 页面的两条竖线 */
    background-color:#000000;
    margin:0px;
    padding:0px;
```

```
    text-align:center;
}
#container {                                /* 固定宽度且居中的版式 */
    position:relative;
    margin:0px auto 0px auto;
    width:800px;
    text-align:left;
}
#globallink {
    width:800px;
    height:430px;
    margin:0px;
    background-image:url(banner.jpg);
    background-repeat:no-repeat;
    font-size:12px;
    padding-bottom:0px;
}
```

(3) 用同样的方法设置#globalink 的 CSS 样式，不同的是，其中的菜单<ul>设置为竖直的排列，而不再是水平菜单，代码如下：

```
#globallink ul {
    list-style-type:none;
    position:absolute;                     /* 绝对定位 */
    display:block;
    left:761px;
    top:58px;
    padding:0px; margin:0px;
}
#globallink li {
    text-align:center;
    padding-top:18px;
    width:30px;
}
```

此时的页面显示效果如图 6-20 所示。

图 6-20 设置了 Banner、导航条和页面背景

(4) 对于#parameter 块设置其向左浮动，#mainsupport 也向左浮动，并且设置#parameter 的 margin-top 为负数，使其上端移动到 Banner 图片中，代码如下：

```
#parameter {
    position:relative;
    float:left;                          /* 左浮动 */
    font-size:12px;
    width:190px;                         /* 固定宽度 */
    padding:0px 6px 20px 0px;
    margin-top:-88px;                    /* 向左移动出去 */
    color:#bb9d80;
    background:url(parabottom.jpg) no-repeat bottom;   /* 下部圆角 */
    background-color:#3e3226;
}
#mainsupport {
    float:left;
    position:relative;
    color:#c86615;
    font-size:12px;
    margin:10px 20px 0px 20px;
    padding-left:12px;
    width:510px;
}
#footer {
    position:relative;
    clear:both;
    background:url(footer_bg.jpg) no-repeat;        /*footer 的背景图片*/
    font-size:12px;
    height:44px;
    text-align:center;
    color:#C2C299;
    margin:0px;
    padding-top:16px;
}
```

此时的页面显示效果如图 6-21 所示。

图 6-21　页面局部

(5) 这样，整个页面的布局就已基本完成，下面调整子块的细节，将所有文字标题用图片代替。这里比较特殊的是#mainsupport 部分的各个子块标题采用了较大的故城图片，并加上了相框，从而能更好地切合主题，如图 6-22 所示。

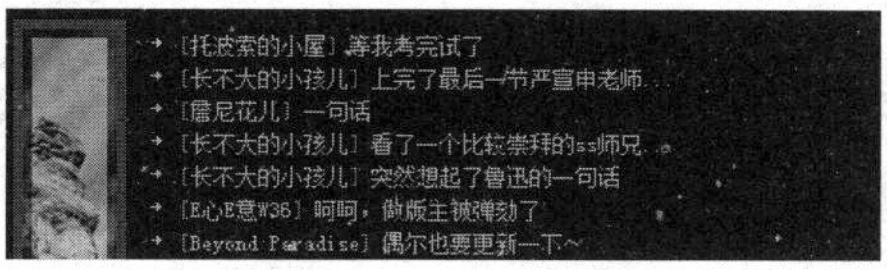

图 6-22 块标题图片

(6) 最后为#container 添加位于底部右侧的图片，以更好地与整体风格呼应：

```
#container {                                   /* 固定宽度且居中的版式 */
    position:relative;
    margin:0px auto 0px auto;
    width:800px;
    text-align:left;
    background:url(container_bg.jpg) no-repeat bottom right;
    /* 底部右侧的背景图片 */
}
```

此时的页面显示效果如图 6-23 所示。

图 6-23 底部右侧的背景图片

(7) 整个页面制作完成，通过链接新的 CSS 文件(03.css)，显示效果如图 6-24 所示。

图 6-24 设计交河故城网页

任务二：设计禅意花园的两列三列布局

知识储备

1. 布局空间

当网页中的一个元素被定义为浮动显示时，该元素就地收缩自身体积为最小状态。

🌐 **知识链接：** 如果该元素被定义了高度或宽度，则元素将以高度或宽度值所设置的大小进行显示。如果浮动元素包含了其他对象，则元素的体积会自动收缩到仅能容纳所包含对象的大小。如果没有设置大小，或者没有任何包含对象，浮动元素将会缩小为一个点，甚至为不可见。

【例 6-1】下面这个页面中包含了 6 个元素，分别让它们浮动显示，为了便于观察，定义了每个元素的边框，同时设置每个元素外边距为 6px。其中，第 1 个元素被指定了宽度和高度；第 2 个元素包含文字，并定义了行高等于字体大小；第 3 个元素包含文字，并定义了行高等于 100px，目的是观察行高对浮动元素的影响；第 4 个元素包含一个图像；第 5 个元素包含为空，行高为默认值，看此时行高对于空浮动元素是否有影响；第 6 个元素不包含任何对象，同时定义行高为 0，清除任何可能影响浮动元素大小的因素，看浮动元素的大小。浮动元素的大小在 IE 浏览器中的效果如图 6-25 所示。

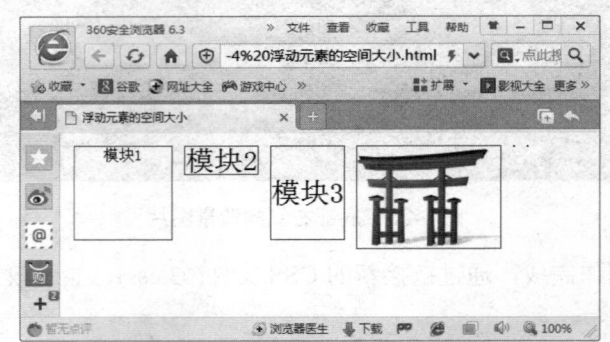

图 6-25　在 IE 中浮动元素的大小

🐌 **拓展提高：** 准备浮动一个元素时，应该显示定义浮动元素的大小。如果元素包含有形的对象，则可以考虑不定义大小，让浮动元素紧紧包含有形的对象。利用浮动元素的这个特性，就可以为对象嵌套一层外包含框，实现一些特殊的设计效果。

2. 布局位置

当网页中一个元素浮动显示时，由于所占空间大小的变化，它会在包含元素内部自动向左或者向右浮动，直到遇到包含元素(或者说父元素)的边框或内边距，或者遇到相邻浮动元素的外边距或边框时才会停下来，而不管所遇到的边框、内边距或外边距是什么类型的元素。

【例 6-2】输入下面的样式代码和结构代码：

```
<style type="text/css">
p {
    width:90%;                    /*宽度*/
    border:solid 2px red;         /*增加边框*/
}
</style>
</head>
<body>
<p class="p2">
<span><acronym title="cascading style sheets">CSS</acronym>
<span class="class1">具有强大的功能，可以自由控制 HTML 结构。</span>
当然你需要拥有驾驭 CSS 技术的能力和创意的灵感，同时亲自动手，用具体的实例展示 CSS 的魅
力，展示个人的才华。<span class="class2">截至目前，</span>
很多 Web 设计师和程序员已经介绍过许多关于 CSS 应用技巧和兼容技术的各种技巧和案例。而平面
设计师还没有足够重视 CSS 的潜力。你是不是需要从现在开始呢？
</span></p>
</body>
```

在上面的文本段中，p 元素以 90%的宽度显示，为了方便观察，通过粗线边框进行显示。当定义 acronym 元素向右浮动时：

```
acronym {
    float:right;               /*向右浮动*/
    background:#FF33FF;        /*增加背景色以方便观看*/
}
```

它会一直浮动到 p 元素(包含元素)的右边框内侧，如图 6-26 所示。

现在，再定义 acronym 元素后面的<span>也向右浮动：

```
.class1 {
    float:right;                     /*向右浮动*/
    border:solid 2px blue;           /*增加背景色以方便观看*/
    height:50px;                     /*高度*/
    width:120px;                     /*高度*/
}
```

则此时它就不是停靠在 p 元素的内侧边框上，而是在 acronym 元素的左侧外壁上，如图 6-27 所示。

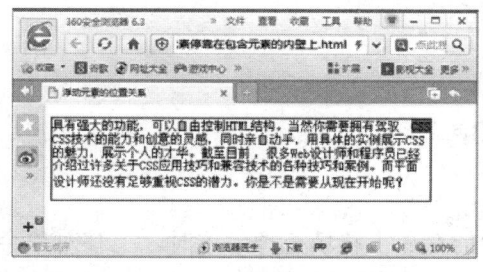

图 6-26　浮动元素停靠在包含元素的内壁上

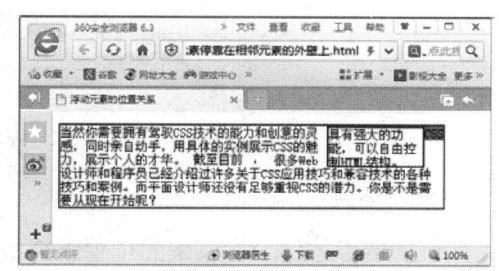

图 6-27　浮动元素停靠在相邻元素的外壁上

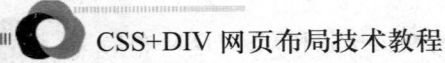
拓展提高：浮动元素在浮动时，会遵循向左右平行浮动，或者向左右下错平行浮动
的规则，决不会在当前位置的基础上向上错移到左右边。

例如，针对上面的文本段，<span class="class 2">元素的左侧没有任何文本，定义：

```
.class2 {
    float:left;              /*向左浮动*/
    background:#FF33FF;      /*增加背景色以方便观看*/
}
```

则会直接平移到左侧的 p 元素内壁上，如图 6-28 所示。但是，如果其左侧有其他文本
或对象，则该浮动元素向下错一行，再向左平移，如图 6-29 所示。

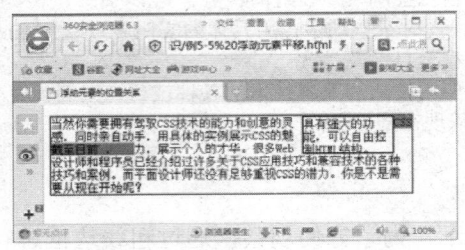
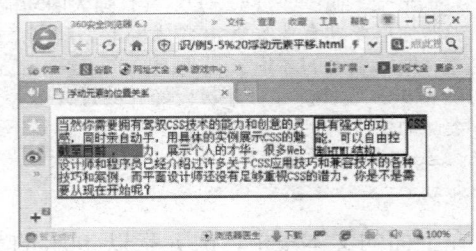

图 6-28　浮动元素的平移　　　　　　　　　图 6-29　浮动元素下错移动

拓展提高：了解浮动元素的移动规律，对于网页布局非常重要。虽然说浮动元素能
够自由浮动，但是并不等于它能随意移动。

当然，还可以使用外边距取负值的方法把浮动元素移到上面。例如，针对上面的例
子，输入以下代码，为<span class="class 2">元素定义一个负外边距值：

```
.class2 {
    margin-top:-100px;      /*通过取负外边距值，强迫浮动元素向上移动*/
}
```

这时，可以看到浮动元素移动到上面去了，如图 6-30 所示。

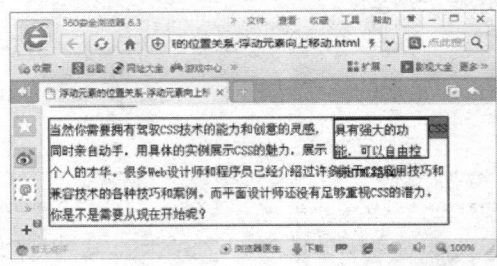

图 6-30　浮动元素向上移动

3. 布局环绕

当元素浮动之后，它原来的位置就会被下面的对象上移填充掉。这时，上移对象会自
动围在浮动元素的周围，形成一种环绕关系。

【例 6-3】对于如下结构：

```
<style type="text/css">
body {
    line-height:180%;
}
#box1 {
    width:100px;              /*宽度*/
    height:100px;                /*高度*/
    border:solid 4px blue;    /*边框*/
    float:left;                /*向左浮动*/
}
p {
    border:solid 2px red;     /**段落边框/
}
</style>
</head>
<body>

<div id="box1">浮动元素</div>
<p class="p2"><span>
<acronym title="cascading style sheets">CSS</acronym>
<span class="class1">具有强大的功能，可以自由控制 HTML 结构。</span>当然你需要拥
有驾驭 CSS 技术的能力和创意的灵感，同时亲自动手，用具体的实例展示 CSS 的魅力，展示个人的
才华。<span class="class2">截至目前，</span>很多 Web 设计师和程序员已经介绍过许多
关于 CSS 应用技巧和兼容技术的各种技巧和案例。而平面设计师还没有足够重视 CSS 的潜力。你是
不是需要从现在开始呢？
</span></p>
```

在 IE 中，段落文本会自动环绕在浮动元素的右侧，虽然 p 元素是一个块状元素，如图 6-31 所示。

通过调整浮动元素的外边距来调整它与周围对象的间距，如输入下面样式，则可以得到如图 6-32 所示的效果：

```
#box1 {
    margin:16px;                  /*调整浮动元素的外边距*/
}
```

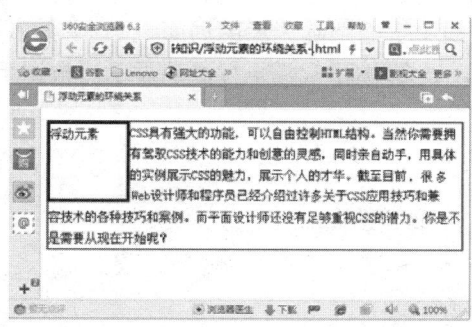

图 6-31　浮动元素的环绕关系

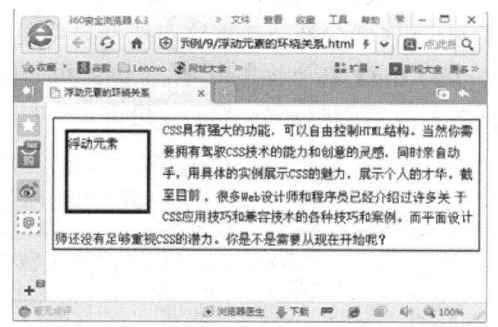

图 6-32　调整浮动元素与周围环境对象的间距

🐾 **拓展提高：** 注意，如果想通过设置 p 元素(环绕对象)的内边距或者外边距来调整环绕对象与浮动元素之间的间距，则要确保外边距或内边距的宽度大于或等于浮动的总宽度。虽然采用这种设计能产生相同的效果，但是，如果环绕对象包含有边框或者背景，所产生的效果就截然不同。

例如，针对上面实例清除浮动元素的外边距，然后为浮动对象 p 元素定义一个左内边距和背景图像：

```
p {
    padding-left:120px;              /*调整环绕对象左内边距*/
    border:solid 2px red;           /*环绕对象的边距*/
    background:url(images/bg4.jpg); /*背景图像*/
}
```

则会显示如图 6-33 所示的效果。但是，如果把左内边距改变为左外边距，则所得效果如图 6-34 所示。

🐾 **拓展提高：** 一个设置的差别可能对网页产生重大的影响，所以请用户务必注意这些细节。如果为 p 元素定义宽度和高度，浏览器的解析效果会发生分歧。

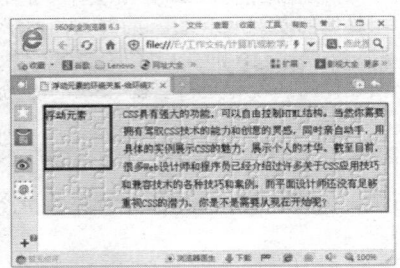

图 6-33　调整环绕对象的左内边距

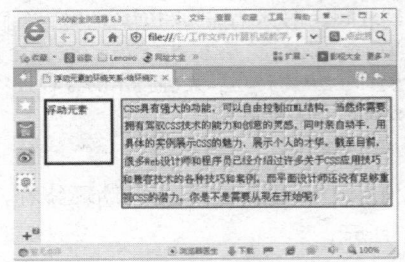

图 6-34　调整环绕对象的左外边距

4. 清除浮动

在自然状态下，网页元素都会很自然地依照固有位置，按顺序显示在网页上，但是浮动布局会打破这种布局顺序，于是各种布局问题接踵而至。CSS 为了解决这个问题，又定义了 clear 属性，希望使用这个属性来摆脱浮动布局中页面杂乱无章的局面。

【例 6-4】 在下面的 3 行 3 列的页面结构中，设置中间 3 栏平行浮动显示。根据下面的样式，显示如图 6-35 所示效果：

```
<style type="text/css">
div {
    border:solid 1px red;    /*增加边框，以方便观察*/
    height:50px;             /*固定高度，以方便比较*/
}
#left,#middle,#right {
    float:left;              /*定义中间 3 栏向左浮动*/
    width:33%;               /*定义中间 3 栏等宽*/
}
```

```
</style>
<body>
<div id="header">头部信息</div>
<div id="left">左栏信息</div>
<div id="middle">中栏信息</div>
<div id="right">右栏信息</div>
<div id="footer">脚部信息</div>
</body>
```

但是，如果设置左栏高度大于中栏和右栏高度，例如：

```
#left {
    height:100px;        /*定义左栏高于中栏和右栏*/
}
```

用户会发现脚部信息上移并环绕在左栏右侧，如 6-36 所示。

这种环境包含浮动元素的现象，当然不是我们所希望的，浮动布局所带来的影响由此可见。这时 clear 属性就有用了，为<div d="footer">元素定义一个清除样式，代码如下：

```
#footer {
    clear:left;          /*为脚部栏目元素定义清除属性*/
}
```

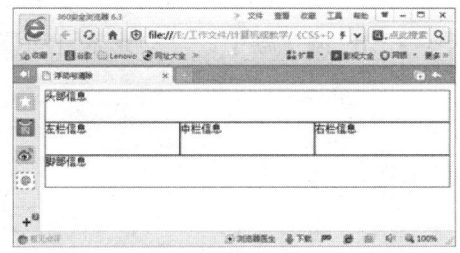

图 6-35　浮动布局效果

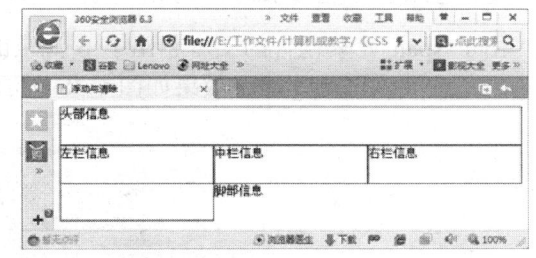

图 6-36　调整部分栏目高度后发生的错位现象

在浏览器中预览，则又恢复到预想的 3 行 3 列的布局效果，如图 6-37 所示。

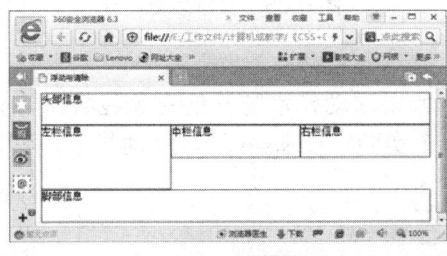

图 6-37　浮动布局的清除效果

知识链接：　clear 属性被用来清除元素左侧、右侧或左右两侧的浮动元素，该属性取值包括 left、right、both 和 none。

　　　　　　clear 属性是专门针对 float 属性而设计的，因此仅能够对左右两侧的浮动元素有效，对于非浮动元素是无效的。

5. 布局嵌套

由于浮动布局的复杂性，浮动布局与不同元素之间的布局关系也是很复杂的，元素之间的关系只有两种：包括继承关系(或者称为父子关系)和并列关系(或者称为相邻关系)。

(1) 浮动的外包含框

浮动元素能够很好地包含任何行内元素、块状元素或者其他浮动元素，这种包含关系在不同浏览器中都能够很好地解析和显示，且解析效果基本相同。但是，如果元素包含对象的大小超出了浮动元素的大小，则在不同浏览器中就显示出不同的效果。

【例 6-5】在下面的浮动 p 元素中包含了一个行内显示的 span 元素：

```
<style type="text/css">
p {
    border:solid 2px red;    /*边框*/
    float:left;                /*浮动显示*/
    width:260px;              /*固定宽度*/
}
span {background:#FF99FF};    /*行内元素背景*/
</style>
<p class="p3"><span>CSS Zen Garden(样式表禅意花园)邀请您发挥自己的想象力，构思一
个专业级的网页。让我们用慧眼来审视，充满理想和激情去学习CSS这个不朽的技术，最终使自己
能够达到技术和艺术合而为一的最高境界。</span></p>
```

由于 span 元素包含的文本超出了 p 元素的大小，在 IE 浏览器中，浮动元素自动调整大小来适应文本区域，显示效果如图 6-38 所示。

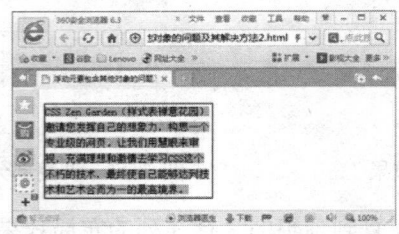

图 6-38　显示效果(一)

(2) 浮动的内包含框

思考一下相反的情况，如果浮动元素被其他对象包含时，会出现什么情况？我们不妨在上面的实例的基础上做一个实验，让 span 元素浮动显示，禁止 p 元素浮动显示，具体代码如下：

```
<style type="text/css">
body {
    line-height:160%;
}
p {
    border:solid 2px red;    /*定义包含框的边框*/
}
span {
    float:left;              /*子元素浮动显示*/
```

```
    width:80%;              /*显示宽度*/
    background:#FF99FF;     /*背景色*/
}
</style>
<p class="p3"><span>CSS Zen Garden(样式表禅意花园)邀请您发挥自己的想象力,构思一
个专业级的网页。让我们用慧眼来审视,充满理想和激情去学习CSS这个不朽的技术,最终使自己
能够达到技术和艺术合而为一的最高境界。</span></p>
```

这时我们可以看到,在任何浏览器中都会显示如图 6-39 所示的效果。

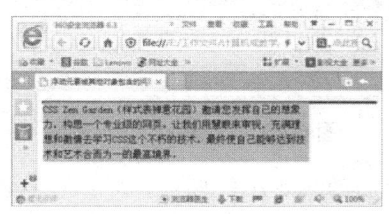

图6-39　显示效果(二)

父元素(浮动元素的包含框)自动收缩为一条直线,该直线为它的边框。由于这种布局
和方式在网页布局中比较实用,所以这个问题在实践中会经常遇到。解决方法如下:分别
为不同浏览器定义不同的显示方式,实现浏览器的兼容显示。

对于 IE 6.0 及其以下版本来说,只要包含框拥有了高度,它就能够自动调理自身的高
来适应所包含的对象。因此,我们可以在 IE 6.0 及其以下版本的浏览器中定义 p 元素的高
度为 1px:

```
* html p {               /*兼容 IE 6.0 及其以下版本的浏览器*/
    height:1px;          /*定义高度*/
}
```

对于 IE 版本的浏览器来说,可以使用 min-height 属性定义 p 元素的最低高度为 1px,
这样它能够自动调整高度,来包含其他对象:

```
p {                      /*兼容 IE 浏览器*/
    min-height:1px;      /*定义最低高度*/
}
```

对于其他标准浏览器(如 FF 等),则可以定义如下样式来强制包含框调整自身的高度,
以实现包含对象:

```
p:after {                /*兼容标准浏览器*/
    content:"";          /*增加显示内容*/
    display:block;       /*定义显示内容的显示属性*/
    height:0;            /*定义高度为 0,强制隐藏*/
    clear:both;          /*清除浮动*/
}
```

在上面的样式中,首先使用了 p:after 选择符,它只能够被标准浏览器所支持,表示在
p 元素的后面增加显示内容;然后使用 content 属性声明在 p 元素最后显示一个空内容,并
定义为块状态显示,这样才能够准确控制,再使用 height 属性声明该空行的高度为 0,即

强制隐藏它的显示，最后为这个空行元素增加一个清除属性，以强迫撑开包含框，最后的显示效果如图 6-40 所示。

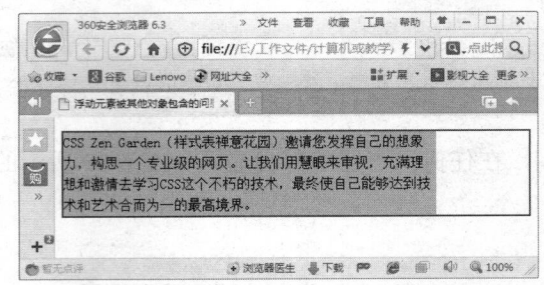

图 6-40　调整后的显示效果

操作技巧：如果认为上面的方法比较麻烦，那么可以调整 HTML 的结构，也就是在包含块的末尾增加一个清除元素。另外，由于 p 元素无法兼容这种方法，所以还必须把 p 元素替换为 div 元素。

另一种方法是定义包含框浮动显示。这样，包含框会自动调整大小，包含所有子对象。这种方法虽然比较简单，但是它改变了包含框的显示性质，会影响到其他版面的布局。所以，建议不要使用该方法。

6. 调整布局间距

(1) 垂直间距

在正常情况下，由于行内元素的外边距不影响任何元素，因此可以忽略它的存在。这时，文本行的间距只能够通过行高来调节，而其他类型的元素与行内元素的间距则可以通过其他元素的边距来调节。

【例 6-6】对于如下两个相邻元素，span 以行内样式来显示，div 以默认的块状样式来显示：

```
<span>
CSS Zen Garden(样式表禅意花园)邀请您发挥自己的想象力，构思一个专业级的网页。让我们用慧眼来审视，充满理想和激情去学习 CSS 这个不朽的技术，最终使自己能够达到技术和艺术合而为一的最高境界。
</span>
<div class="box">参考元素</div>
```

如果要调整它们的间距，只有通过定义 div 元素的边距来实现，如图 6-41 所示。

但是，如果在下面的样式中增加 display:inline;声明，让它在行内显示，则显示效果如图 6-42 所示：

```
.box {
    width:200px;                /*宽度*/
    height:50px;               /*高度*/
    background:#FF66CC;        /*背景*/
    margin-top:40px;           /*顶部外边距*/
}
```

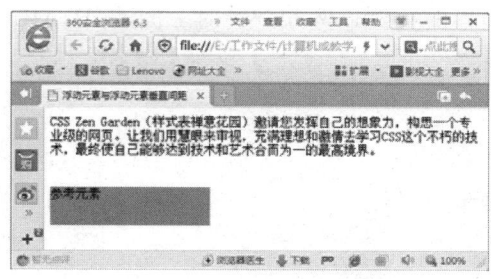 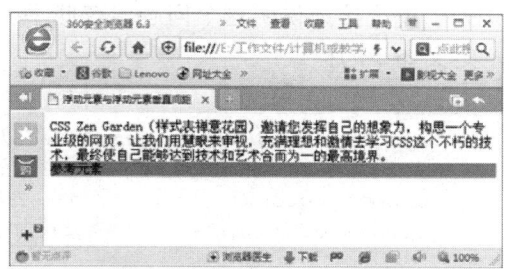

图 6-41　行内元素与块状元素的间距　　　　图 6-42　行内元素与行内元素的间距

对于块状元素与块状元素来说，一般会存在边界重叠现象。例如，针对上面的实例，如果定义 span 元素为块状显示，则上下元素之间的距离为 40px。但是如果为 span 元素再定义 40px 的顶部外边距，就会发现它们的间距并没有改变，依然为 40px：

```
span {
    display:block;              /*转换为块状显示*/
    border:solid 1px blue;      /*边框线*/
    margin-bottom:40px;         /*顶部外边距*/
}
```

这说明上下块状元素的外边距会发生重叠，重叠的幅度是上下元素的外边距中最小的那边。例如，如果上边元素的外边距为 40px，下边元素的外边距为 20px，则它们的间距为 40px，重叠大小为 20px；如果上边元素的外边距为 40px，下边元素的外边距为 60px，则它们的间距为 60px，重叠大小为 40px。

对于浮动元素与浮动元素来说，它们之间不会存在边界重叠问题。

例如，针对上面的实例，如果定义上下元素都向左浮动，则它们之间的垂直间距为上下外边距的和，即 80px。

浮动元素与块状元素之间的间距为上下外边距之和。但是，如果浮动元素在上面，块状元素在下面，由于浮动环绕关系，使得它们之间的间距变得很复杂。对于 IE 浏览器来说，不管上下位置的关系如何，它们的间距仍然为上下外边距的和，如图 6-43 所示。

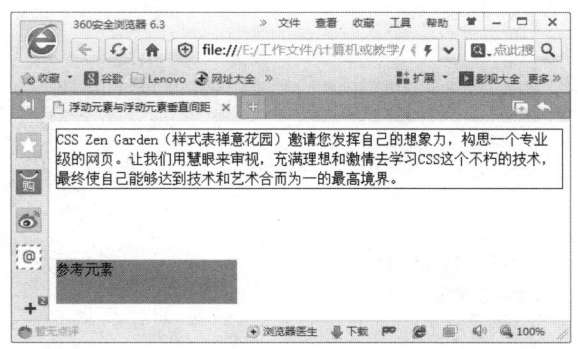

图 6-43　浮动元素与块状元素的间距

在其他版本的浏览器中，由于在解析浮动环绕问题上的差异，它们之间的间距就变得很复杂了。

为了更直接地说明这个问题，在此举一个简单的实例，例如，针对上面的 HTML 结构，定义如下的样式：

```
span {
    border:solid 1px blue;        /*边框*/
    margin-bottom:40px;        /*顶部外边距*/
    display:block;                /*转换为块状显示*/
    float:left;                   /*设置为浮动显示*/
}
.box {
    width:200px;            /*宽度*/
    height:50px;            /*高度*/
    background:#FF66CC;     /*背景*/
    margin-top:40px;        /*顶部外边距*/
}
```

(2) 水平间距

浮动布局中，元素的水平间距没有垂直间距复杂，一般不会出现边界重叠现象。但是由于 IE 浏览器的 Bug，特别是 IE 6.0 及以下版本浏览器的 Bug 太多，从而产生很多布局的兼容问题，下面我们就针对这个问题进行讲解。

如果给一个浮动元素定义了外边距，则浮向一边的外边距会加倍显示，这个问题在 IE 6.0 以及其以下版本的浏览器中存在。

【例 6-7】尝试输入下面的实例代码：

```
style type="text/css">
body {                        /*清除页边距*/
    padding:0;                /*清除标准浏览器中的页边距*/
    margin:0;                 /*清除 IE 中的页边距*/
}
div {                   /*公共样式*/
    margin-left:50px;         /*左侧外边距*/
    width:200px;        /*宽度*/
    height:100px;       /*高度*/
    border:solid 1px red;  /*边框*/
}
.box2 {
    float:left;         /*向左浮动*/
}
</style>
</head>
<body>
<div class="box1">参考元素</div>
<div class="box2">浮动元素</div>
</body>
```

分别在 IE 6.0 和 IE 11.0 中预览，显示效果如图 6-44、6-45 所示，从中可以很直观地看到两者解析上的差异。

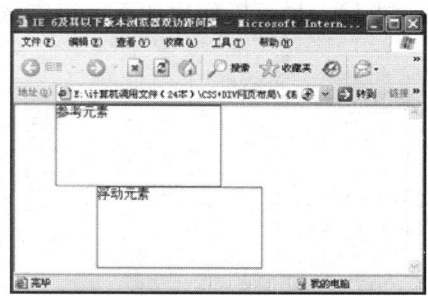
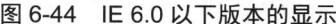

图 6-44　IE 6.0 以下版本的显示

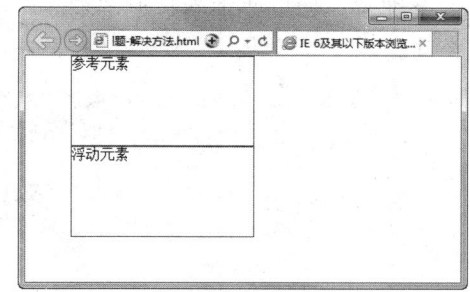

图 6-45　IE 7.0 以上版本的显示

此类问题的解决方法比较简单，只需要在浮动元素中增加"display:inline;"即可：

```css
.box2 {
    float:left;          /*浮动显示*/
    display:inline;      /*行内显示*/
}
```

🌐 **知识链接：** 此时，display:inline;规则不能改变浮动元素的显示状态，仅起到消除 IE 浏览器的 Bug 的作用，浮动元素依然显示为一个块状元素。

当浮动元素与一个非浮动元素并列显示时，元素之间就会多出 3 个像素的缩进空隙。这个问题在 IE 6.0 及其以下版本浏览器中存在。例如尝试输入以下代码：

```css
<style type="text/css">
body {
    padding:0;
    margin:0;
}
div {
    width:140px;               /*宽度*/
    height:100px;              /*高度*/
    border:solid 1px red;   /*边框*/
    float:left;                /*向左浮动*/
}
p {
    margin-left:140px;      /*增加左外边距*/
}
</style>
</head>
<body>
<div>浮动元素</div>
<p>CSS Zen Garden(样式表禅意花园)邀请您发挥自己的想象力，构思一个专业级的网页。让我们用慧眼来审视，充满理想和激情去学习 CSS 这个不朽的技术，最终使自己能够达到技术和艺术合而为一的最高境界。</p>
</body>
```

这时，如果在 IE 6.0 以下版本浏览器中预览，显示效果如图 6-46 所示。

在网页布局中，此类问题一般不破坏网页的整体效果。如果不仔细观察，可能不会注意到这个细节。如果要求不是很苛刻，可以不管它。当然，也可以使用如下兼容方法来解决这个问题：

```
* html div {                    /*兼容 IE 及其以下版本浏览器*/
    margin-right:-3px;  /*取浮动元素右边距为负值，收缩缩进*/
}
* html p {                     /*兼容 IE 及其以下版本的浏览器*/
    height:1px;        /*为环绕元素添加布局，强制左对齐*/
}
```

在 IE 7.0 以上版本的浏览器中，显示结果如图 6-47 所示。

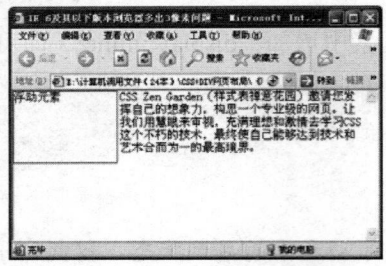

图 6-46　IE 6.0 以下版本的解析

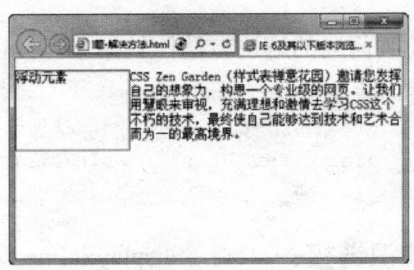

图 6-47　IE 7.0 以上版本的显示

(3)　水平错位

在进行网页布局时，可能会遇到这样的问题，当多列并列浮动时，最后一列突然移到下面去了，如图 6-48 所示。

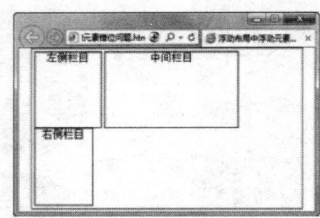

图 6-48　浮动布局错位的问题

🌐 知识链接：　出现这种情况的原因有两种。

① 浮动列宽固定，当浏览器改变窗口大小时，导致窗口宽度太窄，容不下所有列的宽度，则最后一列被迫挤到下面一行显示。这是经常遇到的情况，解决的方法是设置一个"外套"，并固定"外套"的总宽度。

② 浮动列总宽度之和超出了网页设置的宽度，则最后一列被迫挤到下面一行显示。解决的方法是精确计算每列的总宽度，然后计算所有列的总宽度，要求这个和必须小于或等于网页或包含框的宽度。

【例 6-8】请尝试输入以下代码：

```
<style type="text/css">
body {
    padding:0;
```

```
    margin:0;
    text-align:center;
}
#main {
    width:400px;          /*包含框的宽度*/
    padding:4px;          /*内边距*/
    border:solid 2px red;  /*边框*/
}
#main div {
    float:left;           /*向左浮动的有列*/
    height:160px;  /*高度*/
}
#left {
    width:100px;           /*左栏宽度*/
    background:red;          /*左栏背景色*/
}
#middle {
    width:200px;          /*中间栏宽度*/
    background:blue;  /*中间栏背景色*/
}
#right {
    width:100px;     /*右间栏宽度*/
    background:green;  /*右栏背景色*/
}
.clear {
    clear:both;        /*定义清除类*/
}
</style>
</head>
<body>
<div id="main">
    <div id="left">左侧栏目</div>
    <div id="middle">中间栏目</div>
    <div id="right">右侧栏目</div>
    <br class="clear" />
</div>
</body>
```

在上面的结构模型中，包含框的宽度为 400px，所以其包含的栏目总宽度不能超过这个宽度。例如，针对上面的栏目样式，可以很容易地计算出各个栏目的总宽度。

知识链接： 这样计算起来可能比较简单，如果各个栏目增加了外边框、内边框之后，计算各个栏目的总宽度时就需要小心了。只要细心，就不会出现总宽度超过包含框或页面宽度的问题，自然也不会出现错位的现象。

不过下面的这些问题读者应特别注意。

● 百分比宽度问题：当将栏目宽度的位置设置为百分比时，由于不同浏览器对于小数值的处理方式不同，可能会出现栏目实际宽度大于所设置的宽度的现象，从而导致栏目错位。例如，假设包含框的宽度为 401px，左栏宽度为 50%，右栏宽度为 50%，则左右栏宽度为 200.5px，有些浏览器(如 IE 6.0)会进行四舍五入，认为左右栏的宽度分别为 201px，这样，左右栏的实际总宽度就等于 402px，由于实际总宽度大于原定宽度，此时就会出现错位现象。因此，在为栏目设置百分比宽度时，一定要特别注意，建议适当地设置小一点的百分比取值。

● 双边距问题：针对上面的实例，假设定义左栏的宽度为 90px，而左外边距为 10px，应该说该栏目的总和依然为 100px，但 IE 6.0 中的显示效果如图 6-49 所示。这是因为 IE 6.0 及其以下版本浏览器的一个 Bug 造成的。但是在 IE 7.0 以上版本或其他浏览器中都能正确解析，如图 6-50 所示。

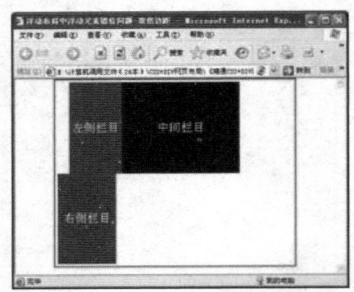

图 6-49 IE 6.0 中因双倍边距问题错位

图 6-50 IE 7.0 中的解析效果

任务实践

孟婷利用 CSS 模块、布局等功能，制作网页结构布局，具体操作步骤如下。

1. 深红色咖啡馆页面的两列布局

(1) 定义禅意花园的 HTML 结构：

```
<div id="container">     /*包含框*/

width:760px;        /*固定包含框宽度*/
margin-left:auto;    /*实现水平居中*/
margin-right:auto;   /*实现水平居中*/
margin-top:0;        /*顶部外边距*/
padding:0;          /*内边距*/
text-align:left;     /*文本左对齐*/
```

固定宽度包含框对于浮动布局来说是非常重要的，甚至说是必需的。因为在多列并列浮动的布局中，如果允许包含框的宽度为百分比，那么内部浮动的模块就很容易出现错位的现象，因为我们无法保证所有浏览器窗口的大小都是固定的。

(2) 然后，让第 1 个模块和第 2 个模块向左浮动，第 3 个模块向右浮动，同时，设置好 3 个模块的宽度，此时，将页面主体框架布局完成：

```
div#inro {                    /*第 1 个模块*/
    width:580px;              /*第 1 个模块的宽度*/
    margin:0;                /*清除外边距*/
    padding:0;               /*清除内边距*/
```

```
}
div#supporing Text{              /*第 2 个模块*/
    width:580px;                 /*第 2 个模块的宽度*/
    margin:0;                    /*清除外边距*/
    padding:0;                   /*清除内边距*/
    float:left;                  /*向左浮动*/
}
div#linkList {                   /*第 3 个模块*/
    width:155px;                 /*第 3 个模块的宽度*/
    padding:0;                   /*清除内边距*/
    float:right;                 /*向右浮动*/
    margin-top:-320px;           /*取负值向上移动模块*/
    margin-right:5px;            /*增加右外边距，调整模块显示位置*/
}
```

操作技巧： 注意，模块的总宽不能超过包含框的宽度。

（3）设计二级模块和局部版块的效果。首先设计页面整体色调和默认样式。这可以在 body 元素中实现。在 body 元素中定义页面的字体样式、段落样式、网页背景色、页边距和页面对齐，代码如下：

```
body {                                      /*定义页面的基本属性*/
    background:#371212 url(background.gif)
        top repeat-x;                       /*水平平铺背景图像*/
    font-family:Tahoma;Arial,Helvetica,sans-serif;  /*字体*/
    color:#F7F5D9;                          /*字体颜色*/
    font-size:075em;                        /*字体大小*/
    line-height:1.6em;                      /*行高*/
    padding:0;                              /*清除页面边距*/
    margin:0;                               /*清除页面边距*/
    text-align:center;                      /*页面居中*/
}
```

操作技巧： 设计网页背景时，应当把背景色和背景图像配合使用，如果背景图像无法显示，可以使用风格类似的颜色来代替，避免页面以白色背景显示时所遇到的尴尬。使用背景图像可以设计渐变背景效果，一般采用水平平铺来实现。

（4）在页面包含框中再定义一个背景图像作为顶部的背景图像：

```
div#container {                                     /*包含框*/
    background: #000000 url(background_header.gif)
        top center no-repeat;                       /*背景图像*/
    text-align: left;                               /*页面居中*/
}
```

该图像如图 6-51 所示。
然后把网页标题和头部的主要信息都封装在背景图像中。

图 6-51   顶部的背景图像

拓展提高：这种把网页信息部分封装在背景图像中的设计思路有以下优点：

- 简化了 CSS 设计的难度。
- 增加了页面的艺术效果。

(5)   对于第 1 个模块的第 2 个子模块的第 2 段链接信息，可通过内边距和外边距来调节它在页面中的位置：

```
div#quickSummary {              /*第1模块的第2个子模块*/
    width: 260px;               /*固定宽度*/
    height: 20px;               /*固定高度*/
    padding: 220px 0 0 0;        /*增加顶部内边距*/
    margin: 0 0 30px 310px;   /*增加左侧和底部外边距*/
}
```

(6)   最终的设计效果如图 6-52 所示。

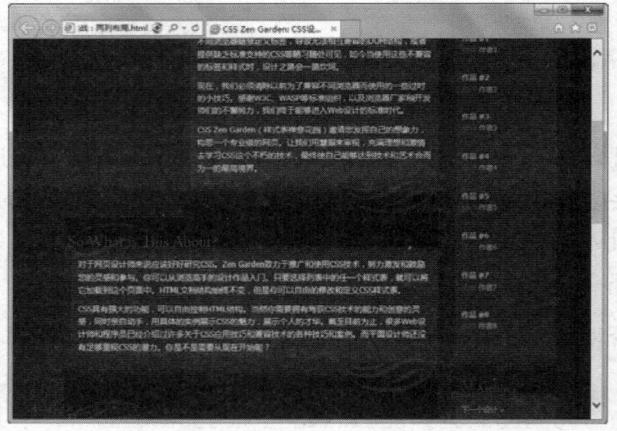

图 6-52   两列布局的效果

拓展提高：其他代码可参考实例源文件。

深红色咖啡馆页面以深红色为主色调，按照铺两栏来设计，左栏显示主要信息，右栏显示链接信息。画面以背景图的特写和圆滑的模块为网格分显示不同的模块信息。

2. 阳光灿烂喜洋洋页面的三列布局

(1)　先固定页面包含框的信息，宽度大小可以根据情况而定：

```
div#container {            /*页面包含框*/
    width:1002px;         /*固定宽度*/
}
```

这里以 1024*768(px)屏幕分辨率作为基础，扣除 20px 宽度的滚动条。

(2)　第 1 个模块(<div id="intro">)可以不进行设置，直接设置其包含的 3 个子模块：

```
div#pageHeader {          /*第 1 个子模块*/
    width: 200px;         /*固定宽度*/
    height: 320px;        /*固定高度*/
}
div#quickSummary {        /*第 2 个子模块*/
    width: 185px;         /*固定宽度*/
}
div#preamble {            /*第 3 个子模块*/
    float: right;         /*向右浮动*/
    width: 510px;         /*固定宽度*/
    clear: right;         /*清除右侧的浮动元素*/
}
```

(3)　第 3 个子模块向右浮动，但是第 1、2 个子模块的默认显示为块状元素，占据一行的空间，所以在默认的状态下，浮动元素显示在第 2 个子模块的右下侧方向上。为了模块向上与第 1 个子模块水平显示，可以通过负外边框实现：

```
div#preamble {
    margin-top: -440px;              /*负外边框，强制模块向上移动*/
}
```

(4)　设置第 2 个模块(<div id="supporting Text">)向右浮动，并固定宽度：

```
div#supportingText {                 /*第 2 个模块*/
    float:right;                     /*向右浮动*/
    width:510px;                     /*固定宽度*/
    clear:right;                     /*清除右侧的浮动元素*/
}
```

(5)　把第 2 个模块浮动到右侧之后，再通过负外边框向上移动该模块：

```
div#supportingText {
    margin-top: -120px;     /*向上移动模块*/
}
```

(6)　设计第 3 个模块(<div id="linkList">)向左浮动，并定义固定宽度：

```
div#linkList ul {            /*第 3 个模块*/
    width:263px;            /*固定宽度*/
    float:left;             /*向 da 浮动*/
}
```

(7)　然后，通过外边距定位第 3 个模块的位置：

```
div#linkList ul {
    margin-left:200px;           /  *增加左侧外边距，向右移动* /
    margin-top:1670px;           /*取负外边距，向上移动*/
    display:inline;              /*解决 IE 浮动显示时的双倍边距问题*/
}
```

操作技巧： 由于负外边距的取值在 IE 和非 IE 浏览器中的解析存在一定的误差，所以，还需要单独为非 IE 浏览器设置一个负外边距值。这些样式应该放在对应样式的后面，只能够被非 IE 浏览器识别并解析。其中 "html>**/body" 前缀只能够被符合标准的浏览器解析：

```
html>/**/body div#preamble {       /*第 1 个模块的第 3 个子模块*/
    margin-top:-470px;
}
html>/**/body div#supportingText {   /*第 2 个模块*/
    margin-top:-170px;
}
html>/**/body div#linkList {       /*第 3 个模块*/
    margin-top:-1570px;
}
```

拓展提高： 如果模块内容的显示位置不准确，还可通过内边距进行调整。

(8) 设计完成主布局，接下来，设计二级模块的布局及面显示样式。首先定义页面的基本属性：

```
html, body {                                      /*网页属性*/
    background: url(bg.gif) left top repeat-y #F06;    /*网页背景图像*/
    background-attachment: fixed;                  /*固定背景图像位置*/
    margin: 0;                                     /*清除页边距*/
    padding: 0;                                     /*清除内边距*/
}
```

知识链接： 上面的代码在设计时有两个小技巧供用户参考：

- 背景图像不必设计为满屏大小，只需要把渐变、阴影效果处用图像设计，其他部分可以使用背景颜色来代替。
- 通过 background-attachment 属性把背景图像固定在页面中，这样就不需要将图像平铺整个页面了，因为只固定为显示窗口大小，当滚动条滚动时，背景图像不动，避免滚动条滚动时，系统不断平铺背景图像。

(9) 然后隐藏不需要的页面结构信息，如果感觉使用背景图像来设计页面结构和信息会更方便、设计效果更好，采用以下方法：

```
div#pageHeader h1, div#pageHeader h2, div#linkList h3 {
    display:none;                                    /*隐藏页面结构*/
}
```

(10) 设计页面标题。页面标题以背景的形式来实现，更容易设计个性标题的效果：

```
div#pageHeader {
    width: 200px;                              /*固定宽度*/
    height: 320px;                             /*固定高度*/
    background: url(logo.gif) left top no-repeat;    /*背景图像 */
}
```

(11) 第 2 个模块的子栏目标题显示为麻点区域效果，如图 6-53 所示，它是通过背景图像平铺来实现的：

```
div#preamble h3, div#supportingText h3 {         /*块状显示*/
    display: block;                              /*背景图像平铺显示*/
    background: url(hbg.gif) left top repeat #000;   /*清除默认边距*/
    margin: 0;                                   /*清除默认边距*/
    padding: 0;                                  /*清除默认边距*/
    padding-left: 20px;                          /*增加左侧边距*/
}
```

邀您参与

图 6-53　第 2 个模块的子栏目背景图像

(12) 第 3 个模块的子栏目标题显示效果如图 6-54 所示，这是通过先把标题文本隐藏，直接使用一个背景图像来代替整个标题信息的方法实现的：

```
div#linkList div#lselect h3 span, div#linkList div#larchives h3 span,
  div#linkList div#lresources h3 span {
    display: none;
}
div#linkList div#lselect h3 {
    background: url(ll_selectadesign.gif) left top no-repeat;
}
div#linkList div#larchives h3 {
    background: url(ll_archives.gif) left top no-repeat;
}
div#linkList div#lresources h3 {
    background: url(ll_resources.gif) left top no-repeat;
}
```

图 6-54　第 3 个模块子栏目的背景图像

(13) 其他代码可以查看源文件，最终得到如图 6-55 所示的效果。

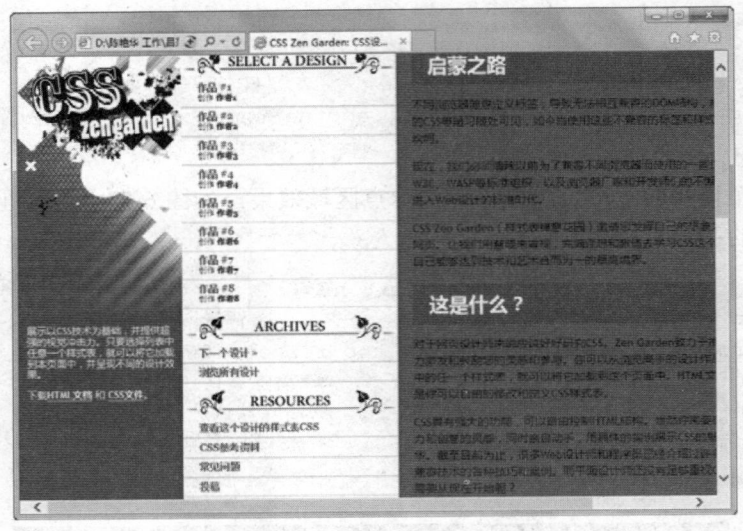

图 6-55　三列布局的效果

上机实训：制作清明上河图网页

实训背景

　　CSS 排版没有任何固定的格式，包括固定的宽度、颜色和页面拓扑等。向东作为网站设计公司的一名设计师，按照设计交河故河网页的样式，设计出反映古代风格的清明上河图的网页，如图 6-56 所示。

图 6-56　清明上河图风格的网页

实训内容和要求

由于 CSS 排版自由灵活，只需要合理分布页面版块，便可以展示出清晰的页面，因此，向东决定通过 CSS 排版来完成此次上机实训。

实训步骤

(1) 制作一个 Banner 图片，该 Banner 图片不预留菜单导航的位置，如图 6-57 所示。

图 6-57　Banner 图片

(2) 导航菜单考虑到与下面主体部分的配合，现制作一幅图片作为#globallink ul 的背景，如图 6-58 所示。

(3) 考虑到整体的古朴味道，页面背景不使用单纯颜色。单独制作可在 x 和 y 两个方向都有重复的背景图片，添加到页面背景中，如图 6-59 所示。

图 6-58　导航菜单的背景　　　　　　　图 6-59　页面背景图片

(4) 将制作好的 3 个背景分别添加到页面的#gloallink 和#goloballink ul 中，并设置文字、位置等其他 CSS 样式，代码如下：

```
body {
    background: url(body_bg.jpg);              /* 页面背景图片 */
    margin: 0px;
    padding: 0px;
    text-align: center;
}
#container {                                   /* 宽度固定且居中的版式 */
    position:relative;
    margin:1px auto 0px auto;
    width:798px;
    text-align:left;
    background:url(content_bg.jpg) repeat-y 0px 320px;
    /* 两端字画的背景图片，并设置竖直的位置 */
}
#globallink {
```

```
    width:798px;
    height:320px;
    margin:0px;
    background-image:url(banner.jpg);          /* Banner 图片 */
    background-repeat:no-repeat;
    font-size:12px;
    padding-bottom:40px;
}
#globallink ul {
    list-style-type:none;
    position:absolute;                         /* 绝对定位 */
    display:inline;
    width:574px;
    left:112px; top:320px;
    padding:0px; margin:0px;
    height:45px;
    background-image:url(toplink.jpg);         /* 导航菜单的背景图片 */
}
#globallink li {
    float:left;
    text-align:center;
    padding-top:10px;
}
```

此时的页面显示效果如图 6-60 所示。

图 6-60　加载 Banner 和背景图片

(5)　本上机实训最大的特点是其主体部分两边都有中国的古字画，随着内容的不断加长，古字画也会不断变化，以适当的频率重复，如图 6-61 所示。

(6)　这种两端有字的效果看上去很绚丽，但制作起来却并不困难，其原理就是给块 #container 添加了一个大的背景图片，如图 6-62 所示。

(7)　该背景图片的宽度与#container 一样宽，设置其沿着 y 方向重复并通过适当调整 y 方向的位置，使其刚好与#banner 下端对齐，代码如下：

```
#container {                                   /* 宽度固定且居中的版式 */
    position:relative;
    margin:1px auto 0px auto;
    width:798px;
```

```
    text-align:left;
    background:url(content_bg.jpg) repeat-y 0px 320px;
    /* 两端字画的背景图片，并设置竖直的位置 */
}
```

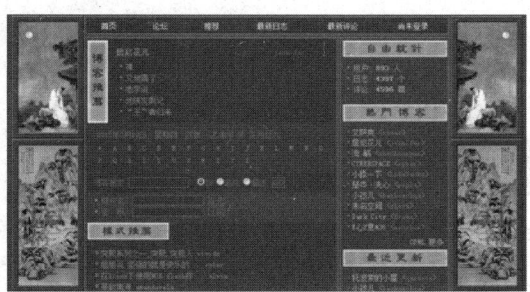

图 6-61　两边的古字画

图 6-62　字画的背景图片

此时，页面的显示效果如图 6-63 所示。

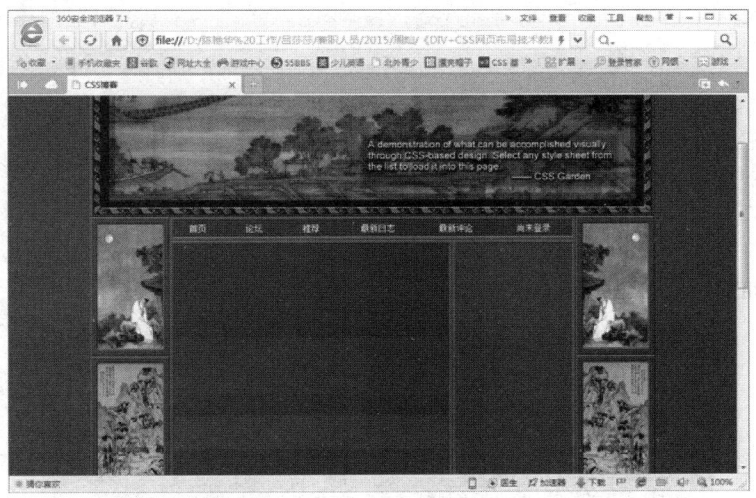

图 6-63　加入两端的字画背景

（8）考虑到页面主体两边有字画，因此，只需设定#parameter 的 padding-right 和 #mainsupport 的 padding-left 即可，代码如下：

```
#parameter {
    position:relative;
    float:right;
    font-size:12px;
    width:163px;
    padding:0px 118px 0px 0px;     /* 空出右边的字画 */
    margin:0px;
    color:#e1ad80;
```

```
}
#mainsupport {
    float:left;
    position:relative;
    color:#c86615;
    font-size:12px;
    margin:0px;
    padding-left:118px;                /* 空出左边的字画 */
    width:397px;
}
```

(9)　对#footer 考虑到整体配合，因此，为其制作相应的背景图片，如图 6-64 所示。

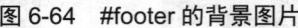

图 6-64　#footer 的背景图片

并且用 clear 属性消除浮动的影响，代码如下所示：

```
#footer {
    position:relative;
    clear:both;
    background:url(footer_bg.jpg) no-repeat;    /* 脚注背景图片 */
    font-size:12px;
    height:38px;
    text-align:center;
    color:#C2C299;
    margin:0px;
    padding-top:10px;
}
```

此时，页面的显示效果如图 6-65 所示。

图 6-65　调整各个大块

(10) 各个块的整体框架搭建好后，便可以进行块内的细节处理了。与"项目导入"中涉及的案例的方法完全相同，用图片替代所有的标题文字，并设置各个块的项目列表，效果如图 6-66 所示。

图 6-66 调整各个子块的细节

(11) 这样，整个"清明上河图"风格的网页制作完毕，效果如图 6-67 所示。

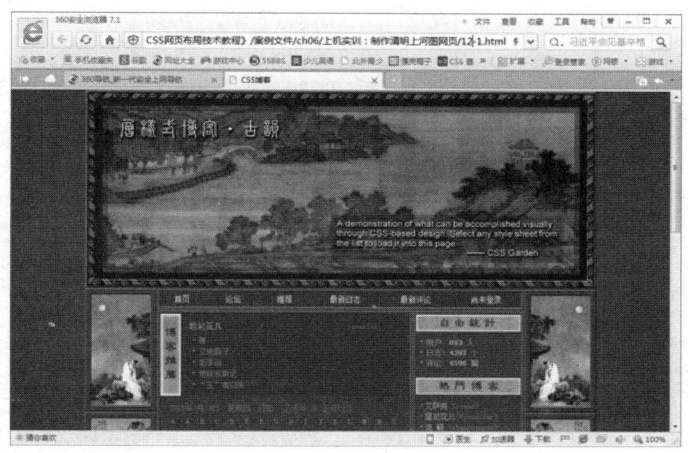

图 6-67 "清明上河图"风格的网页

实训素材

实例文件存储于"案例文件\项目六\上机实训：制作清明上河图网页"中。

习 题

一、填空题

1. Dreamweaver 把网页布局分为_____、_____、_____和_____四种类型。

2. 不同的设计师根据网页的版面结构，把网页分为_____、_____、_____等不同的结构块。

3. 从网页布局的解析方式来考察，网页布局主要包括 3 种：_____、_____、_____。

4. 网页排版主要通过 float 属性来实现，float 属性包括 3 个值，分别为_____、_____、_____。

二、选择题

1. 由于浮动布局的复杂性，浮动布局与不同元素之间的布局关系也是很复杂的，元素之间的关系只有两种：包括(　　)。

    A. 继承关系　　　　B. 父子关系　　　　C. 并列关系　　　　D. 相邻关系

2. 在 body 元素中可以定义页面(　　)。

    A. 字体样式　　　　B. 段落样式　　　　C. 网页背景色　　　　D. 页边距

三、问答题

1. 网页排版的基本原则有哪些？
2. 网页排版的基本方法有哪些？

项目七

使用 CSS 定位控制网页

1．项目要点

（1）设计浪漫式网页。

（2）设计展览式网页。

2．引言

CSS 定义了 position 属性来控制网页元素的定位显示，它与 float 属性协同作用，实现了网页布局的精确性和灵活性的高度统一。在本项目中，通过一个项目导入、两个工作任务实践、一个上机实践，向读者展示出 CSS 对电子相册的精确排版与定位。

3．项目导入

张江是一名网页设计师，接到主管分配的任务，需要使用 CSS 定位设计画册式的网页，如图 7-1 所示。

图 7-1　画册式的网页

制作画册式网页的具体操作步骤如下。

（1）定义网页的页面属性，代码如下：

```
body {                        /*页面的基础属性*/
    text-align:center;          /*IE 里水平居中*/
    min-width:760px;          /*非 IE 里限制最低宽度*/
    line-height:100%;          /*固定行高*/
    background:url(paper.jpg) repeat-y #FFF center top; /*垂直平铺背景图像*/
}
#container {                    /*页面包含框基本属性*/
    text-align:left;            /*文本左对齐*/
    margin:0 auto;            /*非 IE 下页面水平居中*/
    width:760px;              /*固定页面宽度*/
    position:relative;          /*定义包含块*/
}
```

　　这里主要注意设置页面的宽度和背景。通过限制最低网页宽度以防止浏览器窗口缩小可能造成的布局重叠现象，是 CSS 定位布局中经常遇到的问题。只要固定了宽度和高度，这样的问题就可避免。

　　设计背景图像，主要衬托一种卡通漫画的基本氛围，如图 7-2 所示。

图 7-2　设置卡通式网页属性

　　(2) 定义第一大块的基本定位类型。以相对定位方式确定包含块的定位类型，由于在默认状态下 div 元素呈现为块状元素，所以它的宽度为 100%。固定第一大模块的高度，目的是在文档流中强迫第二大模块排在其后面，即距离页面包含块顶部 1385px 的位置，如果不显式定义该模块的高度，则模块高度为 0，这样，第二大模块就会与第一大模块发生重叠。代码如下：

```
#intro {  /*page container*/    /*漫画包含块*/
    position:relative;          /*定义包含块*/
    height:1385px;          /*固定高度*/
    margin-top:40px;          /*增加顶部外边距*/
}
```

　　(3) 隐藏不需要的子栏目和内容(如网页标题<div id='pageHeader'>部分)代码如下，并定义一个背景图片，为模块顶部增加一个挡板：

```
#pageHeader {
    display:none;          /*定义包含块*
}
#extraDiv1 {                  /*额外的备用 1 签*/
    position:absolute;        /*绝对定位*/
    height:40px;          /*固定高度*/
    width:820px;          /*固定宽度*/
    top:0;               /*以浏览器窗口边框为参照物进行 x 轴定位*/
    background:url(paperedge.jpg) no-repeat bottom; /*定义背景图片*/
    left:50%;            /*以浏览器窗口边框为参照物进行 y 轴定位*/
    margin-left:-410px;   /*与 left 属性配合实现该元素居中显示*/
}
```

效果如图 7-3 所示。

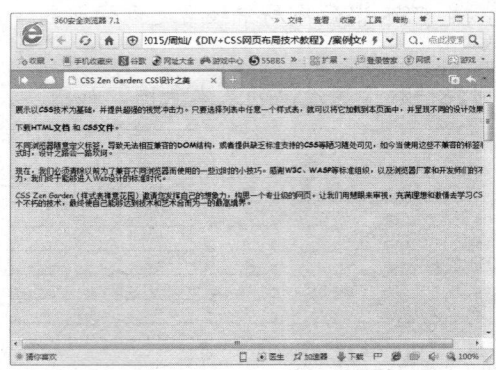

图 7-3　隐藏不需要的子栏目和内容

（4）完成总体框架设计后，现在设计模块内部每个小版块的大小、位置和背景图像。在<div id='intro'>包含块包含了 3 个子块模块。第 1 个子模块被隐藏，第 2 个子模块的定位代码如下：

```
#quickSummary {              /*定位第 2 个子模块*/
    position:absolute;        /*绝对定位*/
    left:6px;                /*距离包含块左侧距离*/
    top:9px;                 /*距离包含块顶部距离*/
    width:750px;             /*固定宽度*/
    height:491px;            /*固定高度*/
    background:url(P1PANEL1.jpg) no-repeat black; /*附加背景图像*/
}
#quickSummary p.p1 span { /*定位第 2 个子模块的第 1 段内容*/
    position: absolute;      /*绝对定位*/
    left: 71px;              /*距离父级包含块左侧的距离*/
    top: 28px;               /*距离父级包含块顶部的距离*/
    width: 328px;            /*固定宽度*/
    height: 80px;            /*固定高度*/
    font-size: 16px;         /*字体大小*/
}
#quickSummary p.p2 span {   /*定位第 2 个子模块的第 1 段内容*/
    position:absolute;         /*绝对定位*/
    left:551px;               /*距离父级包含块左侧的距离*/
    top:0;                    /*距离父级包含块顶部的距离*/
    font: 9px Arial, Helvetica, sans serif;  /*字体属性*/
}
```

显示效果如图 7-4 所示。

（5）定义第 3 个子模块，代码如下，固定其大小，位置和所需的背景图像，并在其内部定位每个段落对象的显示大小、相对父包含块的位置和所需要的背景图像：

```
#preamble p.p1 {
    position:absolute;          /*绝对定位*/
    left:5px;                  /*距离父级包含块左侧的距离*/
```

```
    top:506px;              /*距离父级包含块顶部的距离*/
    width:366px;            /*固定宽度*/
    height:428px;           /*固定高度*/
    background:url(P1PANEL2.jpg) no-repeat black;  /*定义背景图像*/
}
```

效果如图 7-5 所示。

图 7-4　第 2 个子模块布局的效果

图 7-5　第 3 个子模块布局的效果

4. 项目分析

由于使用 CSS 定位技术布局页面，会使排版变得轻松自如，因此，可以使用 CSS 定位来完成任务。

5. 能力目标

(1) 学习画册式网页的制作方法。
(2) 学习浪漫式网页的制作方法。
(3) 学习展览式网页的制作方法。
(4) 学习电子相册的制作方法。

6. 知识目标

(1) 掌握 position、静态定位、绝对定位、相对定位、固定定位。
(2) 掌握对照对象、坐标值、定位的特殊性、层叠顺序、嵌套层叠顺序、层叠框。

任务一：设计浪漫式网页

知识储备

1. 认识 position

position 的中文意思为位置，该属性的功能就是用来确定元素的位置，借助该属性可以把图片放置在栏目的右上角，或者是把置顶工具条始终固定在网页的顶部等。

CSS 定位的核心正是基于这个属性来实现的，可以简称为"CSS-P"。CSS-P 一般用在 div 元素上，把文本、图像或其他元素放在 div 元素中后，可以称其为包含(Div Block)、包含元素(Div Element)或 CSS 层(CSS-Layer)，因此，有时候可以简称它为层(Layer)，这与图像编辑器中的图层功能类似。

【例 7-1】在 Dreamweaver 中选择"插入"→"布局对象"→"AP Div"菜单命令，可以在当前网页的当前位置插入一个默认大小的 CSS 层：

```
#apDiv1 {                    /*插入层*/
    position:absolute;       /*绝对定位*/
    width:200px;             /*宽度*/
    height:115px;            /*高度*/
    z-index:1;               /*层叠顺序*/
    left: 50px;
    top: 50px;
}
-->
</style>
<div id="apDiv1"></div>
```

效果如图 7-6 所示。

知识链接： 这里的 AP Div 是 Absolute Position Div 的简写，可以翻译为"绝对定位的 div 元素"。切换到"代码"视图，可以看到该层的 CSS 源代码。

position 属性包括 4 种可取的值，即 static(静态)、absolute(绝对)、relative(相对)和 fixed(固定)。

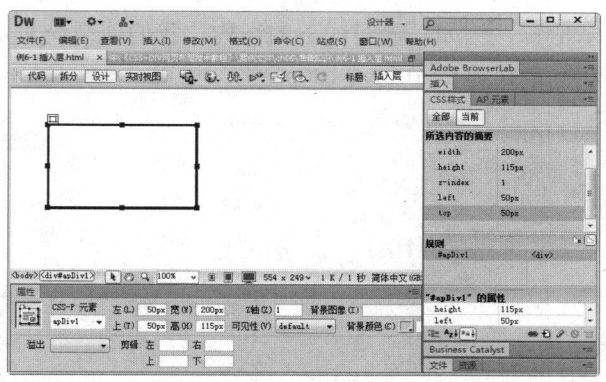

图 7-6　在 Dreamweaver 中插入层

2. 静态定位

当 position 属性的取值为 static 时，可以将元素定位于静态位置。所谓静态位置，就是各个元素在 HTML 文档流中应有的位置。根据 HTML 超文本传输协议，浏览器在接收和解析网页信息时，是遵循从上到右的顺序来实现的，每个元素以及对象在网页中的位置决定了它们被解析和显示的顺序，使每个元素如同流水一样连续有序地向下解析和显示。

静态定位能够根据元素或对象的这种自然顺序来定位元素的位置。

例如，在下面的代码块中，如果没有特殊的 CSS 声明，它们都以静态定位确定自己的位置并进行显示：

```
<div id="pageHeader">
    <h1><span>CSS Zen Garden</span></h1>
    <h2>
      <span>
          <acronym title="cascading style sheets">CSS</acronym>设计之美
      </span>
    </h2>
</div>
```

<h1>和<h2>按先后顺序排在一起，它们的位置始终位于<div id="pageHeader">对象包围区域中，如图 7-7 所示。

图 7-7　静态定位的元素

3. 绝对定位

当 position 属性的取值为 absolute 时，程序会把元素从文档流中拖出来，根据某个参照坐标来定位它的显示位置。例如，针对如下的结构，我们使用绝对定位的方法把元素 h2 从文档流中拖离出来，固定在窗口(100px, 100px)坐标位置：

```
style type="text/css">
#pageHeader h2 {
    position:absolute;  /*绝对定位*/
    left:100px;         /*x 轴坐标*/
    top:100px           /*y 轴坐标*/
}
</style>
<div id="pageHeader">
    <h1><span>CSS Zen Garden</span></h1>
    <h2>
        <span>
            <acronym title="cascading style sheets">CSS</acronym>设计之美
        </span>
    </h2>
</div>
```

效果如图 7-8 所示。

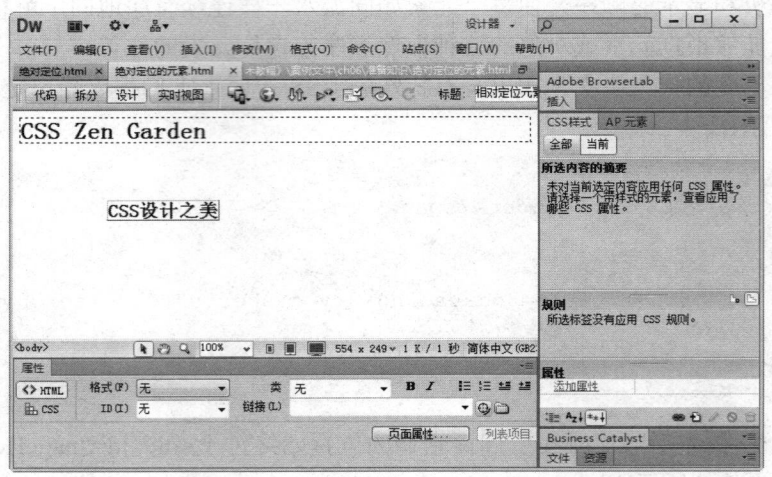

图 7-8 绝对定位的元素

🔖 **知识链接：** 绝对定位是网页精确定位的基本方法，如果结合 left、right、top 和 bottom 坐标属性进行精确定位，利用 z-index 属性排列元素的覆盖顺序，结合 clip 和 visible 属性裁切、显示或隐藏元素对象或部分区域，就可以设计出更加强大的网页布局效果。

4. 相对定位

相对定位是一种折中的定位方法，是在静态定位和绝对定位之间取一个平衡点。所谓相对定位，就是使被应用的元素不脱离文档流，却能够通过坐标值以原始位置为参照物进行偏移。

【例 7-2】下面的代码中，h2 元素被定义了相对定位，坐标偏移值为(100px, 100px)：

```
<style type="text/css">
#pageHeader h2 {
    position:relative;   /*相对定位*/
    left:100px;          /*x 轴坐标*/
    top:100px;           /*y 轴坐标*/
}
</style>
<div id="pageHeader">
    <h1><span>CSS Zen Garden</span></h1>
    <h2>
        <span>
            <acronym title="cascading style sheets">CSS</acronym>设计之美
        </span>
    </h2>
</div>
```

这时的显示效果如图 7-9 所示。

虽然从显地位置看，h2 元素在包含元素<div id="pageHeader">的外边，但是它之间的父子关系依然存在，并相互影响。

图 7-9　相对定位的元素

如果定义<div id="pageHeader">的顶部和左侧外边距，并向右下角移动元素：

```
#pageHeader {
    margin-top:50px;     /*顶部外边距*/
    margin-left:50px;    /*左侧外边距*/
}
```

则相对定位元素 h2 也随之发生变化，如图 7-10 所示。

反之，如果增加相对定位元素 h2 的高度：

```
#pageHeader {
    border:solid 1px red;  /*边框*/
```

```
}
#pageHeader h2 {
    height:100px;          /*增加相对定位元素的高度*/
}
```

则包含元素的高度也会随之增加，如图 7-11 所示。

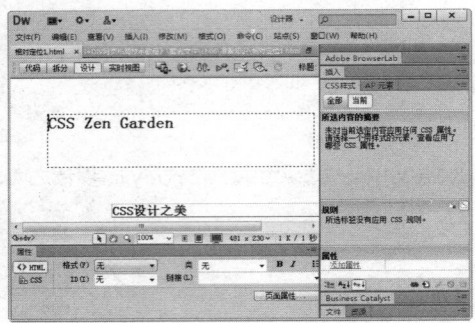

图 7-10　相对定位元素与包含框的位置关系　　　图 7-11　相对定位元素的高度对包含元素的影响

知识链接： 从图 7-11 中可以看出，相对定位元素虽然偏离了原始位置，但是它的原始位置所占据的空间仍保留着，并没有被其他元素所挤占。

【例 7-3】在下面的实例中，偏移 acronym 元素包含的 CSS 字符串到"设计之美"字符串右侧显示，同时原来的位置并没有被后面的字符串"设计之美"所占用：

```
<style type="text/css">
#pageHeader {
    border:solid 1px red;  /*定义包含框的边框*/
}
#pageHeader acronym {     /*相对定位元素样式*/
    position:relative;   /*相对定位*/
    left:240px;          /*x 轴坐标*/
    top:20px;            /*y 轴坐标*/
    font-size:80px;      /*字体大小*/
    color:red;           /*字体颜色*/
}
</style>
<div id="pageHeader">
    <h1><span>CSS Zen Garden</span></h1>
    <h2>
        <span>
            <acronym title="cascading style sheets">CSS</acronym>设计之美
        </span>
    </h2>
</div>
```

效果如图 7-12 所示。如果相对定位元素遇到文件流对象，它就会覆盖文档中的对象。例如，针对上面的实例，如果修改其中 h2 元素的偏移位置，使其向上移动，与 h1 元素重合，则相对定位元素 h2 就会覆盖自然流动元素 h1：

```
#pageHeader acronym {
    position:relative;      /*相对定位*/
    top:-70px;              /*向上偏移位置*/
}
```

效果如图 7-13 所示。

图 7-12　相对定位元素原始位置与偏移位置关系　　　图 7-13　相对定位元素覆盖文件流

另外，相对定位元素之间也存在覆盖现象。例如，在下面的代码中，分别定义了 3 个不同背景的盒子，通过相对定位，使它们重合在一起：

```
<style type="text/css">
#box1, #box2, #box3 {      /*公共属性*/
    height:100px;          /*高度*/
    width:200px;           /*宽度*/
    position:relative;     /*相对定位*/
    color:#fff;            /*字体颜色*/
}
#box1 {
    background:red;        /*背景色*/
    top:150px;             /*x 轴坐标*/
    left:50px;             /*y 轴坐标*/
    z-index:3;
}
#box2 {
    background:blue;       /*背景色*/
    top:0;
    left:100px;            /*x 轴坐标*/
    z-index:2;             /*y 轴坐标*/
}
#box3 {
    background:green;      /*背景色*/
    top:-150px;            /*x 轴坐标*/
    left:150px;            /*y 轴坐标*/
    z-index:1;
}
</style>
</head>
<body>
```

```
<div id="box1">红盒子</div>
<div id="box2">蓝盒子</div>
<div id="box3">绿盒子</div>
```

可以看到，位于后面的相对定位元素会覆盖前面的相对定位元素，如图 7-14 所示。

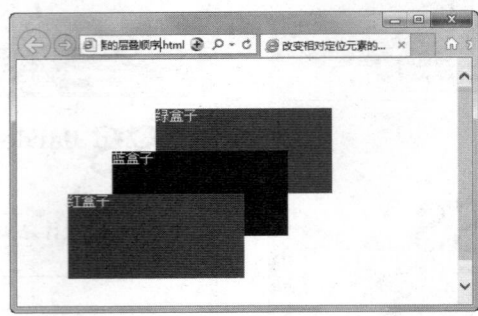

图 7-14　相对定位元素之间的覆盖关系

5. 固定定位

固定定位是绝对定位的一种特殊形式，它是以浏览器窗口作为参照物来定义网页元素的。如果定义某个元素固定显示，则该元素不受文档流的影响，也不受包含块的位置影响，它始终以浏览器窗口来定位自己的显示位置。不管浏览器滚动条如何滚动，也不管浏览器窗口大小如何变化，该元素都会显示在浏览窗口内。

【例 7-4】在下面的代码中定义<div id="pageHeader">对象固定在浏览器窗口顶部显示，宽度为 100%，然后在下面定义一个超高元素，强迫浏览器显示滚动条：

```
<style type="text/css">
#pageHeader {
    background:#FF99FF;    /*背景色*/
    position:fixed;        /*固定定位*/
    width:100%;            /*宽度*/
    top:0px;               /*x 轴坐标*/
    left:0;                /*y 轴坐标*/
}
#bigBox {
    height:2000px; /*定义超高元素*/
}
</style>
</head>
<body>
<div id="pageHeader">
    <h1><span>CSS Zen Garden</span></h1>
    <h2>
        <span>
            <acronym title="cascading style sheets">CSS</acronym>设计之美
        </span>
    </h2>
</div>
<div id="bigBox"></div>
```

这时，如果在浏览器中拖动滚动条，就会发现<div id="pageHeader">元素包含的对象内容始终显示在窗口顶部，如图 7-15 所示。

图 7-15　固定定位元素

🐞 拓展提高：固定定位在 IE 6.0 及其以下版本的浏览器中不被支持。

任务实践

明珠制作浪漫式的网页，具体操作步骤如下。

(1)　设计页面基本属性和网页主体框架，代码如下：

```
body {
    font: 11px/15px "宋体", georgia, serif;
    text-align: center;                          /*网页居中*/
    color: #fff;
    background: #748A9B url(bg2.gif) 0 0 repeat-y;   /*网页背景*/
    margin: 0px;                                 /*清除页边距*/
}
#container {
    background: #849AA9 url(bg1.gif) top left repeat-y;   /*网页背景*/
    text-align: left;          /*文本左对齐*/
    width: 750px;          /*固定宽度*/
    margin: 0px auto;      /*网页居中*/
    position: relative;    /*定义包含块*/
}
```

(2)　设计第一大模块。第一大模块的主体结构(<div id='intro'>)以默认的方式显示。它所包含的 3 个子模块的设计分别如下。

第 1 个子模块的标题和文本信息被隐藏起来，通过背景图像定义一个大的图片效果：

```
#pageHeader h1 {                /*1 级标题样式*/
    background: transparent url(h1.jpg) no-repeat top left;/*定义网页背景*/
    width: 750px;          /*固定宽度*/
    height: 152px;         /*网页高度*/
    margin: 0px;           /*清除外边距*/
```

```
}
#pageHeader h1 span {        /*隐藏 1 级标题内容*/
    display: none;
}
#pageHeader h2 span {        /*隐藏 2 级标题内容*/
    display: none;
}
```

第 2 个模块定义为相对定位布局，然后通过坐标偏移来调整显示区域的位置，同时，原位置保留不动，这样就避免了移动本栏目的位置时影响到其他栏目的位置：

```
#quickSummary {
    width: 685px;             /*固定宽度*/
    margin: 0px auto;         /*居中对齐*/
    position: relative;       /*相对定位*/
    top: -50px;               /*向上位移 50px*/
}
html>body #quickSummary {    /*兼容 FF 浏览器*/
    margin-top:-50px;            /*边距取负，向上移动*/
    top: 0;                      /*相对偏移为 0*/
}
```

然后分别使用流动布局和浮动布局设计第 2 子模块包含的两个文本段。

(3) 布局第一模块的第 3 个子模块。<div id='preamle'>模块包含大量的文本，因此需要把它单独设计成一个模块，从父包含框(<div id='intro'>)中脱离出来，与第二大模块并排为两列浮动布局，代码如下：

```
#quickSummary .p1 {          /*第 1 段样式*/
    font-size: 1px;           /*字体大小*/
    color: white;             /*字体颜色*/
    background: transparent url(panel1-2.jpg)
        no-repeat top left;   /*背景图像*/
    width: 449px;             /*宽度*/
    padding: 10px 0px 0px 5px;  /*内边距*/
    float: left;              /*向左浮动*/
    height: 268px;            /*固定高度*/
    voice-family: "\"}\"";  /*兼容 IE6 以下版本的浏览器*/
    voice-family:inherit;
    height: 258px;            /*固定高度*/
}
#quickSummary .p1 span {    /*隐藏文本*/
    display: none;
}
#quickSummary .p2 {          /*第 2 段样式*/
    color: #7593A7;           /*固定高度*/
    background: transparent url(panel3.jpg) no-repeat 0 0;  /*背景图像*/
    padding: 90px 45px 0px 45px;  /*调整文本内边距*/
    float: right;             /*向右浮动*/
    width: 214px;             /*固定宽度*/
    height: 338px;            /*固定高度*/
```

```
voice-family: "\"}\"";  /*兼容 IE6 以下版本的浏览器*/
voice-family:inherit;
width: 124px;                /*固定宽度*/
height: 178px;               /*固定高度*/
}
```

显示效果如图 7-16 所示。

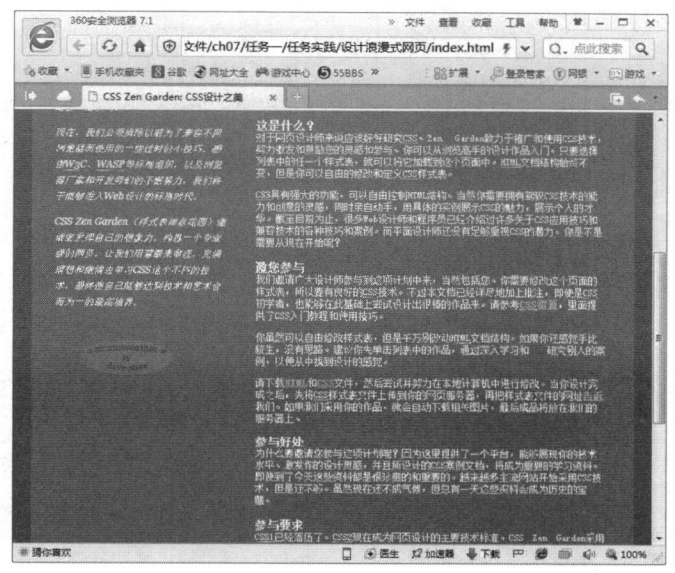

图 7-16　两列式浮动布局

(4) 将第二大模块(<div id='supportingText'>)与第一大模块的第 3 个子模块并列在一起，虽然它们从属于不同的结构层次，但是通过浮动，能够让它们从原有的结构中脱离出来，实现并列布局。至于第二大模块包含的 5 个子模块，都遵循自然流动的方式进行布局。在设计时，如果父包含框是浮动显示，则应该在最后一个子模块中增加清除属性，以强迫撑起浮动的包含框。

```
#preamble {
    position: relative; top: -120px;
    padding: 0px 0px 70px 33px;        /*通过内边距调整文本的显示位置*/
    margin: 0px 0 20px 0px;            /*通过外边距调整模块的显示位置*/
    width: 210px;                      /*固定宽度*/
    float: left;                       /*向左浮动*/
    background: transparent url(tag.gif) 50% 100%
      no-repeat;      /*定义底部的背景图像*/
}
#supportingText {
    padding: 0px 40px 0px 0;        /*调整文本显示位置*/
    float:right;                    /*向右浮动*/
    width:430px;                    /*固定宽度*/
}
```

(5) 设计第三大模块布局。第三大模块(<div id='linkList'>)也是以自然流动的方式进行布局，与第二大模块不同的是，它通过设置超大外边距，使人以为它是向右浮动布局，如图 7-17 所示。

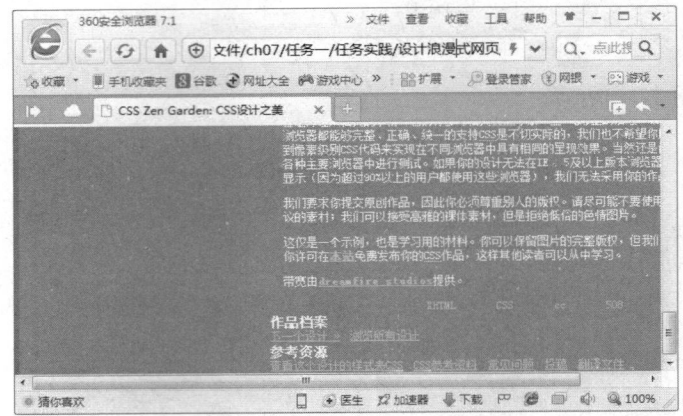

图 7-17　以外边距模拟浮动的效果

不过作品链接子模块(<div id='lselect'>)以绝对定位的方式被固定到了页面的顶部，代码如下，这时，该子模块就脱离了原来的结构，进行独立显示：

```
#footer {
    text-align: right;
    clear: both;        /*清除浮动*/
}
```

显示效果如图 7-18 所示。

图 7-18　绝对定位链接子模块

任务二：设计展览式网页

知识储备

1. 参照对象

在默认状态下，绝对定位网页中的某个元素时，浏览器都是以网页的边框来定位的。更准确地说，浏览器是以窗口的边框来进行定义的，不受 body 元素的边距影响。

【例 7-5】定义页面的边距为 100px，内边距为 100px，然后再定义一个绝对定位的元素，设置它的坐标值为(100px, 100px)：

```
style type="text/css">
body {
    margin:100px;      /*定义页面外边距*/
    padding:100px;     /*定义页面内边距*/
}
#box {
    position:absolute; /*绝对定位*/
    left:100px;        /*x 轴坐标，距离左边框距离*/
    top:100px;         /*y 轴坐标，距离顶部边框距离*/
    width:200px;       /*宽度*/
    height:100px;      /*高度*/
    background:red;    /*背景色*/
}
</style>
</head>
<body>
<div id="box"></div>
```

如果在浏览器中预览，则会显示如图 7-19 所示的效果。

🐛 **拓展提高：** 显示效果说明绝对定位元素的位置没有受到页边距的影响。

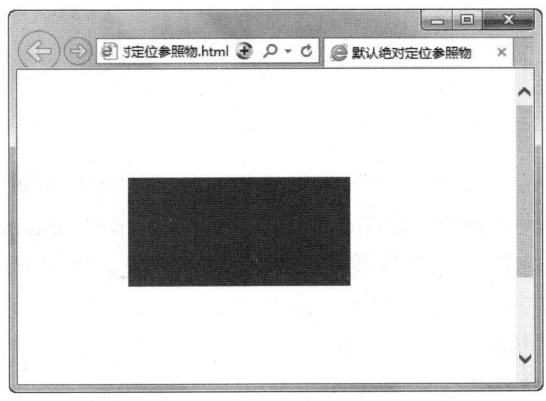

图 7-19　绝对定位不受页边距的影响

那么，是不是绝对定位就不受边距的影响呢？不是的。在上面的实例基础上，按如下代码把 body 元素定义为绝对定位元素：

```
body {
    margin:100px;      /*外边距*/
    padding:100px;   /*内边距*/
    position:absolute;   /*绝对定位*/
}
```

在浏览器中预览，显示效果如图 7-20 所示，说明绝对定位的元素还是受页边距影响。

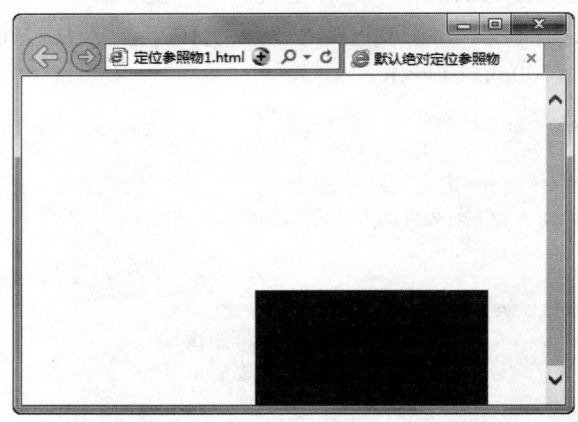

图 7-20   绝对定位受页边距影响

有时，我们把这个具备 CSS 定位参照物的元素称为包含块。有了包含块，就可以使 CSS 绝对定位功能发挥到极致了。

CSS 包含块是从 HTML 结构关系上来定位不同对象之间关系的。例如，在下面这个结构中，可以说<div id="container">是<div id="box1">的包含框，而<div id="wrap">是<div id="container">的包含框，因而它的结构是嵌套、包含的关系：

```
<div id="wrap">
   <div id="container">
      <div id="box1"></div>
   </div>
   <div id="box2"></div>
</div>
```

知识链接： 对于包含块来说，不能直接说<div id="container">是<div id="box1">的包含块，或者<div id="wrap">是<div id="container">的包含块。这要看这些对象的定位性质，如果它们都被定义为定位元素，则这样说是正确的。而如果<div id="wrap">被定义为定位元素，<div id="container">为自然流动，则只有<div id="wrap">是包含块。清楚了包含块的概念，读者才能灵活应用定位和布局。

【例 7-6】在本例中，采用双重定位的方法实现让一个方块永远位于浏览器窗口的中间位置，包括水平居中和垂直居中：

```
<style type="text/css">
#wrap {                    /*定位包含块*/
   position:absolute;      /*绝对定位*/
   left:50%;               /*x 轴坐标*/
   top:50%;                /*y 轴坐标*/
   width:200px;            /*宽度*/
   height:100px;           /*高度*/
   border:dashed 1px blue; /*虚线框*/
}
#box {                     /*定位方块*/
   position:absolute;      /*绝对定位*/
   left:-50%;              /*x 轴坐标*/
   top:-50%;               /*y 轴坐标*/
   width:200px;            /*宽度*/
   height:100px;           /*高度*/
   background:red;         /*背景色*/
}
</style>
</head>
<body>
<div id="wrap">
   <div id="box"></div>
</div>
```

显示效果如图 7-21 所示。

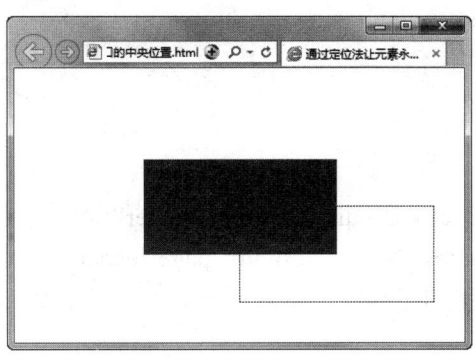

图 7-21　让元素永远位于浏览器窗口的中央位置

使元素垂直居中是一个很麻烦的问题，同样，对于绝对定位的元素来说，实现居中显示也是比较困难的，下面帮助读者找到一种新的方法。

首先，利用一个辅助元素(即虚线框)绝对定位到浏览器窗口的中央附近，设置它的 x 轴坐标为窗口宽度的一半，y 轴坐标为窗口高度的一半。这样，可以看到虚线框的左上顶角位于浏览器窗口的中央位置，但是虚线框偏向右下方。

然后，再以这个虚线框作为参照物(因为它被定义为绝对定位元素，是一个包含块)，定义它所包含的元素为绝对定位元素，x 轴坐标的取值为虚线框宽度的一半，并加上负号，y 轴坐标的取值为虚线框高度的一半，并加上负号，这样定位元素就以虚线框的左上顶角定位参照点反向左上方移动，最终实现绝对中央的位置。

操作技巧： 当然，一定要将父子两个定位元素的大小设置成相同的。可以不为包含块增加虚线框，这样就会以为是元素自身被放到窗口中央位置了。

以上展示了元素二次定位的方法，第一次是以浏览器窗口作为参照物，第二次是以包含块元素作为参照物。

上面的实例展示了以绝对定位元素作为定位对照物的方法，其实也可以使用相对定位作为包含块，这样，能够赋予绝对定位更大的灵活性。

【例 7-7】本例中，绝对定位是根据相对定位包含块来定位自己的位置的：

```
<style type="text/css">
#pageHeader {
    border:solid 1px red;              /*边框*/
    position:relative;                 /*相对定位，定义包含块*/
}
#pageHeader h2 {
    position:absolute;                 /*绝对定位*/
    left:40%;                          /*右移至中间位置*/
}
</style>
</head>
<body>
<br /><br /><br /><br /><br /><br />
<div id="pageHeader">
    <h1><span>CSS Zen Garden</span></h1>
    <h2>
        <span>
            <acronym title="cascading style sheets">CSS</acronym>设计之美
        </span>
    </h2>
</div>
```

效果如图 7-22 所示。如果在<div id="pageHeader">对象前面增加多个换行标签

，则这时<div id="pageHeader">对象被迫向下移动，此时可以看到，绝对定位元素也跟着向下移动，这说明它始终跟随着包含块的位置变化而变化，如图 7-23 所示。

图 7-22 相对定位包含块

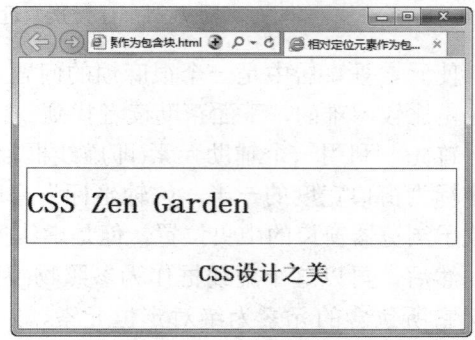

图 7-23 移动相对定位包含块

📖 **知识链接：** 可以看到，当元素被定义为绝对定位元素之后，其在文档流中的原始位置就不再被保留，绝对定位元素与文档流就没有直接联系，借助这种方法，读者能够间接地建立文档流与绝对定位元素的联系。

2. 坐标值

为了灵活定位页面元素，CSS 定位了 4 个坐标属性：top、right、bottom 和 left，通过这些属性的联合使用，可以以包含块的 4 个内顶角来定位元素在页面中的位置。

【**例 7-8**】在下面的这个相对定位包含块中，包含着一个绝对定位的元素，可以很直观地看到坐标参照物：

```
<style type="text/css">
#wrap {
    position:relative;          /*相对定位*/
    border:solid 50px red;      /*边框*/
    padding:50px;               /*内边距*/
    width:50px;                 /*宽度*/
    height:50px;                /*高度*/
}
#box {
    position:absolute;          /*绝对定位*/
    border:solid 50px blue;     /*边框*/
    margin:50px;                /*外边距*/
    padding:50px;               /*内边距*/
    width:50px;                 /*宽度*/
    height:50px;                /*高度*/
    left:50px;                  /*x 轴坐标*/
    top:50px;                   /*y 轴坐标*/
}
</style>
</head>
<body>
<div id="wrap">包含块包含块包含块
    <div id="box">定位元素定位元素定</div>
</div>
```

效果如图 7-24 所示。

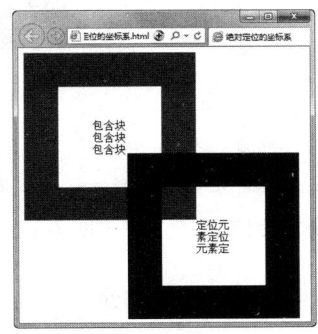

图 7-24　左上内顶角为坐标原点

上述代码是以包含块的左上内顶角作为坐标原点进行定位的，当然，也可以使用其他 3 个内顶角作为坐标原点进行定位。

例如，输入如下坐标值，就可以以右下内顶角为坐标原点进行定位：

```
#box {
    right:50px;
    bottom:50px;
}
```

效果如图 7-25 所示。

图 7-25　以右下内顶角为坐标原点定位

同样的道理，如果将 top 和 right 属性结合使用，则可以以右上内顶角作为坐标原点进行定位，如图 7-26 所示。将 left 和 bottom 属性结合使用，可以以左下内顶角作为坐标原点进行定位，如图 7-27 所示。

图 7-26　以右上内顶角为坐标原点定位

图 7-27　以左下内顶角为坐标原点定位

🐁 **拓展提高：** 在使用坐标属性时，可以任意组合，也可以定义单个坐标属性，在某个方向定位坐标，这时，另一方向上将采用默认值。

3. 定位的特殊性

相对定位元素能够随文档流自由流动，绝对定位元素脱离文档流，不再受文档流的影响，但是，当绝对定位元素没有被显式指明坐标时，这种情况会发生变化。

【例 7-9】当相对定位元素随文档流移动时，绝对定位元素也随之移动。现在把相对定位元素改为绝对定位元素，会发现绝对定位元素随着文档流在移动：

```
<style type="text/css">
#pageHeader {
    border:solid 1px red;    /*边框*/
    position:absolute;        /*绝对定位*/
}
#pageHeader h2 {
    position:absolute;        /*绝对定位*/
    left:40%;                 /*x 轴坐标*/
}
</style>
</head>
<body>
<br /><br /><br /><br /><br /><br />

<div id="pageHeader">
    <h1><span>CSS Zen Garden</span></h1>
    <h2>
        <span>
            <acronym title="cascading style sheets">CSS</acronym>设计之美
        </span>
    </h2>
</div>
```

效果如图 7-28 所示。

图 7-28　绝对定位元素的相对特性

知识链接：因此，当绝对定位元素没有显式指明 top、right、bottom 或 left 定位属性时，它还暂未脱离文档流，并受文档流的影响，具有相对定位的特性，但是它在文档流中的位置已经不存在了，其大小不会影响包含元素。

如果绝对定位元素仅指明 x 轴或 y 轴坐标值，则它只能具备该方向上的定位能力，另一个方向仍然显示为相对定位特性。

例如，在上面实例的基础上定义包含块元素<div id="pageHeader">在 x 轴上右移 100 个像素，此时，可以看到绝对定位元素<div id="pageHeader">在 y 轴上向下移动：

```css
#pageHeader {
    border:solid 1px red;      /*边框*/
    position:absolute;         /*绝对定位*/
    right:100px;               /*x 轴右移 100 像素*/
}
```

效果如图 7-29 所示。

图 7-29　绝对定位元素的部分相对特性

【例 7-10】本例中，可以很清楚地看到相对定位时位移的变化情况，其位移如图 7-30 所示：

```css
<style type="text/css">
span {
    border: dashed 1px red;/*包含元素的虚线框，描绘相对定位元素的原始位置*/
}
span img {
    position:relative;    /*相对坐标*/
    left:50px;            /*x 轴坐标*/
    top:50px;             /*y 轴坐标*/
    margin:50px;          /*外边框*/
    width:50px;           /*宽度*/
    height:50px;          /*高度*/
    border:solid 50px blue; /*边框*/
}
```

```
</style>
</head>
<body>
<br />
<span><img src="images/001.jpg" /></span>
</body>
```

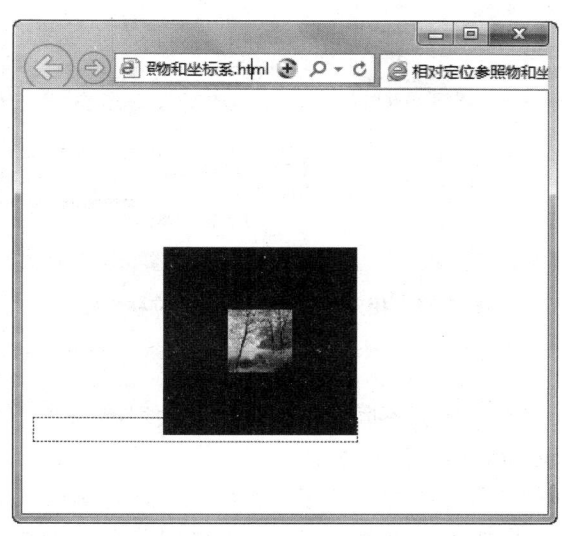

图 7-30　相对定位的位移坐标

但时，对于行内文本来说，这种相对位移会变得很复杂，此时不再用这个简单的坐标系来进行定义了，而应该根据相对位置来确定。

【例 7-11】本例将演示行内文本被定义为相对定位后所呈现出的复杂情况：

```
<style type="text/css">
span.origin {
    border: dashed 2px blue;  /*包含元素的虚线框，描绘相对定位元素的原始位置*/
}
span.relative {
    position:relative;     /*相对坐标*/
    left:50px;             /*x 轴坐标*/
    top:50px;              /*y 轴坐标*/
    background:#FF66CC;    /*相对定位元素的背景色*/
}
</style>
</head>
<body>
<br />
<p class="p3"><span>CSS Zen  Garden(样式表禅意花园)邀请您发挥自己的想象力，构思
一个专业级的网页。 <span class="origin"><span class="relative">让我们用慧眼来审
视，充满理想和激情去学习 CSS 这个不朽的技术，</span></span>最终使自己能够达到技术和
艺术合而为一的最高境界。</span></p>
</body>
```

其位移坐标如图 7-31 所示。简单地使用某个坐标系来定位流动的文本行是无法实现的，可行的方法就是根据文本行整体进行位移来定位，或者可以把多行文本拆分为多行，以不同的坐标系来进行定位。

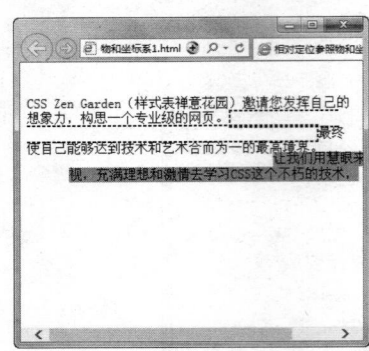
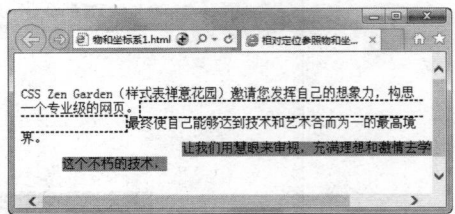

图 7-31　相对定位和内文本的位移坐标

4. 层叠顺序

CSS 通过 z-index 属性来排列不同定位元素之间的层叠顺序。该属性可以设置为任意整数值，数值越大，所排列的顺序就越靠上。

【例 7-12】在前面的实例中，曾列举了一个红盒子、蓝盒子、绿盒子的相对定位排序问题。在默认状态下，它们按先后位置确定自己的位置关系，越排在后面，则其显示的位置越靠上。

下面利用 z-index 属性来改变它们的层叠顺序：

```
<style type="text/css">
#box1, #box2, #box3 {
    height:100px;
    width:200px;
    position:relative;
    color:#fff;
}
#box1 {                /*红盒子*/
    background:red;
    top:150px;
    left:50px;
    z-index:3;        /*排在最上面*/
}
#box2 {
    background:blue;  /*蓝盒子*/
    top:0;
    left:100px;
    z-index:2;        /*排在中间*/
}
#box3 {
    background:green; /*绿盒子*/
    top:-150px;
    left:150px;
```

```
    z-index:1;      /*排在最下面*/
}
</style>
</head>
<body>
<div id="box1">红盒子</div>
<div id="box2">蓝盒子</div>
<div id="box3">绿盒子</div>
</body>
```

这时可以看到 3 个不同背景色的盒子所层叠的顺序发生了变化，原来排在最上面的绿色盒子现在被排列在最下面，如图 7-32 所示。

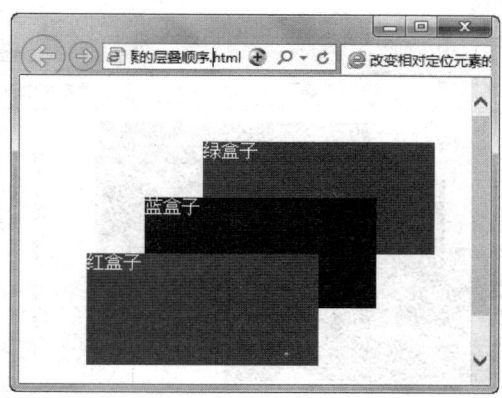

图 7-32　改变相对定位元素之间的覆盖顺序

同样的道理，如果在前面实例基础上把所有盒子定义为绝对定位元素，一样可以通过 z-index 属性来控制它们的层叠显示顺序。例如，重新编写前面的实例代码，然后让红盒子排列在上面，绿盒子排列在最下面：

```
<style type="text/css">
#box1, #box2, #box3 {      /*盒子的公共属性*/
    height:100px;          /*宽度*/
    width:200px;           /*高度*/
    position:absolute;     /*绝对定位*/
    color:#fff;
}
#box1 {
    background:red;        /*红盒子*/
    left:100px;            /*x 轴坐标*/
    z-index:3;             /*排在最上面*/
}
#box2 {
    background:blue;       /*蓝盒子*/
    top:50px;              /*y 轴坐标*/
    left:50px;             /*x 轴坐标*/
    z-index:2;             /*层叠顺序*/
}
#box3 {
```

```
    background:green;    /*绿盒子*/
    top:100px;           /*x 轴坐标*/
    z-index:1;           /*排在最底下*/
}
</style>
</head>
<body>
<div id="box1">红盒子</div>
<div id="box2">蓝盒子</div>
<div id="box3">绿盒子</div>
</body>
```

则显示效果如图 7-33 所示。

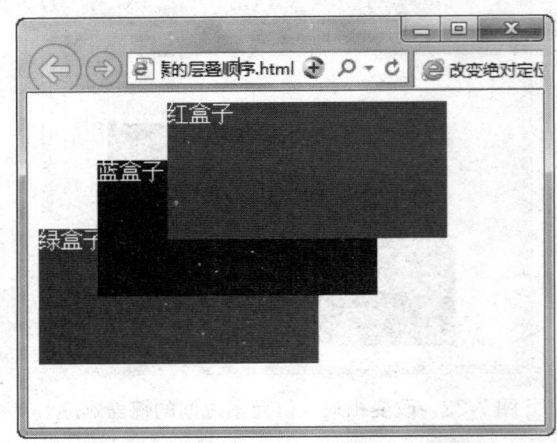

图 7-33　改变绝对定位元素之间的覆盖顺序

💿 **知识链接**：　如果将绝对定位元素和相对定位元素混合在一起，它们之间也严格遵循这样的层叠排序规则，不会有绝对定位元素优先于相对定位元素的现象。

5. 嵌套层叠顺序

在 CSS 定位中不有一个很奇怪的现象，这种现象目前仅在 IE 浏览器中存在，即当定位元素位于 HTML 不同结构层次时，所定位的元素的层叠级别存在很大的差异，甚至无法进行比较。

【例 7-13】本例中，相对定位元素<div id="wrap">下包括的两个子元素<div id="header">和<div id="main">也是绝对定位元素：

```
<style type="text/css">
body {
    padding:0;
    margin:0;
}
#wrap, #header {
    position:relative;
}
#logo {
```

```
    position:absolute;
    width:231px;
    height:159px;
    left:20px;
    top:20px;
    background:url(images/logo1.gif) no-repeat;
    z-index:1000;
    text-indent:-999px;
    margin:0;
}
#main {
    width:100%;
    height:400px;
    position:absolute;
    background:#6699FF;
    top:140px;
    text-align:center;
}
</style>
</head>
<body>
<div id="wrap">
    <div id="header">
        <h1 id="logo">网页标题</h1>
    </div>
    <div id="main">主体区域</div>
</div>
</body>
```

由于<h1 id="logo">和<div id="main">是一个相对定位元素，但是，它们在 HTML 结构中所处的层级不同，导致无论<h1 id="logo">绝对定位元素的层叠值有多高，在 IE 浏览器下都被覆盖在<div id="main">对象的下面，如图 7-34 所示。

图 7-34　IE 下定位元素的层叠包含关系效果

对于 IE 浏览器的这个特殊现象，不妨从同级别的 HTML 结构入手来解决，也就是说，如果定义<h1 id="logo">对象的父级包含块<div id="header">对象的层叠值大于<div id="main">对象的层叠值，让父级元素之间以平级身份进行层叠排序，这样，如果父级元素排在上面，则它们的子级元素也都排在上面。具体地说，也就是在<div id="header">对象中增加一个 z-index 属性值：

```
#header {
    z-index:1;
}
```

通过上面的样式定义<div id="header">对象排在<div id="main">对象上面，这样<div id="header">对象包含的子元素不会层叠在上面，如图 7-35 所示。

图 7-35　解决 IE 浏览器中定位元素的层叠包含问题

6. CSS 层叠框

z-index 属性用来定位布局中确定元素的层叠顺序，适用于定位元素，即 position 属性值为 relative、absolute 和 fixed 的对象。当一个元素被定位之后，它就归属于某个层叠关系。所谓层叠关系，就如同包含块一样，也可以通俗地说成叠层包含框，它是层叠定位的一个参考平台。在某个层叠包含框内部的所有定位元素都可以在同一个平台上比较定位自己的 z 轴坐标。

例如，下面这个结构中，如果定义<div id="wrap">为定位元素，且赋予它一个 z-index 值，使其成为一个层叠关系框，这时，如果内部的其他元素被定义为定位元素，且出现层叠现象，就会以这个<div id="wrap">层叠关系框作为比较平台，来决定相互覆盖关系：

```
<div id="wrap">
    <div id="container">
        <div id="box1"></div>
    </div>
    <div id="box2"></div>
</div>
```

【例 7-14】本例中，定义黄色盒子的层叠值为 20，绿色盒子的层叠值为 10：

```
<style type="text/css">
#wrap {
    position:absolute;
    border:dashed 1px blue;
    width:400px;
    height:200px;
    z-index:0;
}
```

```
#box1 {
    position:absolute;
    width:80%;
    height:80%;
    top:20px;
    left:60px;
    background-color:yellow;
    z-index:20;
}
#box2 {
    position:absolute;
    width:80%;
    height:80%;
    top:60px;
    left:120px;
    background-color: green;
    z-index:10;
}
</style>
</head>
<body>
<div id="wrap">
    <div id="container">
        <div id="box1">定位元素 1</div>
    </div>
    <div id="box2">定位元素 2</div>
</div>
</body>
```

现在由于它们处于同一个层叠关系平台<div id="wrap">中，所以黄色盒子覆盖绿色盒子，显示效果如图 7-36 所示。

图 7-36　层叠包含框以及内部定位元素的层叠顺序

🌏 **知识链接：** 层叠包含框元素可以称为 Root Stacking Context(层叠根元素)，该元素必须是一个定位元素，且 z-index 属性值应为一个非 auto(自动)的值，否则无效。在同一个层叠根元素内的所有定位元素都使用相机的规则来决定层叠顺序。如果所有定位元素的层叠包含框(Stacking Context)一样，这些定位元素就以 z-index 属性值来决定层叠显示顺序。

如果 z-index 值相同，则按照文档流中的结构排列顺序进行定位，位于文档流后面的定位元素会覆盖文档流前面的定位元素。例如，对于上面的实例，如果黄盒子与绿盒子的

z-index 值为 0，由于在 HTML 结构中绿盒子位于黄盒子的后面，所以它覆盖黄盒子。但是，如果定位元素位于不同的层叠关系中，就不能够简单地使用自身的 z-index 属性来决定层叠顺序，而是应该根据层叠根元素的 z-index 属性来决定层叠顺序，这就是 CSS 层叠包含框嵌套问题。

【例 7-15】针对如下结构，来试验层叠包含框重叠之后发生什么情况：

```
<div id="wrap">父级层叠根元素
    <div id="container">子级层叠根元素
        <div id="box1">定位元素 1</div>
    </div>
    <div id="box2">定位元素 2</div>
</div>
```

如果将它们全都定义为绝对定位显示，且定义<div id="wrap">和<div id="container">为层叠包含框，详细的样式代码如下：

```
style type="text/css">
div {
    position:absolute;
    top:20px;
    left:30px;
    width:80%;
    height:80%;
}
#wrap {
    border:dashed 1px blue;
    width:400px;
    height:200px;
    z-index:0;
}
#container {
    border:solid 2px red;
    z-index:0;
}
#box1 {
    left:60px;
    background-color:yellow;
    z-index:20;
}
#box2 {
    top:60px;
    left:120px;
    background-color:green;
    z-index:10;
}
</style>
```

在浏览器中预览，就会发现，层叠值小的绿盒子覆盖了层叠值大的黄盒子，如图 7-37 所示。

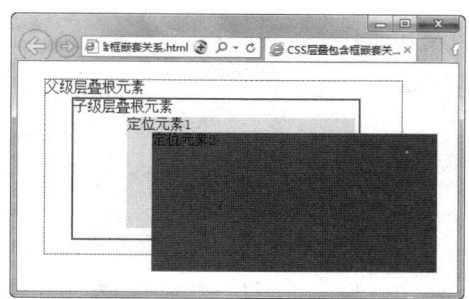

图 7-37　CSS 层叠嵌套关系

任务实践

李显制作展览室的网页，具体操作步骤如下。

(1) 设置网页的基本属性，代码如下：

```
body {                    /*页面基本属性*/
    background: #444444;   /*背景色*/
    padding: 0px;          /*清除页边距*/
    margin: 0px;           /*清除页边距*/
    font: 13px Georgia, Serif;  /*字体基本属性*/
    color: #7f7f7f;        /*字体颜色*/
    text-align: center;    /*网页居中*/
}
```

这里主要是设置背景色、清除页边距、设置网页居中，另外，还可以设置网页的字体基本属性。

(2) 设置网页包含块的基本属性，代码如下，为模块布局奠定基础：

```
#container {              /*网页包含框的基本样式*/
    background: #5d5d5d;   /*背景色*/
    position: relative;    /*定义包含块*/
    padding: 0px;          /*内边距*/
    margin: 0px auto;      /*水平居中*/
    width: 760px;          /*固定宽度*/
    text-align: left;      /*网页文本左对齐*/
    border-left: 1px solid #fff;  /*设计页左侧的修饰线*/
    border-right: 1px solid #fff; /*设计页右侧的修饰线*/
}
```

(3) 设计展室封面。在模块<div id='pageHeader'>的子模块中定义大的背景图像：

```
#pageHeader {            /*网页封面设计效果*/
    background: url(header_bg.jpg) no-repeat; /*设计背景图像*/
    padding: 0px;          /*内边距*/
    margin: 0px;           /*外边距*/
    width: 760px;          /*固定宽度*/
    height: 400px;         /*固定高度*/
}
```

定义完背景图像后，隐藏其他几个子模块：

```
#pageHeader h1, #pageHeader h2 {    /*第 1 子模块的网页 1、2 级标题*/
    display: none;                  /*隐藏显示*/
}
#quickSummary p.p1 {       /*第 2 子模块的第 1 段文本*/
    display: none;       /*隐藏显示*/
}
```

再把第 2 子模块的第 2 段超链接文本定位到网页的左上角顶部，代码如下：

```
#quickSummary p.p2 {
    font-size: 11px;      /*字体大小*/
    color: #ccc;          /*字体颜色*/
    position: absolute;   /*绝对定位*/
    top: -1px;            /*顶部距离，隐藏 1px*/
    left: 2px;            /*左侧距离*/
}
```

显示效果如图 7-38 所示。

图 7-38   设计展室封面的效果

（4） 设计第一大模块的第 3 个子模块以及第二大模块的布局。在这些模块中，完全采用静态定位的方法，让模块内的对象按照自然流动的形式从上到下排列显示。通过 width 和 height 来固定模块的显示大小，使用 margin 属性调整每个子模块的显示位置，通过 padding 属性调整模块内包含文本的显示位置。

例如，针对第一大模块的第 3 个子模块，可以把标题文本隐藏起来，利用背景图像的方式设计展板效果，代码如下：

```
#preamble h3 {
    background: url(preamble.jpg) no-repeat; /*设计展板背景图像*/
    padding: 0px; /*内边距*/
    margin: 0px; /*外边距*/
    width: 560px; /*宽度*/
```

```
    height: 147px;  /*高度*/
}
#preamble h3 span {   /*隐藏显示标题文字*/
    display: none;
}
```

显示效果如图 7-39 所示。

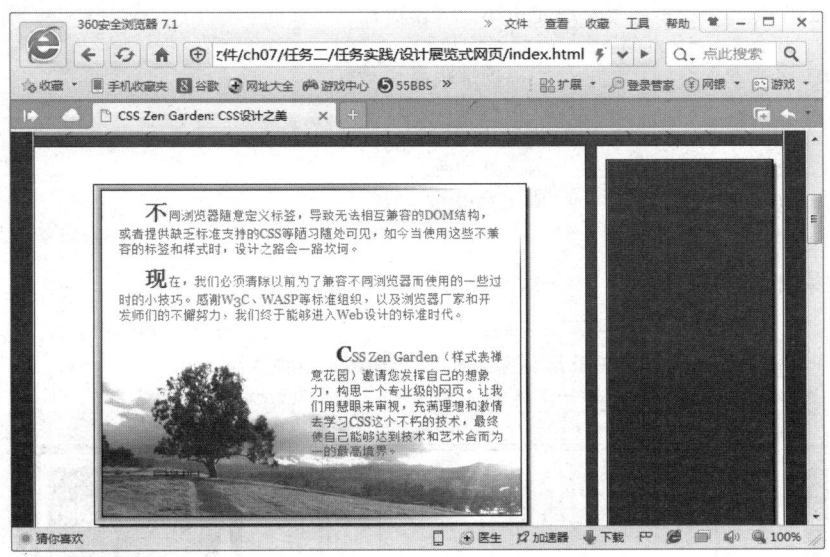

图 7-39 设计展板的效果

然后利用内边距来调整文本段落内显示的位置和区域大小，代码如下：

```
#preamble p {                   /*段落文本缩进*/
    text-indent: 2em;     /*缩进 2 个字符*/
}
#preamble p:first-letter {   /*段落首字样式*/
    font-size: 180%;      /*放大字体*/
    font-weight: bold;    /*加粗*/
    color: #444444;       /*字体颜色*/
}
#preamble p.p1 {                        /*第一段文本*/
    padding: 10px 85px 10px 86px;  /*调整显示区域*/
    margin: -100px 0px 0px 0px;     /*调整显示位置*/
}
#preamble p.p2 {                        /*第二段文本*/
    padding: 0px 85px 20px 86px;    /*调整显示区域*/
    margin: 0px;                       /*调整显示位置*/
}
#preamble p.p3 {
    background: url(preamble_img.jpg) no-repeat bottom; /*增加展板底部背景*/
    padding: 0px 85px 60px 280px;  /*调整显示区域*/
    margin: 0px;                        /*调整显示位置*/
}
```

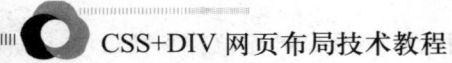

第二大模块的布局也遵循上一步的设计思路。

(5) 定位第三大模块的显示位置。按照正常的文档流顺序，第三大模块应该位于页面的最底部，为了能够使其显示在网页顶部右侧栏目中，使用绝对定位进行选择。由于上面已经把网页包含框<div id='container'>定义为包含块，因此当定义< div id='linkList'>模块绝对定位时，就以<div id='container'>为参照物来进行定位，代码如下：

```
#linkList {                     /*定位第三大模块*/
    position: absolute;   /*绝对定位*/
    top: 400px;             /*距离顶部距离*/
    left: 570px;            /*距离左侧距离*/
    padding: 0px;          /*清除内边距*/
    margin: 0px;           /*清除外边距*/
    width: 190px;          /*固定宽度*/
}
```

显示效果如图 7-40 所示。

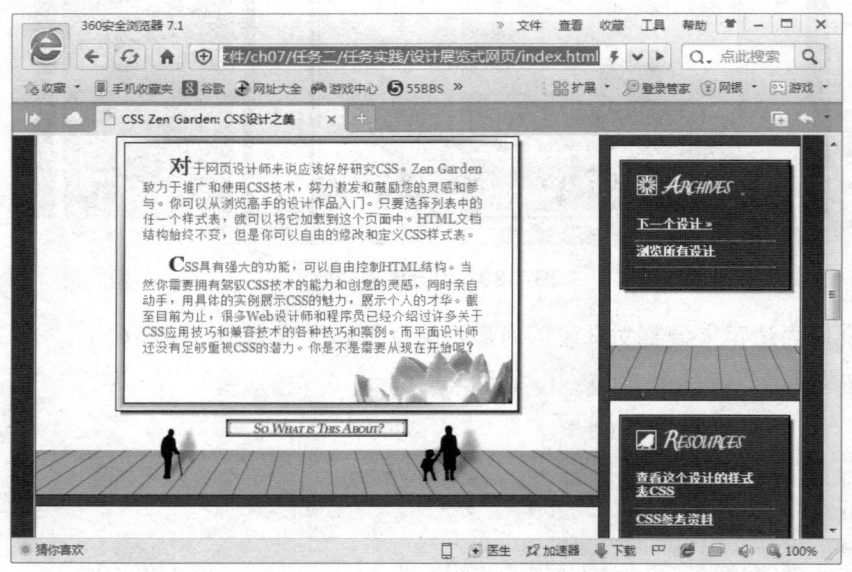

图 7-40　展板的显示效果

上机实训：制作电子相册

实训背景

周康是某网页设计公司的后台开发人员，接到主管分派的任务，需要制作电子相册网页，要求显示出详细信息模式，如图 7-41 所示。

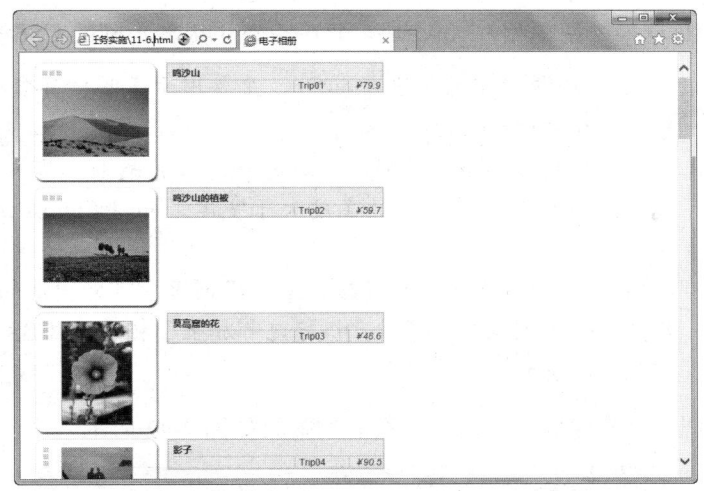

图 7-41　电子相册页面

实训内容和要求

用 CSS 定位，可以实现精确控制网页对象，用户能够借助 CSS 定位属性精确定位网页中每个元素的位置(可精确到像素级别)。因此，周康决定使用 CSS 排版布局与定位来完成此任务。

实训步骤

周康使用 CSS 定位控制网页的布局功能，制作电子相册，具体操作步骤如下。

(1)　对每一幅相片以及它的相关信息，都用一个<div>块进行分离，并且根据相机的横、竖，设置相应的 CSS 类别:

```
<div class="pic pt">
   <a href="photo/04.jpg" class="tn"><img src="photo/thumb/04.jpg"></a>
     <ul>
        <li class="title">影子</li>
        <li class="catno">Trip04</li>
        <li class="price">￥90.5</li>
     </ul>
   </div>
   <div class="pic ls">
      <a href="photo/05.jpg" class="tn">
       <img src="photo/thumb/05.jpg"></a>
      <ul>
        <li class="title">高昌古城</li>
        <li class="catno">Trip06</li>
        <li class="price">￥74.1</li>
      </ul>
   </div>
</div>
```

以上是 HTML 框架中两幅相片<div>块，其中设置了很多不同的 CSS 类别。

知识链接： 在<div>块属性中的类别"pic"，主要用于声明所有含有相片<div>块，与不含相片的<div>块相区别。

在 pic 类别后的相片类别，有的是 pt，有的是 ls，其中，pt(portrait)指竖直方向的相片，即相片的高度大于宽度，而 ls(landscape)指水平方向的相片。

类别 tn 指带缩略图的超链接，用于跟网页中可能出现的其他超链接区别开。而<ul>标记下的各个<li>标记都加上了相应的 CSS 类别，用于详细信息模式下的设定。

这样基本的框架就搭建好了，此时，页面的效果如图 7-42 所示。

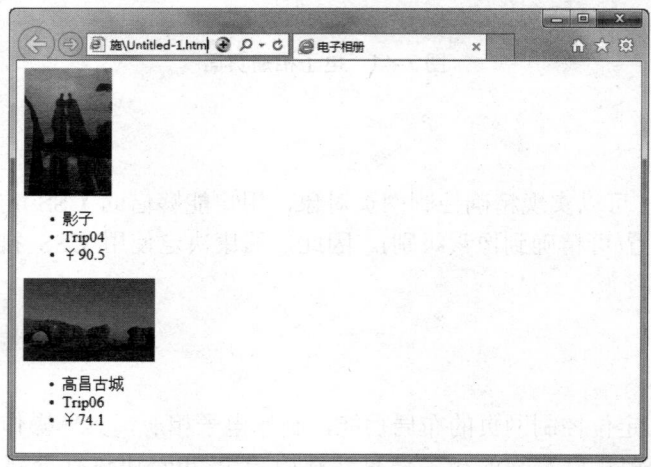

图 7-42　网页框架

(2)　在 CSS 中使用 float 属性实现幻灯片模式，并为相片加上边框，代码如下：

```
body {
    margin:0.8em;
    padding;0px;
}
div.pic {
    float:left;
    height:160px;
    width:160px;
    margin:6px;
    padding:0px;
}
div.pci img {
    border:1px solid #82c3ff;
}
```

(3)　由于相片有横向显示和纵向显示两种，因此，制作两个方形的圆角背景图片，用来衬托每一张相片，分别加到类别 pt 和 ls 的 CSS 属性中，并设置相应的相片大小，具体如图 7-43 所示。

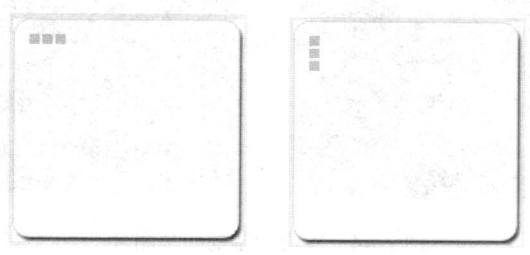

图 7-43　相片的背景衬托

（4）幻灯片模式不需要显示相片的具体信息，因此将<u1>标记的 display 设置为 none，代码如下：

```
div.ls {
    background:ur1(framels.jpg) no-repeat center;    /*水平相片的背景*/
}
div.pt {
    background:ur1(framept.jpg) no-repeat center;    /*竖直相片的背景*/
}
div.ls img {                                         /*水平相片*/
    margin:0px;
    height:90px;
    width:135px;
}
div.pt img {                                         /*竖直相片*/
    margin:0px;
    height:90px;
    width:135px;
div.pic u1 {                                /*幻灯片模式，不显示相片信息 */
    display:none;
}
```

（5）将超链接设置为块元素，并且利用 padding 值将作用范围扩大到整个 div 块的 160*160px 范围，同时通过调整 4 个 padding 值，实现相片居中的效果，代码如下：

```
div.ls a {
    display:block;                          /*定义为块元素*/
    padding:34px 14px 36px 11px;    /*将超链接区域扩大到整个背景块*/
}
div.pt a {
    display:block;
    padding:11px 36px 14px 34px;        /*将超链接区域扩大到整个背景块*/
}
```

（6）最后考虑到超链接的突出效果，再分别为鼠标指针经过相片时制作两幅天蓝色的背景，一幅用于水平相片，一幅用于竖直相片，如图 7-44 所示。这两幅图片与图 7-43 所示的图片尺寸完全一致。

图 7-44　突出背景的两幅图片

(7)　然后分别将上述两幅图片添加到 CSS 属性中，代码如下，这样整个幻灯片效果便制作完成：

```
div.ls a:hover {      /*鼠标指针经过时修改背景图片*/
   background:url(framels_hover.jpg) no-repeat center;
}
div.pt a:hover {
   background:url(framept_hover.jpg) no-repeat center;
}
```

(8)　详细信息模式要求每幅相片的信息能够显示在相片一侧，并且不再更改页面的 HTML 结构，在采用了 CSS 的 div 排版后，仅仅需要在幻灯片的基础上不再浮动即可，然后将相片的超链接设置为浮动，相片的信息不再隐藏，代码如下：

```
<html>
<head>
<title>电子相册</title>
<link rel="stylesheet" href="11-6catalog.css">
</head>
<body>
    <div class="pic ls">
        <a href="photo/01.jpg" class="tn">
            <img src="photo/thumb/01.jpg"></a>
        <ul>
            <li class="title">鸣沙山</li>
            <li class="catno">Trip01</li>
            <li class="price">￥79.9</li>
        </ul>
    </div>
    <div class="pic ls">
        <a href="photo/02.jpg" class="tn">
            <img src="photo/thumb/02.jpg"></a>
        <ul>
            <li class="title">鸣沙山的植被</li>
            <li class="catno">Trip02</li>
            <li class="price">￥59.7</li>
        </ul>
    </div>
    <div class="pic pt">
        <a href="photo/03.jpg" class="tn">
```

```
            <img src="photo/thumb/03.jpg"></a>
        <ul>
            <li class="title">莫高窟的花</li>
            <li class="catno">Trip03</li>
            <li class="price">￥48.6</li>
        </ul>
</div>
<div class="pic pt">
    <a href="photo/04.jpg" class="tn">
        <img src="photo/thumb/04.jpg"></a>
        <ul>
            <li class="title">影子</li>
            <li class="catno">Trip04</li>
            <li class="price">￥90.5</li>
        </ul>
</div>
<div class="pic ls">
    <a href="photo/05.jpg" class="tn">
        <img src="photo/thumb/05.jpg"></a>
        <ul>
            <li class="title">高昌古城</li>
            <li class="catno">Trip06</li>
            <li class="price">￥74.1</li>
        </ul>
</div>
<div class="pic pt">
    <a href="photo/06.jpg" class="tn">
        <img src="photo/thumb/06.jpg"></a>
        <ul>
            <li class="title">磕头机</li>
            <li class="catno">Trip07</li>
            <li class="price">￥88.2</li>
        </ul>
</div>
<div class="pic ls">
    <a href="photo/07.jpg" class="tn">
        <img src="photo/thumb/07.jpg"></a>
        <ul>
            <li class="title">魔鬼城</li>
            <li class="catno">Trip07</li>
            <li class="price">￥79.9</li>
        </ul>
</div>
<div class="pic ls">
    <a href="photo/08.jpg" class="tn">
        <img src="photo/thumb/08.jpg"></a>
        <ul>
            <li class="title">路边的狗尾巴草</li>
            <li class="catno">Trip08</li>
            <li class="price">￥52.9</li>
```

```
        </ul>
    </div>
    <div class="pic ls">
        <a href="photo/09.jpg" class="tn">
            <img src="photo/thumb/09.jpg"></a>
        <ul>
            <li class="title">217 国道</li>
            <li class="catno">Trip09</li>
            <li class="price">￥78.4</li>
        </ul>
    </div>
    <div class="pic ls">
        <a href="photo/10.jpg" class="tn">
            <img src="photo/thumb/10.jpg"></a>
        <ul>
            <li class="title">国道旁的羊</li>
            <li class="catno">Trip10</li>
            <li class="price">￥76.3</li>
        </ul>
    </div>
    <div class="pic pt">
        <a href="photo/11.jpg" class="tn">
            <img src="photo/thumb/11.jpg"></a>
        <ul>
            <li class="title">217 国道的天</li>
            <li class="catno">Trip11</li>
            <li class="price">￥49.9</li>
        </ul>
    </div>
    <div class="pic ls">
        <a href="photo/12.jpg" class="tn">
            <img src="photo/thumb/12.jpg"></a>
        <ul>
            <li class="title">石头堆</li>
            <li class="catno">Trip12</li>
            <li class="price">￥50.2</li>
        </ul>
    </div>
    <div class="pic ls">
        <a href="photo/13.jpg" class="tn">
            <img src="photo/thumb/13.jpg"></a>
        <ul>
            <li class="title">喀纳斯河</li>
            <li class="catno">Trip13</li>
            <li class="price">￥82.5</li>
        </ul>
    </div>
    <div class="pic pt">
        <a href="photo/14.jpg" class="tn">
            <img src="photo/thumb/14.jpg"></a>
```

```
    <ul>
        <li class="title">卧龙湾</li>
        <li class="catno">Trip14</li>
        <li class="price">￥95.6</li>
    </ul>
</div>
<div class="pic ls">
    <a href="photo/15.jpg" class="tn">
        <img src="photo/thumb/15.jpg"></a>
    <ul>
        <li class="title">禾木桥</li>
        <li class="catno">Trip15</li>
        <li class="price">￥82.4</li>
    </ul>
</div>
<div class="pic ls">
    <a href="photo/16.jpg" class="tn">
        <img src="photo/thumb/16.jpg"></a>
    <ul>
        <li class="title">禾木的晨光</li>
        <li class="catno">Trip16</li>
        <li class="price">￥89.5</li>
    </ul>
</div>
<div class="pic pt">
    <a href="photo/17.jpg" class="tn">
        <img src="photo/thumb/17.jpg"></a>
    <ul>
        <li class="title">朵朵葵花向太阳</li>
        <li class="catno">Trip17</li>
        <li class="price">￥83.4</li>
    </ul>
</div>
<div class="pic ls">
    <a href="photo/18.jpg" class="tn">
        <img src="photo/thumb/18.jpg"></a>
    <ul>
        <li class="title">额尔齐斯河</li>
        <li class="catno">Trip18</li>
        <li class="price">￥72.1</li>
    </ul>
</div>
<div class="pic pt">
    <a href="photo/19.jpg" class="tn">
        <img src="photo/thumb/19.jpg"></a>
    <ul>
        <li class="title">火烧石</li>
        <li class="catno">Trip19</li>
        <li class="price">￥73.3</li>
    </ul>
```

```
    </div>
    <div class="pic pt">
        <a href="photo/20.jpg" class="tn">
            <img src="photo/thumb/20.jpg"></a>
        <ul>
            <li class="title">甜就一个字</li>
            <li class="catno">Trip20</li>
            <li class="price">￥69.5</li>
        </ul>
    </div>
</body>
</html>
```

此时，页面显示如图 7-45 所示。

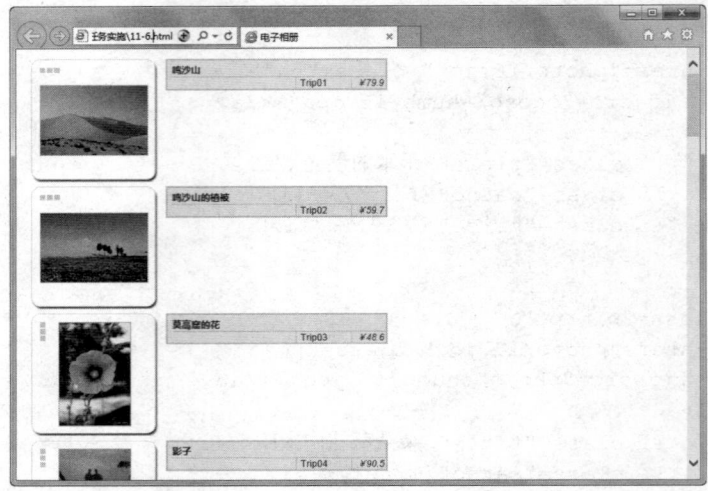

图 7-45　详细信息模式

实训素材

实例文件存储于"案例文件\项目七\上机实训：制作电子相册"中。

习　　　题

一、填空题

1. CSS 定位的核心正是基于这个属性来实现的，可以简称为_____。

2. _____能够根据元素或对象的这种自然顺序来定位元素的位置。

3. _____是绝对定位的一种特殊形式，它是以浏览器窗口作为参照物来定义网页元素的。

4. 当 position 属性的取值为_____时，可以将元素定位于静态位置。

5. CSS 通过_____属性来排列不同定位元素之间的层叠顺序，该属性可以设置为任意整数值，数值越大，所排列的顺序就越靠上。

二、选择题

1. CSS 定位了(　　　)个坐标属性。
     A．1　　　　　　　　B．2　　　　　　C．3　　　　　　　D．4
2. position 属性包括以下哪些种？(　　　　)
     A．static(静态)　　　　　　　　B．absolute(绝对)
     C．relative(相对)　　　　　　　D．fixed(固定)

三、问答题

1. 简述 position 的基本概念。
2. 简述什么是静态定位？
3. 简述什么是相对定位、绝对定位？两者有什么差别？
4. 简述 CSS 层叠顺序的概念。

项目八

使用 JavaScript 控制 CSS

1. 项目导入

王扬是飞扬公司的网页设计师，接到主管分配的任务，要求使用 JavaScript 实现图片的淡入淡出效果，如图 8-1 所示。

图 8-1　淡入淡出

具体操作步骤如下。

(1) 准备好相互淡入淡出的一组切换图片，图片尺寸尽量相同，如图 8-2 所示。

图 8-2　素材图片

(2) 整段 JavaScript 代码的思路在于将图片地址保存在数组中，然后用函数进行不断循环，代码如下：

```
<html>
<head>
<title>图片淡入淡出</title>
<style type="text/css">
<!--
body {
    background:#000000;
}
img {
    filter:BlendTrans(duration=3);
    border:none;
}
-->
</style>
</head>
<body>
<script language="javascript">
function img1(x) {      // 获取数组记录数
    this.length = x;
}
```

```
//声明数组并给数组元素赋值，也就是把图片的相对路径保存起来
//若是图片较多，可增加数组元素的个数，
//在这个例子中，用了 5 张图片，所以数组元素个数为 5
iname = new img1(5);
iname[0] = "photo/01.jpg";
iname[1] = "photo/02.jpg";
iname[2] = "photo/03.jpg";
iname[3] = "photo/04.jpg";
iname[4] = "photo/05.jpg";
var i = 0;
function play1() {                  // 演示变换效果
    if (i==4) { i=0; }              //当进行到 iname[4]时，返回 iname[0]
    else { i++; }
    tp1.filters[0].apply();        //tp 为图像的 name，在<img>标记中定义
    tp1.src = iname[i];
    tp1.filters[0].play();
    mytimeout = setTimeout("play1()", 4000);
    //设置演示时间，这里是以毫秒为单位的，所以"4000"是指每张图片的演示时间是 4 秒
    //这个时间值要大于滤镜中设置的转换时间值，这样，转换结束后还能停留一段时间，
    //以便看清楚图片
}
</script>
<p><img src="photo/04.jpg" name="tp1"></p>
<script language="javascript">//play1();</script>
</body>
```

显示效果如图 8-3 所示。

图 8-3　淡入淡出效果

2. 项目分析

网页中经常会遇到一些图片艺术变化的效果，吸引人们的目光。由于 JavaScript 中的 duration 能够控制变换时间，因此，可以使用 JavaScript 结合 CSS 来完成任务。

3. 能力目标

(1) 学习设计淡入淡出图片的制作方法。

(2) 学习设计灯光效果的制作方法。

(3) 学习设计跑马灯的制作方法。

4. 知识目标

(1) 掌握 JavaScript 的基本概念、特点、语法。

(2) 掌握 JavaScript 的数据类型和变量、表达式及运算符、基本语法。

任务：设计灯光效果

知识储备

1. JavaScript 的基本概念

JavaScript 是一种基于对象和事件驱动并具有相对安全性的客户端脚本语言。同时也是一种广泛用于客户端 Web 开发的脚本语言，常用来给 HTML(标准通用标记语言的子集)网页添加动态功能，比如响应用户的各种操作。它最初由网景公司(Netscape)的 Brendan Eich 设计，是一种动态、弱类型、基于原型的语言，内置支持类。Ecma 国际以 JavaScript 为基础制定了 ECMAScript 标准。JavaScript 也可以用于其他场合，如服务器端编程。完整的 JavaScript 实现包含三个部分：ECMAScript、文档对象模型、字节顺序记号。

Netscape 公司在最初将其脚本语言命名为 LiveScript。在 Netscape 与 Sun 合作之后，将其改名为 JavaScript。JavaScript 最初是受 Java 启发而开始设计的，目的之一就是"看上去像 Java"，因此语法上有类似之处，一些名称和命名规范也借自 Java。但 JavaScript 的主要设计原则源自 Self 和 Scheme。JavaScript 与 Java 名称上的近似，是当时网景为了营销考虑与 Sun 公司达成协议的结果。后来，为了取得技术优势，微软推出了 JScript 脚本语言。Ecma 国际(前身为欧洲计算机制造商协会)创建了 ECMA-262 标准(ECMAScript)。现两者都属于 ECMAScript 的实现。尽管 JavaScript 是作为给非程序人员的脚本语言，而不是作为给程序人员的编程语言来推广和宣传的，但是，JavaScript 具有非常丰富的特性。

JavaScript 是一种基于客户端浏览器的语言，有了 JavaScript，便可以使网页变得生动。使用它的目的，是与 HTML 和其他脚本语言一起，实现在一个网页中链接多个对象，与网络客户交互作用，以便开发客户端的应用程序。它能通过嵌入或调入标准的 HTML 语言中来实现。

🌐 **知识链接**：HTML、JavaScript 和 CSS 构成了 Web 设计与开发的基础。HTML 负责构建网页结构和内容，JavaScript 负责设计动态效果和交互，而 CSS 则负责设计网页显示。

2. JavaScript 的特点

(1) 简单性

JavaScript 是一种基于 Java 基本语句和控制流之上的简单而紧凑的设计，从而对于学习 Java 是一种非常好的过渡。它的变量类型是采用弱类型，并未使用严格的数据类型。

(2) 动态性

JavaScript 是动态的，它可以直接对用户或客户输入做出响应，无须经过 Web 服务程序。它对用户的反应和响应，是采用以事件驱动的方式进行的。所谓事件驱动，就是指在主页(Home Page)中执行了某种操作所产生的动作，称为"事件"(Event)。比如按下鼠标、移动窗口、选择菜单等，都可以视为事件。当事件发生后，可能会引起相应的事件响应。

(3) 跨平台性

JavaScript 依赖于浏览器本身，与操作环境无关，只要是能运行浏览器的计算机，并支持 JavaScript 的浏览器，就可以正确执行，从而实现了"编写一次，走遍天下"的梦想。

(4) 安全性

JavaScript 是一种安全的语言，它不允许访问本地的硬盘，并不能将数据存入到服务器上，不允许对网络文档进行修改和删除，只能通过浏览器实现信息浏览或动态交互，从而可以有效地防止数据的丢失。

(5) 节省 CGI 的交互时间

随着 WWW 的迅速发展，有许多 WWW 服务器提供的服务要与浏览者进行交流，从而确定浏览者的身份和所需服务的内容等，这项工作通常由 CGI/Perl 编写相应的接口程序与用户进行交互完成。很显然，通过网络与用户的交互，增大了网络的通信量，另一方面，影响了服务器的性能。

JavaScript 是一种基于客户端浏览器的语言，用户在浏览的过程中填表、验证的交互过程只是通过浏览器对调入 HTML 文档中的 JavaScript 源代码进行解释执行完成的。即使用时必须调用 CGI 的部分，浏览器只将用户输入验证后的信息提交给远程的服务器，大大减少了服务器的开销。

拓展提高： 一个完整的 JavaScript 实现是由以下 3 个不同部分组成的：核心(ECMAScript)、文档对象模型(Document Object Model，DOM)、浏览器对象模型(Browser Object Model，BOM)，如图 8-4 所示。

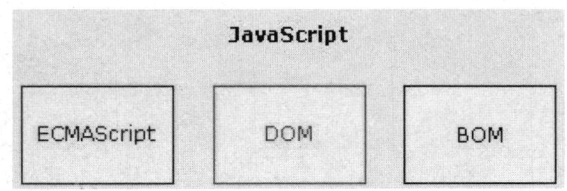

图 8-4　JavaScript 的组成部分

3. JavaScript 与 CSS

JavaScript 与 CSS 都是可以直接在客户端浏览器解析并执行脚本的语言，通常意义上认为 CSS 是静态的样式设置，而 JavaScript 则是动态地实现各种功能。

【例 8-1】本例演示如何实现一个简单的渐隐渐显动画效果，代码如下：

```
function fade(e, t, io) {
    var t = t || 10;      //初始化渐隐渐显速度
    if(io) {      //初始化渐隐渐显方式
        var i = 0;
    } else {
        var i = 100;
    }
    var out = setInterval(function() {  //设计定时器
```

```
        setOpacity(e, i);      //调用 setOpacity()函数
        if (io) {      //根据渐隐或渐显方式决定执行效果
            i ++;
            if (i >= 100) clearTimeout(out);
        }
        else {
            i--;
            if (i <= 0) clearTimeout(out);
        }
    }, t);
}


// 获取元素的透明度
// 参数：e 表示要预设置的元素
// 返回值：元素的透明度值，范围在 1~100 之间
function getOpacity(e)
{
    var r;
    if (!e.filters)
    {
        if (e.style.opacity) return parseFloat(e.style.opacity)*100;
    }
    try
    {
        return e.filters.item('alpha').opacity;
    }
    catch(o)
    {
        return 100;
    }
}
function getStyle(e, n)
{
    if (e.style[n])
    {
        return e.style[n];
    }
    else if (e.currentStyle)
    {
        return e.currentStyle[n];
    }
    else if (document.defaultView
      && document.defaultView.getComputedStyle)
    {
        n = n.replace(/([A-Z])/g, "-$1");
        n = n.toLowerCase();
        var s = document.defaultView.getComputedStyle(e, null);
        if(s)
            return s.getPropertyValue(n);
    }
```

```
    else
        return null;
}

function setOpacity(e, n)
{
    var n = parseFloat(n);
    // 把第 2 个参数转换为浮点数
    if (n && (n>100) || !n) n = 100;
    // 如果第 2 个参数存在且值大于 100，或者不存在该参数，则设置其为 100
    if (n && (n<0)) n = 0;
    // 如果第 2 个参数存在且值小于 0，则设置其为 0
    if (e.filters)
    {
        // 兼容 IE 浏览器
        e.style.filter = "alpha(opacity=" + n + ")";
    }
    else
    {
        // 兼容 DOM 标准
        e.style.opacity = n / 100;
    }
}
```

调用该函数：

```
<style type="text/css">
.block { width:200px; height:200px; background-color:red; }
</style>
```

显示效果如图 8-5 所示，动画逐一显现。

图 8-5　显示效果

🌐 **知识链接：** setTimeout()方法能够在指定的时间段后执行特写的代码。

4. JavaScript 语法基础

JavaScript 可以出现在 HTML 的任意地方，甚至在<html>之前插入也不成问题，它使用<script>…</script>标记进行声明，不过，如果要在声明框架的网页(框架网页)中插入，就一定要在<frameset>标记之前插入，否则不会运行。

JavaScript 的使用语法如下：

```
<script language="javascript">
...
//JavaScript 代码
...
</script>
```

另外一种插入 JavaScript 的方法，是把 JavaScript 代码写到另一个文件中(此文件通常应该用 ".js" 作为扩展名)，然后用<script src="javascript.js" language="javascript"></script>标记把它嵌入到文档中。

🐟 **拓展提高：** 一定要使用</script>标记。

【例 8-2】代码如下：

```
<html>
<head>
<title>Javascript 基本语法</title>
</head>
<body>
<script language="javascript">
alert("Hello World");        //弹出对话框
</script>
</body>
</html>
```

以上代码的执行效果如图 8-6 所示，一个小的提示窗口从页面中弹出，网上很多类似的广告窗口都是利用此功能完成的。

图 8-6　弹出窗口

🌐 **知识链接：** 虽然上网时各种弹出的小窗口令人感觉讨厌，但它在学习 JavaScript 时却十分有用。当 JavaScript 代码出错或者没有实现应用的效果时，便可以用该方法显示各个变量的值，从而调试程序。

5. 数据类型和变量

JavaScript 脚本语言同其他语言一样，有它自身的基本数据类型、表达式和算术运算符，以及程序的基本框架结构。JavaScript 提供了 6 种数据类型，其中 4 种数据类型用来处理数字和文字，而变量提供存放信息的地方，表达式则可以完成较复杂的信息处理。

下面对 6 种数据类型分别进行介绍。

- string：字符串类型。字符串是用单引号或双引号来说明的(可以使用单引号来输入包含双引号的字符串，反之亦然)，例如"人生"、"Next Station"和"CSS 样式设计"等。
- 数值数据类型：JavaScript 支持浮点数和整数。浮点数据可以包含小点，也可以包含一个"e"(大小写均可，在科学记数法中表示"10 的幂")。整数可以为正数、0 或者负数，或者同时包含这两项。
- boolean：逻辑型。可能的 boolean 值有 true 和 false，这是两个特殊的值，不能写作 1 和 0。
- undefined：一个为 undefined 的值，就是指在变量被创建后，但未给该变量赋值时具有的值。
- null：null 值指没有任何值，什么也不表示。
- object：除了上面提到的各种常类型外，对象也是 JavaScript 中的重要组成部分。

拓展提高： 在 JavaScript 中，变量用来存放脚本值，这样，在需要用这个值的时候，就可以用变量来代表，一个变量可以代表一个数字、文本或其他东西。变量的概念与其他程序语言变量是基本一致的。

JavaScript 是一种对数据类型要求不太严格的语言，所以不必声明每一个变量的类型。变量声明尽管不是必需的，但在使用变量之前，先进行声明是一种好的习惯，可以使用 var 语句来进行声明，例如：

```
var temp;              //没有赋值
var score = 95;        //数值类型
var male = true;       //布尔类型
var author = "isaac";  //字符串
```

也可以将一个变量赋值后，再更改它的数据类型，如下所示，但并不推荐这样操作：

```
x = 35.6;
x = "javascript";
```

知识链接： JavaScript 是一种区分大小写的语言，因此，将一个变量命名为"computer"和将其命名为"Computer"是不一样的。另外，变量名称的长度是任意的，但必须遵循以下规则：
- 第一个字符必须是一个 ASCII 字母(大小写均可)，或一个下划线。注意第一个字符不能是数字。
- 后续的字符必须是字母、数字或下划线。
- 变量名称一定不能是保留字，例如 true、for 和 return 等。

6. 表达式及运算符

表达式在定义完成变量后，就可以进行赋值、改变和计算等一系列的操作了。这一过程通常又由表达式来完成。可以说表达式是变量、常量、布尔以及运算的集合，因此，表达式可以分为算术表达式、字符表达式和逻辑表达式。

运算符完成操作的一系列符号，在 JavaScript 中提供了丰富的运算功能，包括算术运算、关系运算、逻辑运算和连接运算。

(1) 算术运算符

JavaScript 中的算术运算符有单目运算符和双目运算符。双目运算符包括+(加)、-(减)、*(乘)、/(除)、%(取余)、|(按位或)、&(按位与)、<<(左移)、>>(右移)等。单目运算符有-(取反)、~(取补)、++(递增)、--(递减)等。

(2) 关系运算符

关系运算符又称比较运算，运算符包括<(小于)、<=(小于等于)、>(大于)、>=(大于等于)、==(等于)和!=(不等于)、===(恒等于)和!==(不恒等于)。

关系运算的运算结果为布尔值，如果条件成立，则结果为 true，否则为 false。

(3) 逻辑运算符(布尔运算符)

逻辑运算符有&&(逻辑与)、||(逻辑或)、!(取反，逻辑非)、^(逻辑异或)。

(4) 字符串连接运算符

连接运算用于字符串操作，运算符为+，用于将两个或多个字符串强制连结为一个字符串。

(5) 三目运算符

三目运算符是?:，格式为：

操作数? 表达式 1 : 表达式 2

三目运算符构成的表达式，其逻辑功能为：若操作数的结果为 true，则输出结果为表达式 1，否则为表达式 2。例如，对于 max = (a>b)? a : b；该语句的功能就是将 a、b 中较大的数赋给 max。在这个简单的三目操作的例子中，对?前的逻辑表达式进行判断。如果 a 大于 b，则 max 赋值为 ":"前的 a，否则赋值为 b。

【例 8-3】下面是一个三目运算的例子：

```
<html>
<head>
<title>三目运算符</title>
</head>
<body>
<script language="javascript">
var a=5,b=6;
alert(a>b? "调用 01.css" : "调用 02.css");        //三目运算
</script>
</body>
</html>
```

执行效果如图 8-7 所示。

图 8-7　使用三目运算符

🌐 **知识链接**：赋值表达式主要用于给变量赋值，包括=(将右边的值赋给左边)、+=(将右边的值加上左边的值后赋给左边)、-=、*=、/=和%=等。

7. 基本语句

JavaScript 中的语句与其程序语言的语句类似，用来实现程序的控制和各种基本功能。

在 JavaScript 中，每条语句都以分号结束，但其本身对是否添加分号要求并不严格。但建议每条语句结束都加上分号，养成良好的编程习惯。JavaScript 的基本语句主要包括条件语句、循环语句和函数。下面分别进行介绍。

条件语句主要有 if 语句、if else 语句和 switch 语句等，if 语句是最基本的条件语句，它的格式与 C++是一样的，如下所示：

```
if (表达式) {
    语句 1;
    语句 2;
    ...
}
```

如果表达式为 true，则执行在括号里的语句，为 false 则直接跳过该语句，执行其下面的语句。如果需要在表达式为 false 时指定执行某段代码，则采用 if else 语句，如下：

```
if (表达式) {
    语句 1;
    语句 2;
    ...
}
else {
    语句 3;
    语句 4
    ...
}
```

🌐 **知识链接**：语句 1～4 可以是任意的合法 JavaScript 语句，甚至是嵌套 if 语句等。

【例 8-4】if 语句的用法：

```html
<html>
<head>
<title>if else 语句</title>
</head>
<body>
<script language="javascript">
var name = "Administrator";
if (name != "Administrator") {
    document.write("<font color='blue'>" + name + "</font>");
    //输出蓝色的 name
}
else {
    document.write("<font color='red'>" + name + "</font>");
    //输出红色的 name
}
</script>
</body>
</html>
```

该例对 name 变量进行判断，如果是普通用户，则输出用户名，如果是管理员 Administrator，则输出红色的用户名，运行结果如图 8-8 所示。

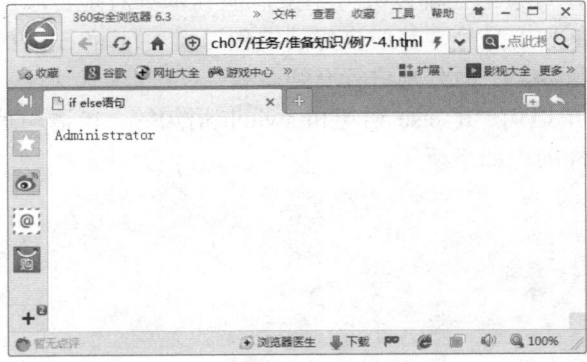

图 8-8　使用 if else 语句

循环语句一般在一定条件下重复执行一段代码，在 JavaScript 中提供多种循环语句，包括 for、while 语句和 do while 语句等，还有用于跳出循环的 break 语句，用于终止当前循环并继续执行下一循环的 continue 语句。

for 语句是使用频率最高的循环语句，它的格式与 C++中的类似，如下：

```
for (initializtionstatemen; condition; adjststatement) {
    语句 1;
    语句 2;
    ...
}
```

可见，for 语句由两部分组成，即条件与循环体。

循环体部分由具体的语句构成，是条件满足时要执行代码。而条件部分分为 3 个部分，每部分用分号隔开。initializtionstatemen 用于初始化数据；condition 为循环判断的条件，它决定循环执行的次数；adjststatement 用于每次执行完循环体对参数进行调整。

循环体中的语句同样可以是任何合法的 JavaScript 语句，包括 for 语句的嵌套。

【例 8-5】使用 for 语句输出变色"*"符号：

```html
<html>
<head>
<title>for 语句</title>
</head>
<body>
<script language="javascript">
for (var i=0; i<256; i++) {
    j = 255 - i;        //j 值递减
    document.write("<font style='color:rgb("
        + j + "," + i + "," + i + ");'><b>*</b> <font>");
    //调整*符号的颜色
    if (i%16 == 15) {
        document.write("<br>");            //每输出 16 个则换行
    }
}
</script>
</body>
</html>
```

该例中，利用 for 语句将 CSS 控制颜色的 color 属性设置为变量，并进行循环变化，从而实现输出"*"符号变色的效果，如图 8-9 所示。

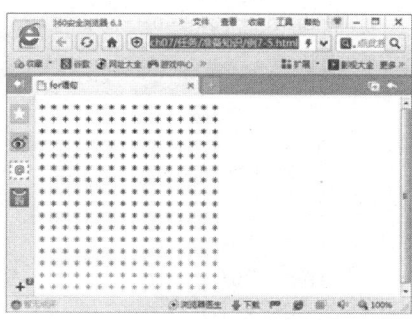

图 8-9　使用 for 语句

JavaScript 中的函数语句是通过关键字 function 来声明的，其使用方法与一般程序语言类似，如下所示：

```
function 函数名([参数集]) {
    ...
    [return[<值>];]
    ...
}
```

其中，中括号[]里的部分内容可以省略，当函数遇到 return 语句时，都将直接跳出该

函数体，返回调用它的地方继续往下执行。合理地使用函数能够将一些常用的功能集合在
一起，统一调用，也可使得页面代码清晰、可读性强。

【例 8-6】使用函数的示例如下：

```html
<html>
<head>
<title>文字颜色</title>
<style type="text/css">
<!--
body {
    font-family:Arial, Helvetica, sans-serif;
    font-size:13px;
}
form {padding:0px;margin:0px;}
input {
    border:1px solid #000000;
    width:40px;
}
input.btn {width:60px; height:18px;}
span {font-family:黑体;font-size:60px; font-weight:bold;}
-->
</style>
<script language="javascript">
function ChangeColor() {
    var red = document.colorform.red.value;          //获得各个输入框的值
    var green = document.colorform.green.value;
    var blue = document.colorform.blue.value;
    var obj = document.getElementById("text");
    obj.style.color = "#" + red + green + blue;       //修改文字的颜色
}
</script>
</head>

<body>
<form name="colorform">
    R:<input name="red" maxlength="2">
    G:<input name="green" maxlength="2">
    B:<input name="blue" maxlength="2">
    <input type="button" onClick="ChangeColor()"
      value="换颜色" class="btn">
</form>
<br>
<span id="text">CSS 层样式</span>
</body>
</html>
```

其中分别设置了 3 个输入框，分别让用户输入颜色的红、绿、蓝三个分量，然后通过
JavaScript 调用 ChangeColor()函数，动态地修改文字的颜色，如图 8-10 所示。

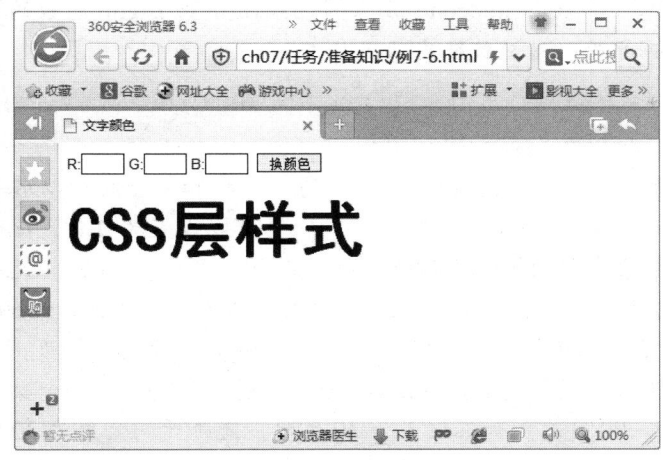

图 8-10　调用函数以修改颜色

任务实践

在 Photoshop 中，可以给图片使用滤镜，使之加上灯光照耀的效果。在 CSS 中，同样可以通过高级滤镜 Light 来给图片添加灯光。使用 JavaScript 制作灯光效果图片显示的具体步骤如下。

(1)　构建基本框架，代码如下：

```
<html>
<head>
<title>灯光效果</title>
<style type="text/css">
<!--
img.light {
    filter:light;
    border:none;
}
-->
</style>
</head>
<body>
<script language="javascript">
// 调用设置光源函数
window.onload = setlights1;
// 调用 Light 滤镜方法
function setlights1() {
    lightsy.filters[0].addCone(0,0,5,iX2,iY2,60,130,255,50,20);
}
</script>
<img src="fish.jpg">  
<img id="lightsy" src="fish.jpg" class="light">
</body>
```

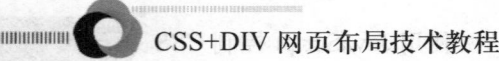

🕲 **知识链接：** 本任务采用 addcone 函数为已经设置了 Light 滤镜的图片添加了一个锥
形光源，该函数的表达式如下：

```
addcone(iX1,iY1,Iz1,Ix2,iY2,iRed,iGreen,iBlue,
   iStrength,iSpread);
```

其中，iX1、iY1 分别为光源的 x 坐标和 y 坐标，以水平向右为 x 轴正方
向，竖直向下为 y 轴正方向，并可以设置为负数。iZ1 为光源的高低，
三维空间的概念，只能设置为正数。iX2 和 iY2 为光源的方向，光源由
三维坐标(iX1, iY1, Iz1)射向(iX2, iY2, 0)。iRed、iGreen 和 iBlue 为光颜
色的 RGB，范围为 0~255。iStrength 表示光的强度，0 表示最小亮度，
100 为最大亮度。iSpread 为光照射的角度，是一个立体角的概念，范围
0~90 度，例如，设置为 30 度时，光张开的全角为 30 × 2 = 60 度。

(2) JavaScript 函数 setlights1()的代码如下：

```
function setlights1() {
   var iX2 = lightsy.offsetWidth;        //获得图片宽度
   var iY2 = lightsy.offsetHeight;       //获得图片高度
   lightsy.filters[0].addCone(0,0,5,iX2,iY2,60,130,255,50,20);
   lightsy.filters[0].addCone(0,iY2,5,iX2,0,60,130,255,50,20);
}
```

显示效果如图 8-11 所示。

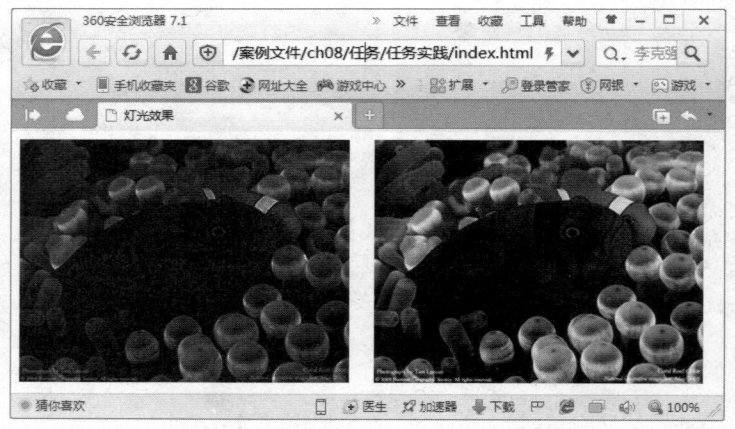

图 8-11　灯光效果

上机实训：制作跑马灯特效

实训背景

张晓是某网络公司的设计师，接到项目主管分派的任务，需要制作类似跑马灯的特
效，并将其直接应用到网页设计中，形成广告标语，如图 8-12 所示。

图 8-12 跑马灯特效的效果

实训内容和要求

由于在 Web 开发中，经常需要使用 JavaScript 动态控制 CSS 的样式，使 CSS + JavaScript 可以制造出各种各样的奇幻的视觉效果，因此，张晓决定使用 JavaScript 来完成此次上机实训。

实训步骤

张晓使用 JavaScript 配合 CSS，实现文字滚动播出的跑马灯特效，其具体的操作步骤如下。

(1) 首先按照传统的 JavaScript 的方法制作跑马灯的效果，包括设置文字内容、跑动速度，以及相应的输入框：

```
<html>
<head>
<title>跑马灯</title>
<script language="javascript">
var msg = "这是跑马灯，我跑啊跑啊跑";          //跑马灯的文字
var interval = 400;                          //跑动的速度
var seq = 0;

function LenScroll() {
    document.nextForm.lenText.value =
      msg.substring(seq, msg.length) + " ` " + msg;
    seq++;
    if (seq > msg.length)
        seq = 0;
    window.setTimeout("LenScroll();", interval);
}
</script>
</head>
<body onLoad="LenScroll()">
<center>
<form name="nextForm">
<input type="text" name="lenText">
```

```
</form>
</center>
</body>
```

其中，msg 参数设定文字的内容，interval 参数设定文字跑动的速度，此时，基本的文字运动效果出来了，如图 8-13 所示。

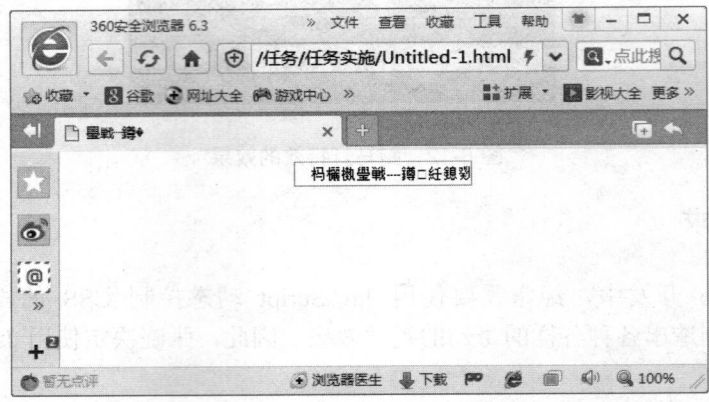

图 8-13　基本的跑马灯效果

(2)　此时的具体效果仅仅是输入框中文字在滚动，与最终的效果还有很大的差距。对页面<body>以及<input>标记加入相关的 CSS 属性，页面背景设置为黑色，将输入框的背景设为透明，对边框进行隐藏，再设置其他的文字属性，代码如下：

```
<style type="text/css">
<!--
body {
    background-color:#000000;    /* 页面背景色 */
}
input {
    background:transparent;        /* 输入框背景透明 */
    border:none;                /* 无边框 */
    color:#ffb400;
    font-size:45px;
    font-weight:bold;
    font-family:黑体;
}
-->
</style>
```

通过以 CSS 属性对页面和输入框进行美化后，整个跑马灯显得流畅了很多，已经不再是文字输入框中滚动的效果了，如图 8-14 所示。

实训素材

实例文件存储于"案例文件\项目八\上机实训：制作跑马灯特效"中。

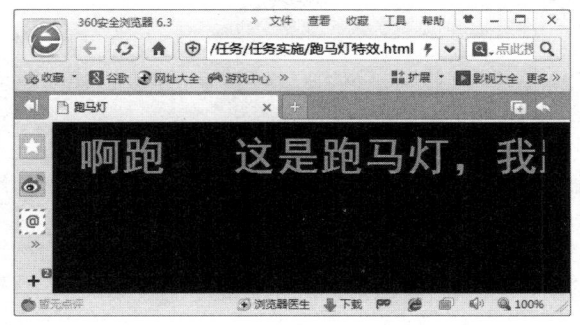

图 8-14　最终的效果

习　题

一、填空题

1. JavaScript 是一种基于对象和事件驱动并具有相对安全性的客户端_____。
2. JavaScript 的特点包括_____、_____、_____、_____和_____。
3. JavaScript 的字符串是用_____或_____来说明的。

二、选择题

1. JavaScript 提供了(　　)种数据类型。
   A. 4　　　　　　B. 5　　　　　　C. 6　　　　　　D. 7
2. 循环语句分为 3 个部分，每部分用(　　)隔开。
   A. 句号　　　　B. 冒号　　　　C. 顿号　　　　D. 分号

三、问答题

1. 简述 JavaScript 的基本概念。
2. 简述 JavaScript 的特点。
3. 简述 JavaScript 的语法规则。
4. 简述 JavaScript 的表达式及运算符有几种。

项目八　使用 JavaScript 控制 CSS

项目九

使用 CSS 设计 XML 文档样式

1. 项目导入

王琳琳作为华美公司的网页设计师，她在设计网页时，利用一个小程序测试对 XML 文档的显示样式进行控制，显示效果如图 9-1 所示。

图 9-1　通过内部 CSS 控制 XML 文档的效果

通过在 XML 文档内部定义样式表，实现对 XML 文档显示样式控制的代码如下：

```xml
<?xml version="1.0" encoding="utf-8"?>
<?xml-stylesheet type="text/css"?>
<book xmlns:html="http://www.w3.org/1999/xhtml">
    <html:style>
    book {
        background-color: #FFC;
        display: block;
        margin: 2em;
    }
    name {
        display: block;
        font-family: Arial, Helvetica, sans-serif;
        font-size: 32pt;
        color: red;
    }
    author {
        display: block;
        font-size: 20pt;
        color: blue;
    }
    date {
        display: block;
        font-size: 16pt;
        color: green;
        padding-left: 2em;
    }
    </html:style>
    <name>XML 高级编程</name>
    <author>(美)依维恩</author>
    <date>2015-02</date>
</book>
```

2．项目分析

由于 CSS 对 XML 中声明的元素标签定了层叠样式，从而实现了控制元素显示方式的目的。如可以指定元素的字体、字号、颜色、显示位置、超链接等，因此，可以使用 CSS 与 XML 文档关联，来完成任务。

3．能力目标

(1) 学习设计显示控制网页的制作方法。
(2) 学习设计新闻网页的制作方法。
(3) 学习设计诗情画意的图文网页的制作方法。

4．知识目标

(1) 掌握 XML 的特点。
(2) 掌握 XML 与 HTML 的区别。
(3) 掌握 XML 的特定语法和链接。

任务：设计新闻网页

知识储备

1．XML 的特点

XML 是 eXtensible Markup Language 的缩写，即可扩展标记语言，是标准通用标记语言的子集，一种用于标记电子文件，使其具有结构性的标记语言。它可以用来标记数据、定义数据类型，是一种允许用户对自己的标记语言进行定义的源语言。它非常适合万维网传输，能够提供统一的方法来描述和交换独立于应用程序或供应商的结构化数据。

知识链接： XML 实际上是 Web 表示结构化信息的一种标准文本格式，它没有复杂的语法和包罗万象的数据定义。XML 与 HTML 一样，都来自 SGML(标准通用标记语言)。但近年来，随着 Web 应用的不断深入，HTML 由于标记固定，在需求广泛的应用中已显得捉襟见肘，仅仅适合于数据显示。而 XML 的出现，则填补了各种数据需求上的空白，这也正是设计 XML 的目的所在。

XML 继承了 SGML 的许多特性。

(1) 可扩展性。XML 允许使用者创建和使用他们自己的标记，而不是 HTML 的有限词汇表。

【例 9-1】 一个简单的 XML 文档：

```
<?xml version="1.0" encoding="gb2312"?>
<四大名著>
    <三国演义>
        <作者>罗贯中</作者>
        <人物>曹操</人物>
```

```
        <人物>诸葛亮</人物>
        <人物>刘备</人物>
        <人物>孙权</人物>
    </三国演义>
    <红楼梦>
        <作者>曹雪芹</作者>
        <人物>贾宝玉</人物>
        <人物>林黛玉</人物>
        <人物>王熙凤</人物>
        <人物>刘姥姥</人物>
    </红楼梦>
    <水浒传>
        <作者>施耐庵</作者>
        <人物>宋江</人物>
        <人物>林冲</人物>
        <人物>李逵</人物>
        <人物>武松</人物>
    </水浒传>
    <西游记>
        <作者>吴承恩</作者>
        <人物>唐僧</人物>
        <人物>孙悟空</人物>
        <人物>猪八戒</人物>
        <人物>沙和尚</人物>
    </西游记>
</四大名著>
```

其在浏览器中的显示效果如图 9-2 所示。我们可以看到，XML 中的各个标记都是自定义的。

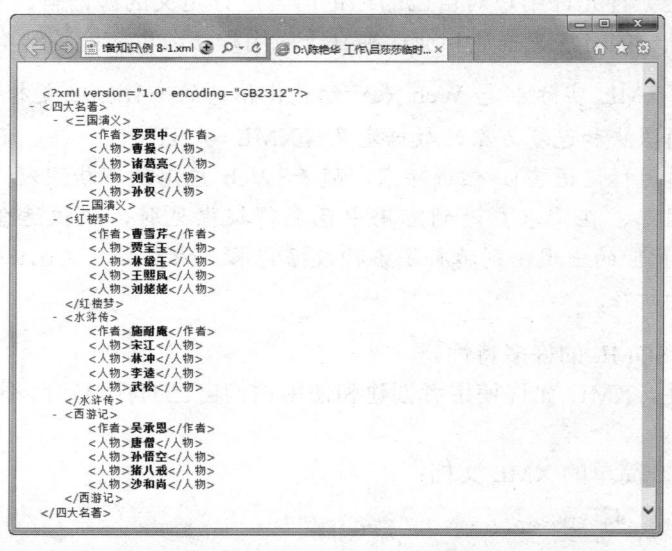

图 9-2　XML 文档在浏览器中的显示效果

(2) 灵活性。HTML 很难进一步发展，就是因为它是格式、超文本和图形用户界面的

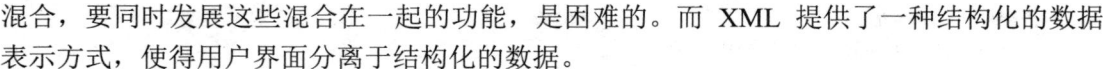

混合，要同时发展这些混合在一起的功能，是困难的。而 XML 提供了一种结构化的数据表示方式，使得用户界面分离于结构化的数据。

(3) 自描述性。XML 文档通常包含一个文档类型声明，因而 XML 是自描述的。XML 表示数据的方式真正做到了独立于应用系统，并且数据能够重用。XML 文档被看作是文档的数据库化和数据的文档化。

拓展提高： XML 还具有简明性。它只有 SGML 约 20%的复杂性，但却具有 SGML 的几乎 80%的功能。XML 也吸收了人们多年来在 Web 上使用 HTML 的经验。XML 支持世界上几乎所有的主要语言，并且不同语言的文本可以在同一文档中混合使用，应用 HTML 的软件能够处理这些语言的任何组合。

2. XML 与 HTML

HTML 的各个标记都是固定不变的，网页设计者不可能在 HTML 文档中自定义各种标记。而 XML 本身则没有特定控制的标记，可由网页设计师自行通过文件类型定义(DTD)的方式来声明。通过 HTML 所提供的标记，可以将数据内容在网页上显示出来，而 XML 则能够增加文件的结构性。

从某种意义上说，XML 能比 HTML 提供更大的灵活性，但是它却不可能代替 HTML 语言。实际上，XML 和 HTML 能够很好地在一起工作。XML 与 HTML 的主要区别，就在于 XML 用来存放数据，在设计 XML 时，它就被用来描述数据，其重点在于什么是数据，如何存放数据。而 HTML 是被设计用来显示数据的，其重点在于如何显示数据。

【例 9-2】HTML 调用 XML 数据：

```
<html>
<head>
<style type="text/css">
<!--
p {
    font-family:Arial;
    font-size:15px;
}
-->
</style>
<script language="javascript" event="onload" for="window">
var xmlDoc = new ActiveXObject("Microsoft.XMLDOM");
xmlDoc.async = "false";
xmlDoc.load("9-2.xml");        //调用数据
var nodes = xmlDoc.documentElement.childNodes;
title.innerText = nodes.item(0).text;
author.innerText = nodes.item(1).text;
email.innerText = nodes.item(2).text;
date.innerText = nodes.item(3).text;
</script>
<title>在 HTML 中调用 XML 数据</title>
</head>
```

```
<body>
    <p><b>标题:</b><span id="title"></span></p>
    <p><b>作者:</b><span id="author"></span></p>
    <p><b>信箱:</b><span id="email"></span></p>
    <p><b>日期:</b><span id="date"></span></p>
</body>
</html>


<!-- 9-2.xml 如下: -->
<?xml version="1.0" encoding="gb2312"?>
<book>
    <title>CSS</title>
    <author>isaac</author>
    <email>demo@demo.com</email>
    <date>20070624</date>
</book>
```

此时，页面显示效果如图 9-3 所示，实现了数据 XML 文档与显示 HTML 的分离。

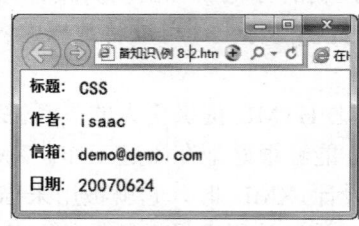

图 9-3　HTML 调用 XML

如果再调用 CSS 文件，HTML 的作用就是显示框架，而 CSS 起美化作用，XML 则只负责管理数据。

3. XML 的基本语法

与 HTML 类似，XML 的各个标记也是以<tag>开始，以</tag>结束的。而 XML 在语法上要求更为严格，如果有开始标记，就必须有结束标记，不像 HTML 中的
、<input>、<img />、<next />和<下一站 />等。

XML 的标记之间同样是父子的层层树状关系，子标记的结束标记必须在父标记的结束标记之前，这点与 HTML 是完全一致的。

下面这段代码就是错误的树状关系：

```
<?xml version="1.0"?>
<stage>
    <location>
        Auditorium
    <department>
        THU EE
    </department>
    <date>
        Dec 7th.
    </date>
```

```
</stage>
</location>
```

显示结果如图 9-4 所示。浏览器通常会相应地报错。

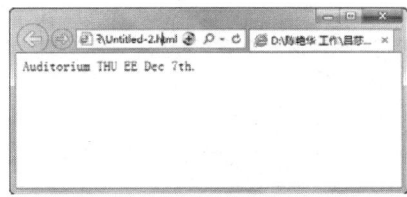

图 9-4　显示结果

XML 的文档第一行都是 XML 的声明，而且必须包含版本信息，如下就是一段合法的 XML 文档：

```
<?xml version="1.0"?>
<document>
    Free stage
</document>
```

知识链接： XML 默认的字符集是 Unicode，它能很好地支持英文，但对中文的支持不理想。如果需要在 XML 中使用中文，可能须声明字符集。例如：

```
<?xml version="1.0"?>
<活动资料>
    <目的地>下一站</目的地>
    <地点>大礼堂</地点>
    <方式>检票进站</方式>
</活动资料>
```

结果如图 9-5 所示。这里显示结果虽然正常，但最好还是声明字符集。

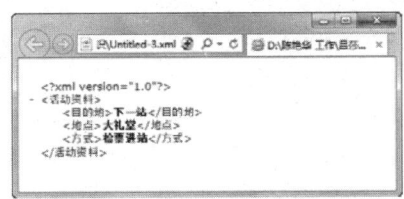

图 9-5　显示结果正常

XML 文档对于大小是敏感的，这点与 HTML 不同。在 XML 文档中，<Station>与 <station>是两个不同的标记，另外，XML 的各个标记也可以加入各种属性，属性完全由设计者自定义。

【例 9-3】自定义 XML 标记中的各种属性：

```
<?xml version="1.0" encoding="gb2312"?>
<computor bit="32">
    <mainboard brand="ASUS" price="expensive" />
    <harddisk brand="IBM">240G</harddisk>
```

```
<user name="isaac"></user>
<!-- mainboard 与 user 均为空标记 -->
</computor>
```

显示效果如图 9-6 所示。

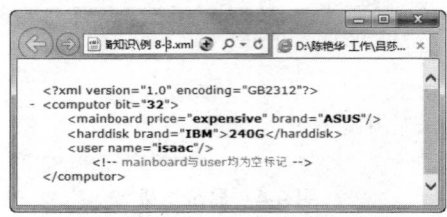

图 9-6　自定义标记的属性

一个有效的 XML 文档也是一个结构良好的 XML 文档，同时还必须符合 DTD 的规则。DTD(Document Type Definition)的意图在于定义 XML 文档的合法建筑模块。它通过定义一系列合法的元素，决定了 XML 文档的内部结构。例如下面这个 XML 文档：

```
<?xml version="1.0" encoding="gb2312"?>
<长辈>
    <父亲>zeng</父亲>
    <父亲>ceng</父亲>
    <母亲 年龄="50">chen</母亲>
<长辈>
```

上面这段 XML 文档完全符合 XML 的规范，也能在浏览器中正确解析，但是同一个人出现了两个<父亲>标记，这显然是不合逻辑的。

【例 9-4】DTD 的作用就是规范 XML 文档的，修改上述 XML 文档如下例所示：

```
<?xml version="1.0" encoding="gb2312"?>
<!DOCTYPE 长辈[
    <!ELEMENT 长辈 (父亲,母亲)>
    <!ELEMENT 父亲 (#PCDATA)>
    <!ELEMENT 母亲 (#PCDATA)>
    <!ATTLIST 母亲 年龄 CDATA #REQUIRED>
]>
<长辈>
    <父亲>zeng</父亲>
    <母亲 年龄="50">chen</母亲>
</长辈>
```

显示结果如图 9-7 所示。

该例中，利用 DTD 对 XML 进行了规范。虽然浏览器并不自动判断 XML 文档是否符合标准，但用户可以很容易地理解 XML 的含义，并找出其中可能存在的问题。利用专用的 XML 解释器也可以方便地进行 DTD 检查。

上述代码中"<!DOCTYPE>"用来声明 DTD，接下来一行表示"长辈"标记有两个元素，再接下来的两行分别表示"父亲"和"母亲"标记的类型为#PCDATA，然后是"母亲"标记有"年龄"这个属性，而且这个属性必须提供。

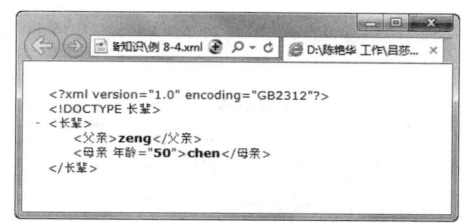

图 9-7 显示结果

⚙ **拓展提高：** 对于 XML 更加深入的语法分析以及 DTD 声明等内容，读者可以参考相关的其他资料，本书只讲解比较简单的语法和应用。

4. XML 链接 CSS 文件

XML 的主要用途是文件数据结构的描述，但 XML 并没办法告诉浏览器，这些结构化的数据应该怎样显示出来。与 HMTL 的原理类似，通过链接外部的风格样式文件，就能够很好地显示数据。

与 HTML 页面一样，在 XML 中同样可以链接外部的 CSS 文件，来控制各个标记，其方法与 THML 外部链接 CSS 文件很类似，如下例。

【例 9-5】 在 XML 中链接外部的 CSS 文件：

```
<!--例 9-5.xml 如下-->
<?xml version="1.0" encoding="gb2312"?>
<?xml-stylesheet type="text/css" href="9-5.css"?>
<!DOCTYPE hello[
    <!ELEMENT hello (#PCDATA)>
]>
<hello>Hello World!</hello>

/*例 9-5.css 如下*/
hello {
    font-size:30px;
    font-family:Arial;
    font-weight:bold;
    color:#0093ff;
}
```

该例通过外接链接的方法，将 CSS 文件链接到 XML 文件中，然后在 CSS 中用标记控制的方法，给<hello>标记添加了各种 CSS 样式风格，页面效果如图 9-8 所示。

图 9-8 CSS 导入到 XML 中

任务实践

吴刚使用 CSS 设计 XML 文档样式的具体操作步骤如下。

(1) 构建一个 XML 文档结构，并保存为 index.xml：

```
<?xml version="1.0" encoding="gb2312"?>
<?xml-stylesheet type="text/css" href="images/xml.css"?>
<new>
    <h1>2014 年苹果手机发布</h1>
    <detail>
        <time>发布时间: 2014.01.01 08:17</time>
        <from>来源: 百度</from>
    </detail>
    <pic>
        <img></img>
        <title>iPhone 6 三种颜色</title>
    </pic>
    <p>1 月 2 日消息，据国外媒体报道，我们在去年失去了一个传奇，无论你是喜欢苹果还是恨
他，都不得不承认，史蒂夫-乔布斯实现了想改变世界的目标。人们认为他之所以成功就是他一直在
坚持他可以"改变世界"。因此，苹果公司在每一年都推出了新型的 iphone。</p>
    <p>1、iPhone 6 是苹果公司(Apple)在 2014 年 9 月 9 日推出的一款手机，已于 2014 年 9
月 19 日正式上市。</p>
    <p>2、iPhone 6 采用 4.7 英寸屏幕，分辨率为 1334*750 像素，内置 64 位构架的苹果 A8
处理器，性能提升非常明显；同时还搭配全新的 M8 协处理器，专为健康应用所设计；采用后置
800 万像素镜头，前置 120 万像素 鞠昀摄影 FaceTime HD 高清摄像头；并且加入 Touch ID 支
持指纹识别，首次新增 NFC 功能；也是一款三网通手机，4G LTE 连接速度可达 150Mbps，支持多
达 20 个 LTE 频段。</p>
    <p>3、北京时间 2014 年 9 月 10 日凌晨 1 点，苹果公司在加州库比蒂诺德安萨学院的弗林特
艺术中心正式发布其新一代产品 iPhone 6。9 月 12 日开启预定，9 月 19 日上市。首批上市的国
家和地区包括美国、加拿大、法国、德国、英国、中国香港、日本、新加坡和澳大利亚，中国大陆
无缘 iPhone 6 首发。</p>
    <p>4、2014 年 10 月 10 日零时，苹果中国在线商店正式开启 iPhone 6/6 Plus 预售，
iPhone 6 售价 5288 元起，iPhone 6 Plus 售 6088 元起，每名用户可分别最多购买 2 台，到
货日期 10 月 17 日，同时三大运营商也同步发售。</p>
</new>
```

知识链接： 整个结构包含在<new>新闻栏中，新闻栏中包含了 4 部分，第 1 部分是
新闻标题，由<h1>标题标签负责；第 2 部分是新闻的附加信息，由于
<detail>标签负责管理，包括发布时间标签<time>和新闻源自标签
<from>；第 3 部分是新闻图片，由<pic>图片框负责控制，其中包含
<img>标签，负责显示图片，<title>标签负责注释图片；第 4 部分是新闻
正文部分，由<p>标签负责管理。

(2) 新建 CSS 样式表文件，保存为 xml.css。在样式表文件中定义 XML 文档中各个标
签的基本显示样式。先输入下面的样式，定义新闻显示效果：

```
new {
    display:block;
```

```
    width:900px;     /*控制内部区域的宽度，根据实际情况考虑，也可以不写*/
    margin:12px;
}
```

(3) 继续添加样式，设计新闻标题样式，其中包括三级标题、统一标题为居中显示对齐，一级标题字体为 28px，<detail>标签字体大小为 14px，<title>标签大小为 12px，同时，<title>标签标题取消默认的上下边界样式：

```
new h1 {
    display:block;
    text-align:center;
    font-size:28px;
    margin:1em;
}
new detail {
    display:block;
    text-align:center;
    font-size:14px;
    margin:1em;
}
new time, new from {
    padding-right:12px;
}
new title {
    display:block;
    text-align:center;
    font-size:12px;
    margin:0;
    padding:0;
}
```

(4) 设计新闻图片边框和图片样式，设计新闻图片框向左浮动，然后定义新闻图片大小固定，并适当拉开与环绕文字之间的距离：

```
new pic {
    display:block;
    float:left;
    text-align:center;
}
new img {
    display:inline-block;
    background:url(00000003.jpg);
    width:307px;
    height:409px;
    margin-right:1em;
    margin-bottom:1em;
}
```

(5) 设计段落文本的样式，主要包括段落文本的首行缩进和行高效果：

```
new p {
```

```
display:block;
line-height:1.8em;
text-indent:2em;
}
```

(6) 完成以上代码之后，显示效果如图 9-9 所示。

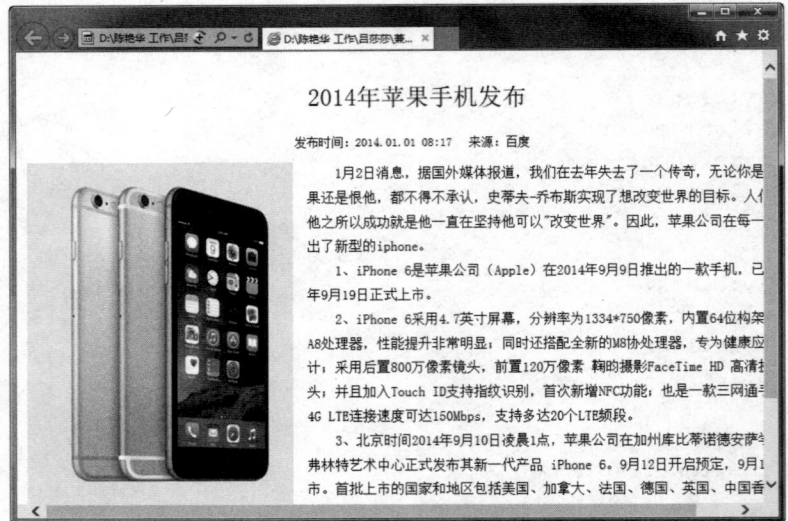

图 9-9　新闻阅读网页的效果

上机实训：制作诗情画意的图文网页

实训背景

吴刚是某网页制作公司的后台开发人员，接到主管分派的任务，需要制作一个网站的图文混排效果，即诗情画意的图文网站。要求版面清晰、自然、舒适，如图 9-10 所示。

图 9-10　古诗欣赏网页的效果

实训内容和要求

由于图片混排多用于正文内容部分或者新闻内容部分，处理的方式也很简单，文字围绕在图片一侧、一边，或四周。这样的设计可以让整个版面显得饱满，又不杂乱。XML+CSS 可实现这种操作，因此，吴刚决定使用 XML+CSS 来完成此次上机实训。

实训步骤

(1) 构建一个 XML 文档结构，并保存为 index.xml：

```
<?xml version="1.0" encoding="utf-8"?>
<?xml-stylesheet type="text/css" href="images/xml.css"?>
<poem>
    <title>秋霁寄远原</title>
    <author>唐 杜牧</author>
    <wen>
        <li>初霁独登赏，</li>
        <li>西楼多远风。</li>
        <li>横烟秋水上，</li>
        <li>疏雨夕阳中。</li>
        <li>高树下山鸟，</li>
        <li>平芜飞草虫。</li>
        <li>唯应待明月，</li>
        <li>千里与君同。</li>
    </wen>
</poem>
```

(2) 新建 CSS 样式表文件，保存为 xml.css。在样式表文件中定义 XML 文档中各个标签的基本显示样式：

```
poem {
    margin:0px;
    background-image:url(06.jpg);
}
title {
    position:absolute;
    left:80px;
    top:20px;
    font-size:26px;
    color:#FFF;
    font-weight:bold;
}
author {
    position:absolute;
    left:100px;
    top:60px;
    font-size:14px;
    color:#0033FF;
```

```
}
wen {
    position:absolute;
    left:80px;
    top:90px;
}
li {
    display:block;
    color:#000;
    font-size:20px;
    font-weight:bold;
    margin:6px;
}
```

(3) 使用 CSS 在文档中嵌入诗人画像，并通过 width 和 height 属性定义诗文外包含框的大小，并用 background 属性定义 bottom 和 right 的值，把嵌入诗人画像定位到包含框的右下角：

```
wen {
    width:620px;
    height:350px;
    background:url(author.png) bottom right no-repeat;
}
```

(4) 完成以上代码之后，显示效果如图 9-11 所示。

图 9-11 古诗欣赏网页的最终效果

实训素材

实例文件位于"案例文件\项目九\上机实训：制作诗情画意的图文网页"。

习　题

一、填空题

1. XML 被称为_____，是标准通用标记语言的子集，一种用于标记电子文件，使其具有结构性的标记语言。

2. XML 的各个标记也是以_____开始，以_____结束的。

3. XML 与 HTML 的主要区别就在于 XML 是用来_____，而 HTML 是_____，其重点在于如何显示数据。

二、选择题

1. XML 一般包括(　　)部分。

   A. 1　　　　　　　B. 2　　　　　　　C. 3　　　　　　　D. 4

2. W3C 于(　　)正式批准了 XML 1.0 版本。

   A. 1997　　　　　　B. 1998　　　　　　C. 1999　　　　　　D. 2000

三、问答题

1. 简述 XML 有哪些特点。

2. 简述 XML 与 HTML 有哪些相同点或异同点。

3. 简述如何利用 XML 链接 CSS 文件。

参 考 答 案

项目一

一、填空题

1. 层叠样式表；标记性
2. `<style>`；style
3. 选择器；声明
4. 标签
5. text-align；vertical-align

二、选择题

1．A 　　　2．B 　　　3．D 　　　4．D 　　　5．A

项目二

一、填空题

1. border
2. 宽度属性 width；高宽属性 height
3. background-color
4. background-image
5. background-position

二、选择题

1．C 　　　2．B 　　　3．B 　　　4．ABC 　　　5．C

项目三

一、填空题

1. color；background
2. border
3. `<form>`；`<input>`；`<textarea>`；`<select>`；`<option>`
4. 各种数据
5. caption-side

二、选择题

1．D 　　　2．A；B；C；D 　　　3．A

项目四

一、填空题

1. <ul>
2. 内部引用；外部链接
3. :ink
4. list-style-type
5. list-style-image

二、选择题

1. B   2. C   3. B；C

项目五

一、填空题

1. 指定页面元素如何显示以及在某种方式上如何交互
2. 精确设置元素在页面中的显示状态
3. Document Type(文档类型)；声明
4. 方形的盒子效果
5. 样式；颜色；宽度

二、选择题

1. A   2. C   3. A   4. C   5. D

项目六

一、填空题

1. 固定宽度；弹性宽度；液态宽度；混合宽度
2. 1 行 1 列；2 行 3 列；3 行 3 列
3. 自然布局；浮动布局；定位布局
4. 为 left(浮向左侧)；right(浮向右侧)；none(禁止浮动)

二、选择题

1. A；B；C；D   2. A；B；C；D

项目七

一、填空题

1. CSS-P
2. 静态定位

3．固定定位

4．static

5．z-index

二、选择题

1．D 2．A；B；C；D

项目八

一、填空题

1．脚本语言

2．简单性；动态性；跨平台性；安全性；节省 CGI 的交互时间

3．单引号；双引号

二、选择题

1．C 2．D

项目九

一、填空题

1．可扩展标记语言

2．<tag>；</tag>

3．存放数据；被设计用来显示数据

二、选择题

1．C 2．B

参 考 文 献

[1] 韦胜辉，王佳佳. CSS+DIV 商业网站布局与设计案例实战大全[M]. 北京：中国铁道出版社，2014.

[2] 喻浩. CSS+DIV 网页样式与布局从入门到精通[M]. 北京：清华大学出版社，2013.

[3] 新视角文化行. DIV + CSS 3.0 网页布局实战从入门到精通[M]. 北京：人民邮电出版社，2013.

[4] 黄玉春. CSS+DIV 网页布局技术教程[M]. 北京：清华大学出版社，2012.

[5] 王君学. 网页设计与制作(Dreamweaver CS3)[M]. 北京：人民邮电出版社，2011.

[6] 王俭敏，方强，李静. CSS+DIV 网页样式与布局案例指导[M]. 北京：电子工业出版社，2009.

[7] 前沿科技. 精通 CSS+DIV 网页样式与布局[M]. 北京：人民邮电出版社，2007.